JN169259

# スパイラル
# 有機化学

## —基礎から応用、発展へ！—

赤染元浩　河内 敦　松本祥治　三野 孝
【著】

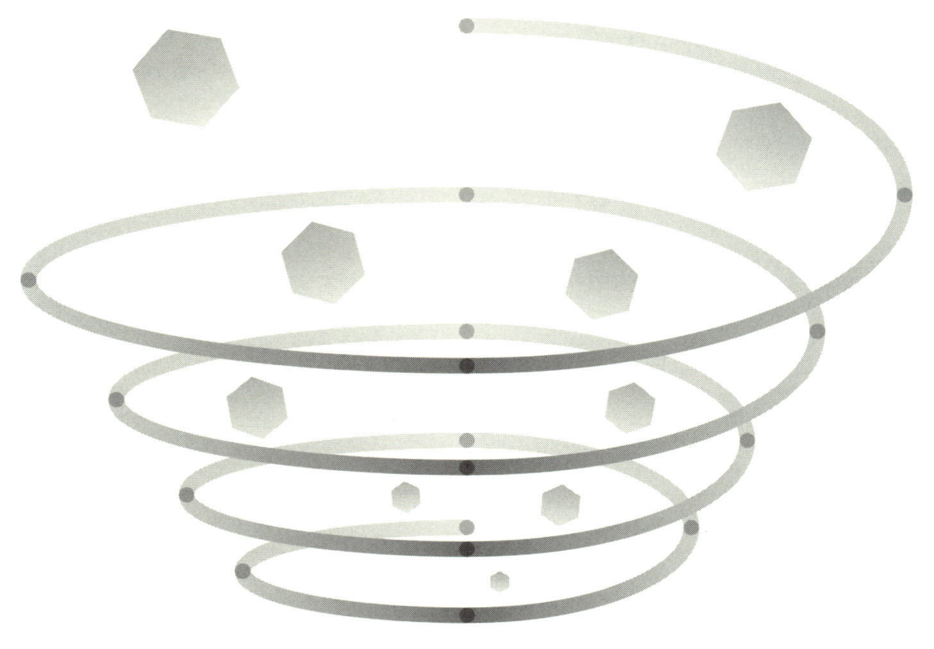

筑波出版会

# ま　え　が　き

本書は，専門基礎科目としての有機化学の教科書である．一般に大学の化学系学科では，海外の教科書を翻訳したものを１～２年かけて講義することが多いが，３年生くらいになると有機化学がさっぱり理解できていない学生を見かける．その学生たちは，理解の積み上げげや関連付けの仕方を教わらなかったため，多種多様な化合物や反応式が登場する有機化学を前にして，あいまいな丸暗記と忘却曲線の餌食となり，もはや対応できなくなっている．

これから大学で有機化学を学ぶ１年生には，「大学の有機化学」は混成軌道，電気陰性度，p$K_a$，共鳴構造式等々の基本事項を学び，電子の巻き矢印が書ければ大丈夫といっている．恐らくフレッシュマンを教える有機化学の教員であれば共通した認識であろう．すでに多くの有機化学の優れた入門書があるが，化学系の学生が有機化学の面白さを感じながら，しっかりと基礎を固められるよう工夫を凝らし，「Ⅰ．基礎編」「Ⅱ．応用編」「Ⅲ．発展編」の三部構成に仕上げたのが本書の特長である．

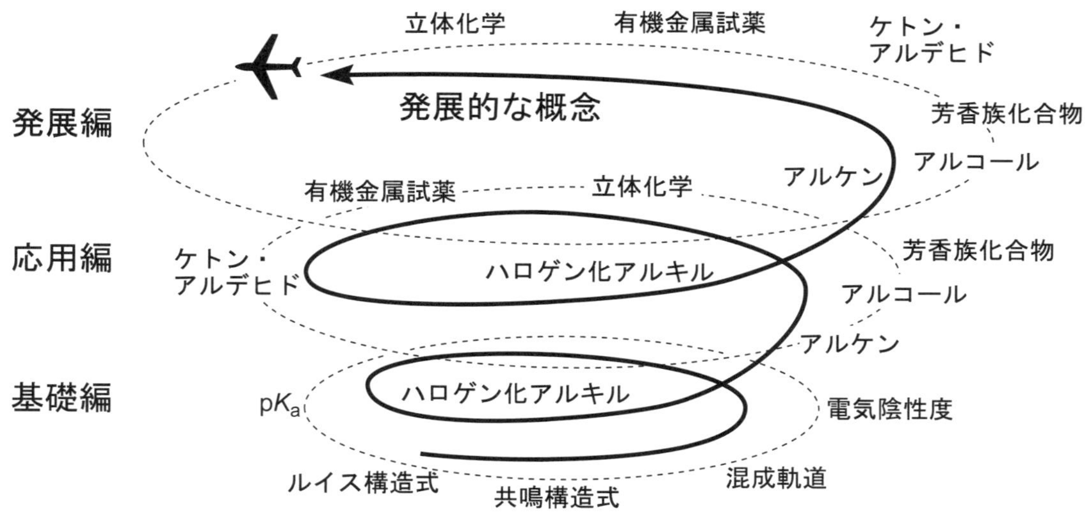


学習をすすめると内容がスパイラルに登場する．そのことで「基礎編」で学んだ混成軌道，電気陰性度，p$K_a$，共鳴構造式等々の重要事項を使って，「応用編」で具体的な有機化合物に当てはめて本質を理解することができる．さらに，専門科目と関連する内容は「発展編」で解説し，好奇心を刺激するようにした．

有機化学を学び始めた学生にとっては，習った内容が次の項目で活かされたとき，理解が深まり頭の中で反復学習となる．そのため，その項目のみでしか登場しない内容や命名法は少なくとどめ，詳細な内容は 1000 ページにもおよぶ専門科目の教科書にゆだねる．

本書を使用する教員は 15 回の講義を前提として講義のレベルや時間を調節するために，発展編の内容は適宜取捨選択していただきたい．一方，学生諸君には積極的に発展編の内容を活用してほしい．多くの学生が有機化学の面白さに触れ，一層深く学ぶきっかけになれば幸いである．

2016 年 2 月

赤染　元浩
河内　　敦
松本　祥治
三野　　孝

## 執　筆　者


赤染　元浩　千葉大学大学院工学研究科共生応用化学専攻

河内　　敦　法政大学生命科学部環境応用化学科

松本　祥治　千葉大学大学院工学研究科共生応用化学専攻

三野　　孝　千葉大学大学院工学研究科共生応用化学専攻

(2016年2月29日現在，五十音順)

# 目　　次

## I．基礎編

## Ⅲ. 発展編

# Ⅰ．基礎編

# 1.　分子の結合と構造

## 1.1　ルイス構造式とオクテット則

最外殻にある電子は**価電子**（valence electron）とよばれる．化学結合は，価電子で形成される．元素記号の周囲に価電子を点（・）で表した式を**電子式**（eletcronic fomula）という．化合物の電子状態や電子の増減を考えるのに適している．第３周期までの元素の価電子を図 1.1 に示した．

| 族<br>周期 | 1 | 2 | 13 | 14 | 15 | 16 | 17 | 18 |
|---|---|---|---|---|---|---|---|---|
| 1 | H・ | | | | | | | He： |
| 2 | Li・ | ・Be・ | ・B・ | ・C・ | ・N： | ：O： | ：F： | ：Ne： |
| 3 | Na・ | ・Mg・ | ・Al・ | ・Si・ | ・P： | ：S： | ：Cl： | ：Ar： |

図 1.1　第３周期までの元素の価電子

電子式を用いて化合物を表した構造式を**ルイス構造式**（Lewis structure）という．価電子による結合形成を理解するのに役立つ．

最外殻が電子で満たされていない状態は，電子の授受がしやすい反応性に富んだ状態であり，最外殻が電子で満たされた閉殻構造をとるように反応が起こる．

たとえば，イオン結合ができる場合を考える（図 1.2）．フッ化ナトリウムでは，ナトリウムが電子を放出し，陽イオン（**カチオン**（cation））であるナトリウムイオンとなる．一方，フッ素は電子を受け取り，陰イオン（**アニオン**（anion））であるフッ化物イオンとなる．ナトリウムイオンもフッ化物イオンもネオンと同じ閉殻構造になっている．これらのイオンが，静電引力で引き付けあいイオン結合が形成される．

一方，価電子を原子間で共有する結合があり，**共有結合**（covalent bond）という（図 1.3）．たとえば，水素分子では共有結合を形成することで互いにヘリウムと同じ閉殻構造になっている．共有結合は，２つの原子間に結合が生じるため，原子の集団の形状が決まる．この共有結合で結合した原子集団を**分子**（molecule）という．

第２および第３周期の元素では，最外殻が８電子で満たされる電子配置で閉殻構造となる．この性質を８を表す言葉から**オクテット則**（octet rule）という．安定な化合物に含まれる原子は閉殻構造をとるため，オクテット則により８個の

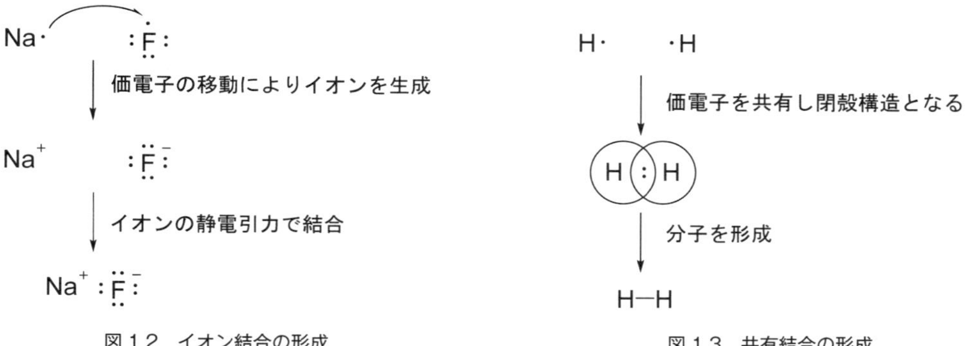


図 1.2　イオン結合の形成

図 1.3　共有結合の形成

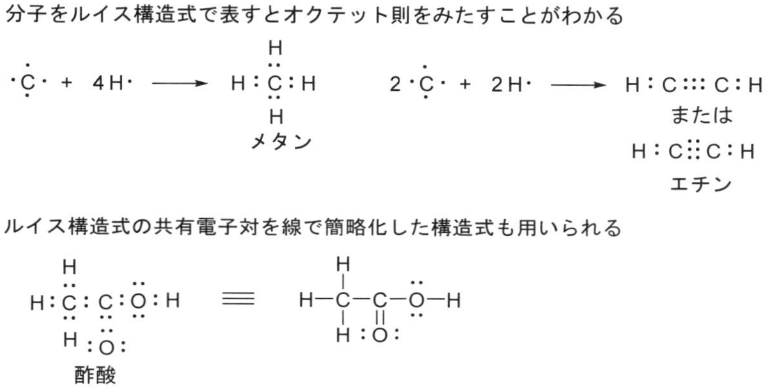

分子をルイス構造式で表すとオクテット則をみたすことがわかる

·C· ＋ 4H· ⟶ H:C:H（上下にH）　メタン

2·C· ＋ 2H· ⟶ H:C:::C:H　または　H:C⋮⋮C:H　エチン

ルイス構造式の共有電子対を線で簡略化した構造式も用いられる

H:C:C:O:H（酢酸）≡ H—C—C—O—H

酢酸

図 1.4　ルイス構造式の例

電子（水素原子の場合は２個の電子）をもつ電子配置をとる（図 1.4）.

## 1.2 形式電荷

オクテット則を満たすために，価電子が付け加わった場合は，原子は負電荷を帯びたアニオンとなる．一方，価電子を失った場合は，原子は正電荷を帯びたカチオンとなる．この原子のもつ電荷は**形式電荷**（formal charge）とよばれ，次に示した式で計算できる．１つの共有結合には２個の電子が使われ，その電子は結合している原子それぞれから１個ずつ使われるため「(結合電子の数)/ 2」となる．

形式電荷＝（価電子の数）－（結合電子の数)/ 2
－（非共有電子対の電子の数)

具体的に, カルボキシラートアニオン（$-CO_2^-$）とニトロ基（$-NO_2$）について，各原子の形式電荷を計算すると図 1.5 のようになる．価電子の数は，炭素 4，窒素 5，酸素 6 である．また，ルイス構造式から，この２つは等しい電子配置をもつ構造（等電子構造）であることもわかる．

—$CO_2^-$ ≡ —C(=O)—$O^-$ ≡ :C:Ö: (with :O:)

**0** = 4 - 8/2 - 0 (C)
**-1** = 6 - 2/2 - 6 (O⁻)
**0** = 6 - 4/2 - 4 (=O)

—$NO_2$ ≡ —$N^+$(=O)—$O^-$ ≡ :N:Ö: (with :O:)

**+1** = 5 - 8/2 - 0 (N)
**-1** = 6 - 2/2 - 6 (O⁻)
**0** = 6 - 4/2 - 4 (=O)

図 1.5　カルボキシラートアニオンとニトロ基の構造式と形式電荷

## 1.3　共鳴構造と極限構造式

### 1.3.1　共　　鳴

酢酸イオンは２つの構造式で書くことができる．それぞれの構造式では，炭素と酸素の間は，単結合と二重結合で表され，酸素の形式電荷がそれぞれ，$-1$ と 0 である．したがって，酢酸イオンの炭素と酸素の結合の長さは異なるように書けるが，実際の酢酸イオンの炭素と酸素の２つの結合の長さは，ともに 127 pm と等しい．また，電子は**非局在化**（delocalize）して，負電荷は２つの酸素原子上に分散している．

つまり，酢酸イオンの構造を表すためには，１つの構造式だけでは不十分であり，これらの２つの構造式を両端に頭のある矢印（⟷）で結ぶことによって表現される．これを**共鳴**（resonance）といい，この矢印でむすんだ式を**共鳴構造式**（resonance structure）（または共鳴式）という（図 1.6）．共鳴は，電子の移動だけで表現され，原子の位置（つまり原子核の位置）は移動していないことに気を付ける．共鳴で書かれる電子が**局在化**（localize）した形で表された構造式を**極限構造式**（canonical structure）とよぶ．

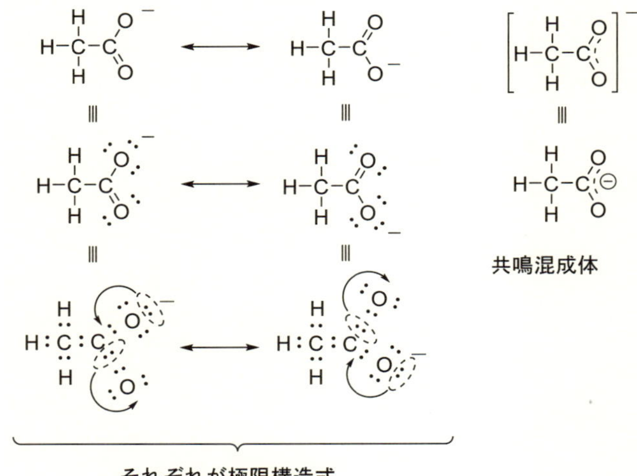


図 1.6　酢酸イオンの共鳴構造式

共鳴構造式はあくまで１つの化合物における電子の偏りを表現するものであり，実際はそれらの平均的な構造として存在する．電子の分布を曲線や破線で表現して1つの構造式として表現したものを，**共鳴混成体**（resonance hybrid）という．

### 1.3.2　共鳴構造式の書き方

酢酸イオンの共鳴では2つの極限構造式が書けたが，この2つは等価な極限構造式であり，共鳴混成体への寄与はどちらも等しいといえる．

共鳴構造式では，異なる極限構造式が複数書ける場合も多い．その場合，共鳴混成体への寄与の大きな極限構造式で表せばよい．それぞれの構造の寄与の程度に絶対的な判断基準を設定することは難しいが，次の基準で考えるとよい．

①電荷がない構造が，電荷分離した構造より寄与が大きい．
②オクテット則を満たす構造が，満たさない構造より寄与が大きい．
③電気陰性度の大きい原子に負電荷がある構造は寄与が大きいが，電気陰性度の大きい原子に正電荷がある構造の寄与は小さい．
④複数の正電荷もしくは負電荷がある構造は寄与が小さい．

アセトンとビニルエーテルの共鳴構造式の例を示す（図1.7）．ケトンでは電荷がない極限構造式（A）の寄与が大きい．電荷が分離した極限構造式（BとC）はいずれも炭素もしくは酸素の価電子が6電子となりオクテット則を満たさないので寄与が小さい．さらに電気陰性度の大きい酸素原子に正電荷がある構造（C）の寄与はさらに小さくなるので，もはや書かなくてよい．したがって，アセトンの共鳴構造式ではAとBを書けばよい．

ビニルエーテルでも電荷がない極限構造式（D）の寄与が大きい．電荷が分離した極限構造式（E）は各原子がオクテット則を満たしているが，電気陰性度の大きい酸素原子に正電荷があるので寄与が小さい．極限構造式（F）と（G）はオクテット則を満たしておらず，2つの炭素原子がそれぞれ異なる電荷をもっているため，寄与はさらに小さく，書かなくてよい．電荷が分離した極限構造式（H）は，炭素の価電子が6電子となりオクテット則を満たさないことに加えて，酸素の価電子が10電子となり構造式として誤りであるので書いてはいけない．したがって，ビニルエーテルの共鳴構造式ではDとEを書けばよい．

実際の化合物は，（「書かなくてよい」とした構造も含めて）極限構造式をその寄与の割合を考慮して混ぜ合わせた共鳴混成体とよばれる平均的な構造として存在することを忘れてはならない．

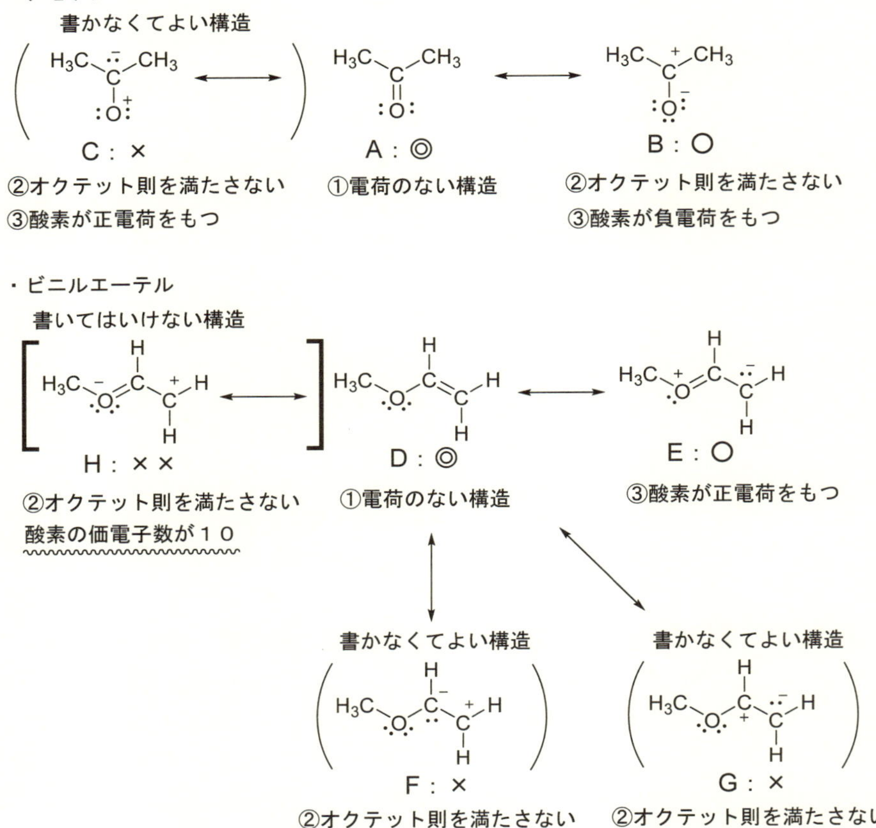


図 1.7　アセトンとビニルエーテルの共鳴構造式

## 1.4　原子軌道と共有結合

### 1.4.1　原子軌道と電子の収納

結合や電子を「ー」や「・」「：」で表してきたが，分子の構造を理解するために電子の振る舞いについて学んでいこう．

電子は原子核のまわりに存在するが，自由に存在しているのではなく，ある制約のなかで動き回っている．この電子が動き回れる場所を**原子軌道**（atomic orbital）という（図 1.8）．原子軌道は，電子がそれぞれ２個まで収容できる s 軌道，p 軌道，d 軌道，f 軌道として表される．これら原子軌道は，原子核を中心に原子軌道の中を電子が回っているのではなく，むしろ雲（電子雲）のようなイメージであり，ある位置での電子の存在確率とその原子軌道のエネルギーでしか表現できない．電子は粒子性と波動性をもつ物質波であり，その原子軌道はシュレディンガーの波動方程式とよばれる数学的な量子力学の扱いが必要である．それらは通常専門科目の量子化学（量子力学）に関する講義で詳細に学ぶが，有機化学では量子化学により導かれた原子軌道や混成軌道の形状やエネルギーを理解すれば良い．

原子軌道1番目のK殻に存在する軌道は1s軌道である．数字の1は主量子数とよばれ，1つ目の電子殻（K殻）の軌道であること示している．s軌道は，球状の形をした軌道をしている．2番目はL殻であり，2s軌道と2p軌道が存在する．2p軌道は3種類あり，互いに直交する$2p_x$，$2p_y$，$2p_z$軌道がある（図1.8）．2p軌道で白色と灰色で色分けされているのは，軌道の符号の違いを表している．この符号は量子力学における波動性に基づく位相を示し，同じ符号のものが重なると強められ，異なる符合のものが重なると弱められる（波の振幅をイメージするとよい）．なお，軌道の形は波動方程式から求められる波動関数で表される．さらに波動関数を2乗したものが電子の存在確率を表している．

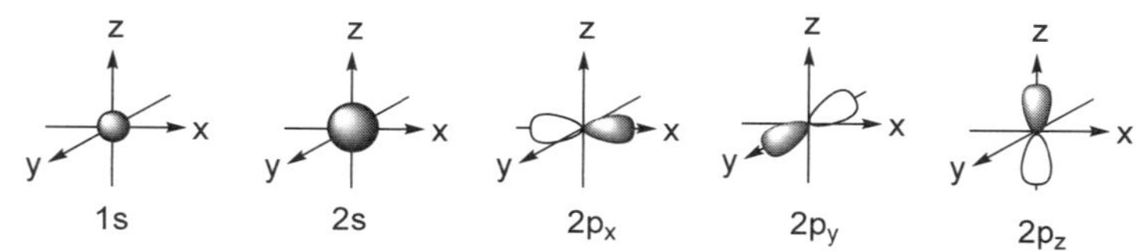


図1.8　原子軌道の形

3番目の電子殻(M殻)では3s軌道，3つの3p軌道，5つの3d軌道が存在する．

次に，これらの軌道へ電子が収納される際のいくつかの規則性を挙げる（図1.9）．

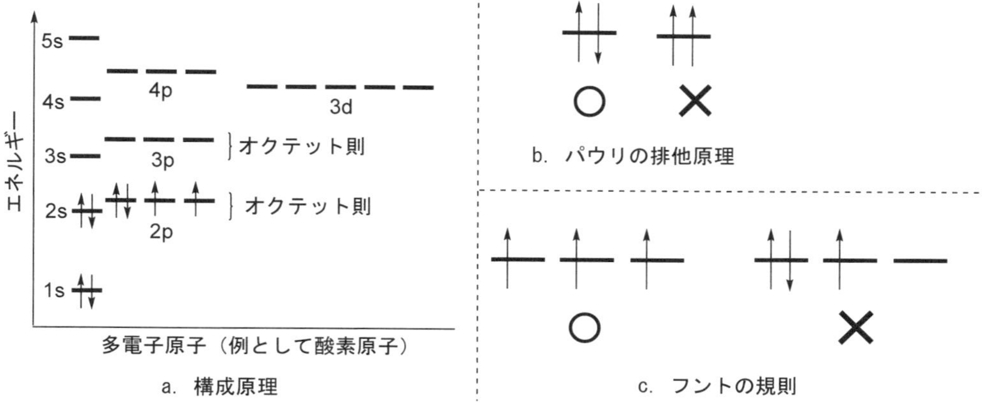


図1.9　原子軌道への電子収納の規則

（1）**構成原理**（Aufbau principle）（または**積み上げ原理**）：電子はエネルギーの低い軌道から順番に電子が収容される．多電子原子の場合，1s，2s，2p，3s，3p，<u>4s</u>，<u>3d</u>，4p，5s，・・の順となり，すでに収納された内殻の電子の影響で順番が入れ替わる場合があることに注意する（下線部）．

（2）**パウリの排他原理**（Pauli exclusion principle）：1つの軌道に入ることのできる電子の数は最大2個までである．電子はそれ自身が回転（自転）している（電子スピン）が，同じ軌道に入る電子は必ず電子スピンの向きを逆にして入る．書き表す場合には，矢印の向きを上下逆にして示す．

（3）**フントの規則**（Hund's rule）：エネルギーの等しい軌道が複数ある場合（p 軌道など）には，電子スピンの向きが同じになるようにそれぞれの軌道に 1 個ずつ電子が入る．それらすべての軌道が 1 個ずつの電子で満たされた後，パウリの排他原理にしたがって，逆向きの電子スピンをもった電子が入る．

### 1.4.2　共有結合の σ 結合と π 結合

2 つの原子の原子軌道の重なった部分に電子が存在し，ぞれぞれの原子に共有されることで共有結合が形成される．共有結合には 2 つの結合様式がある．

1 つは，原子核と原子核を結ぶ結合軸周りに回転対称の結合であり，**σ（シグマ）結合**という．もう 1 つは，原子軌道が結合軸に対して垂直に並ぶ結合であり，**π（パイ）結合**という（図 1.10）．

炭素–炭素の単結合はすべて σ 結合であるが，後に述べる二重結合や三重結合では π 結合も含んでいる．σ 結合は結合する 2 つの原子軌道の重なりが大きく強い結合となるが，π 結合は結合する 2 つの原子軌道が側面で接するため軌道の重なりが小さくなり，σ 結合より弱い結合となる．そのため二重結合や三重結合では，まず弱い π 結合が切断されて反応が起こる．

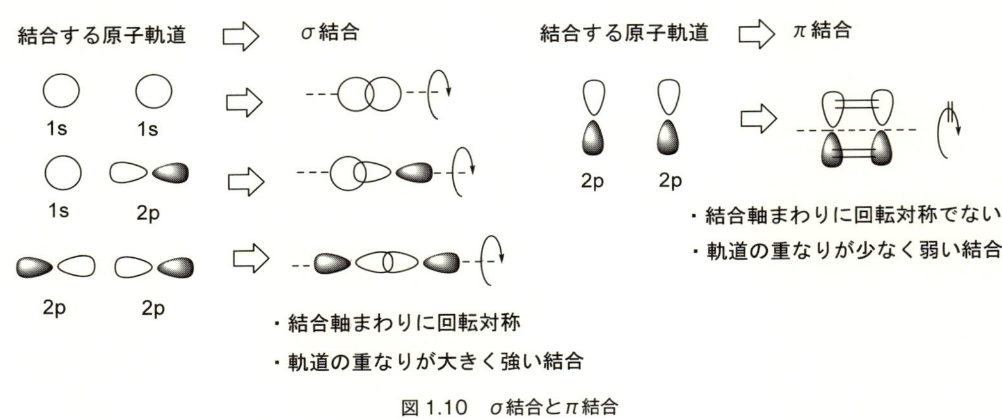


図 1.10　σ 結合と π 結合

## 1.5　混成軌道と分子の形

### 1.5.1　sp³ 混成軌道

有機化合物が共有結合でつくる分子の形状は s 軌道や p 軌道から予想されるものとは異なっている．

最も単純な有機化合物であるメタン（$CH_4$）は，4 つの水素を頂点とする正四面体構造である．炭素原子の最外殻（L 殻）の球状の 2s 軌道と，互いに直交する $2p_x$，$2p_y$，$2p_z$ 軌道では，正四面体構造にはならない．そこでエネルギー差の小さい 2s 軌道と 2p 軌道が混ざり合い新たな軌道が形成するという軌道の混成の概念を導入する．正四面体構造であるメタンの場合，炭素原子の 4 つの軌道（2s,

$2p_x$，$2p_y$，$2p_z$ 軌道）が混成し，新たに互いに 109.5° の角度をなす 4 つの等価な**混成軌道**（hybrid orbital）となる（図 1.11）．この混成軌道を **$sp^3$ 混成軌道**という．もともと 2s および 2p 軌道に入っていた 4 つの電子は，図 1.9 で示した規則に従って，各 $sp^3$ 混成軌道に 1 つずつ入る．

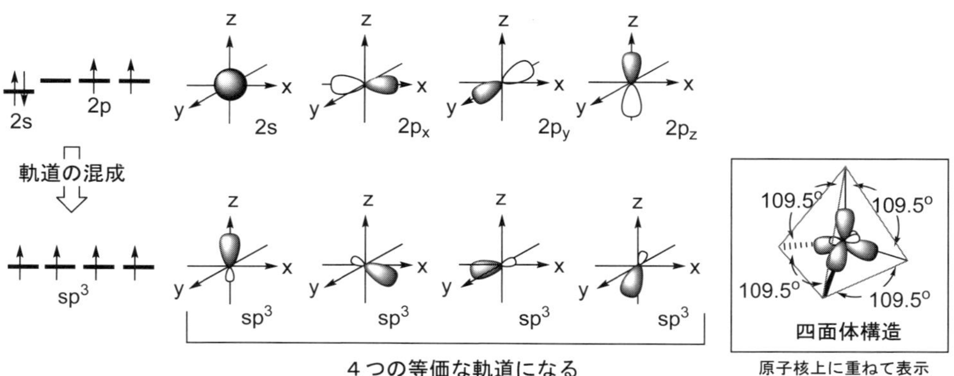


図 1.11　2s，$2p_x$，$2p_y$，$2p_z$ 軌道からできる炭素の $sp^3$ 混成軌道

こうして生じた各混成軌道と 4 つの水素原子の 1s 軌道を重ねて電子を共有することで共有結合が形成され，図 1.12 に示したようにメタンが形成される．ここで生じた C－H 間の結合は，結合軸上に回転対称となるように軌道が存在しているので σ 結合である．

アンモニア（$NH_3$）や水（$H_2O$）分子中の窒素原子や酸素原子も，$sp^3$ 混成軌道の概念で説明される．アンモニアや水は窒素原子や酸素原子と水素原子との間で電子を共有する共有電子対に加え，はじめから電子対になっていて原子間で共有されていない**非共有電子対**（孤立電子対，ローンペア（lone pair））をもつ．非共有電子対は共有結合の相手となる原子がないため，酸素や窒素の原子核に引き寄せられる．そのため，他の σ 結合と電子反発を生じるので，アンモニアや水の 2 つの水素がつくる結合角 H－N－H，H－O－H は，それぞれ 106.7°，104.5° とメタンの 109.5° に比べ小さくなる．

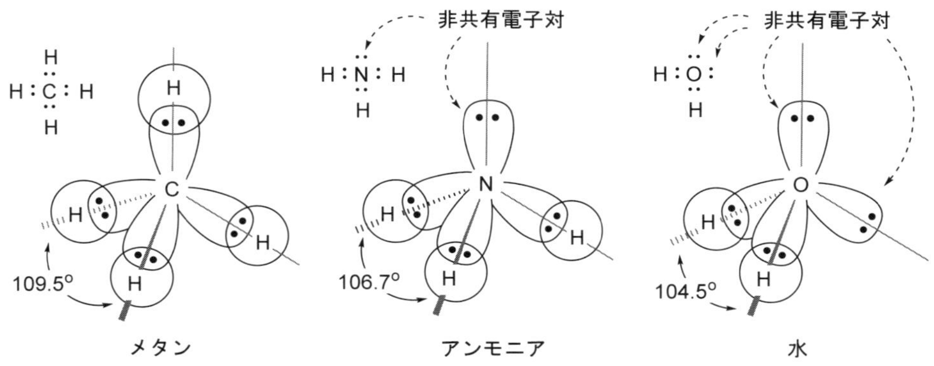


図 1.12　メタンとアンモニアと水の構造

### 1.5.2 $sp^2$ 混成軌道

エテン（慣用名：エチレン）は $CH_2{=}CH_2$ で表され，炭素間に二重結合をもつ．エテンの炭素原子では３つの軌道（2s，$2p_x$，$2p_y$ 軌道）が混成して３つの **$sp^2$ 混成軌道**となる（図 1.13）．$sp^2$ 混成軌道は正三角形の頂点方向にのびており，互いに 120° の角度をなす構造となる．

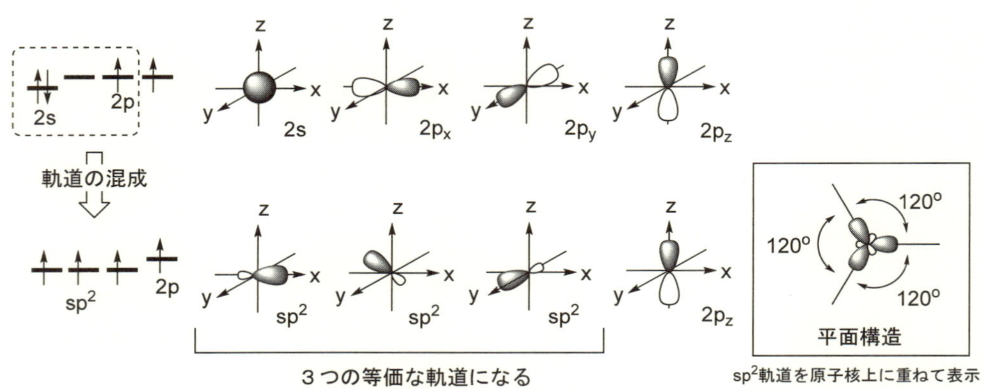


図 1.13　2s，$2p_x$，$2p_y$ 軌道からできる炭素の $sp^2$ 混成軌道

エテンにおいて炭素の $sp^2$ 混成軌道は，２つは水素原子の 1s 軌道と共有結合（σ 結合）を形成している（図 1.14）．残りの $sp^2$ 混成軌道は隣の炭素原子の $sp^2$ 混成軌道の１つと共有結合（σ 結合）を形成している．混成に加わらなかった $2p_z$ 軌道は，正三角形の垂直方向に残されているが，隣の炭素原子に残る $2p_z$ 軌道との間で共有結合を形成する．この結合は結合軸の上下に電子が存在している π 結合であり，結合に使われている電子を π 電子という．結合軸上に電子がある σ 結合と比べると弱い結合であり，反応性に富んでいる．二重結合は１つの σ 結合と

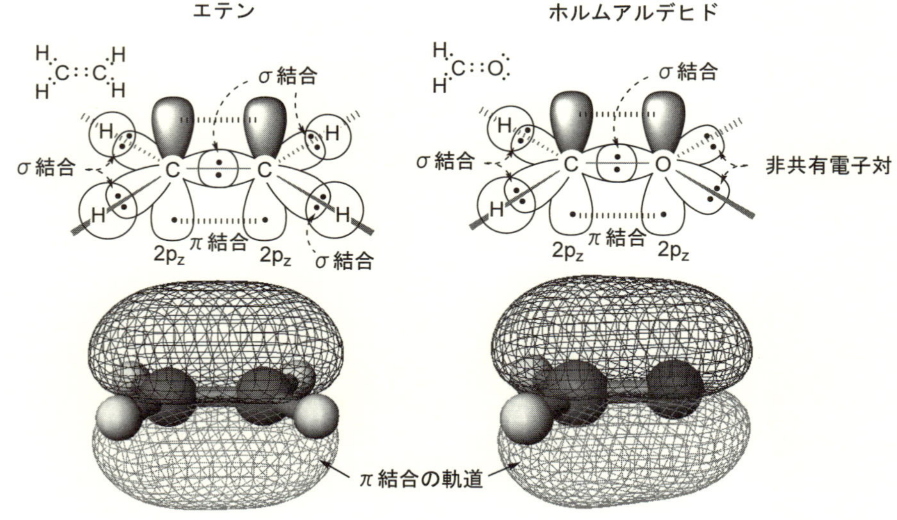


図 1.14　エテンとホルムアルデヒドの σ 結合と π 結合

1つのπ結合でできているので，π結合の切断は起こりやすいが，二重結合の両方を切断する反応は起こりにくいことも理解できる．

ホルムアルデヒド（HCHO）では，カルボニル基の炭素原子も酸素原子も $sp^2$ 混成軌道であり，酸素原子の2つの非共有電子対は $sp^2$ 混成軌道に入っている．

### 1.5.3　sp 混成軌道

エチン（慣用名：アセチレン）は CH≡CH で表され，炭素間に三重結合をもつエチンの炭素原子では2つの軌道（2s と $2p_x$ 軌道）が混成して2つの **sp 混成軌道**となる（図 1.15）．sp 混成軌道は直線の二方向にのびており，互いに 180° の角度をなす構造となる．

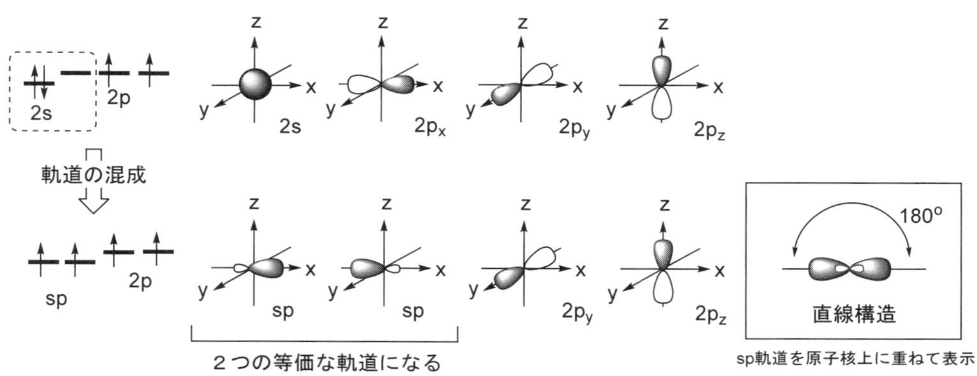


図 1.15　2s，$2p_x$ 軌道からできる炭素の sp 混成軌道

エチンの構造において炭素の sp 混成軌道は，水素の 1s 軌道および隣の炭素の sp 混成軌道と共有結合（σ結合）を形成する（図 1.16）．混成に加わらなかった $2p_y$ と $2p_z$ 軌道は，隣の炭素の $2p_y$ と $2p_z$ 軌道の間に共有結合（π結合）を形成する．直交した $2p_y$ と $2p_z$ 軌道を使っているため，この2つのπ結合も互いに直交する．

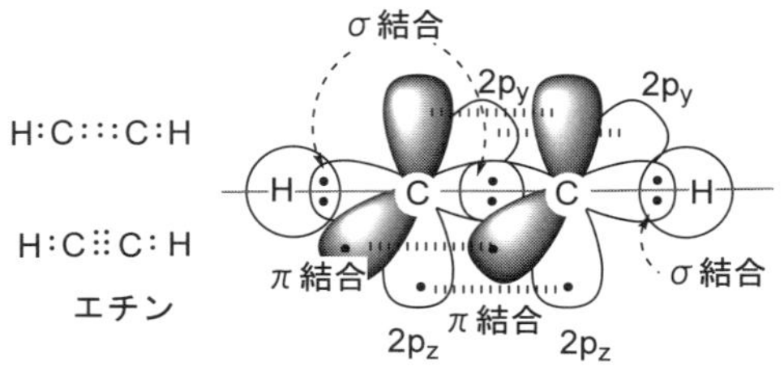


図 1.16　エチンのσ結合とπ結合

各混成軌道では混成する p 軌道の数が異なることから，それぞれの s 軌道の寄与率も異なる．この寄与率を **s 性**（s character）とよぶ．たとえば $sp^3$ 混成軌道であれば，4つの軌道のうちの1つが s 軌道であるので s 性は 25% となる．同様に $sp^2$ 混成軌道は 33%，sp 混成軌道は 50% となる．s 軌道は原子核の近くで球状に分布するのに対して，p 軌道は s 軌道よりも原子核から遠い位置にも軌

道が広がっている．そのためｓ性が高いほど混成軌道の電子は原子核に引き付けられ，軌道の広がりもより小さいと考えられる．

## 1.6　炭化水素の構造

### 1.6.1　正四面体構造と表記法

炭素が４つの水素と結合したメタンは２次元で（A）のように書けるが，$sp^3$ 混成軌道の正四面体構造をもつ（B）（図 1.17）．その３次元的な構造を紙の上で表すためにくさび–破線表記法がある．

（B）で示された正四面体構造を，（C）のように手前に出る結合をくさびの線（━）で，後ろに出る結合を破線（┈┈や┈┈）で表す．破線には３種類の書き方（C)～(E）があるが，いずれも破線は紙面の後ろに出る結合である．くさびの線と破線は必ず隣り合うように書かなければならない．したがって（F）は，正しくない書き方である．

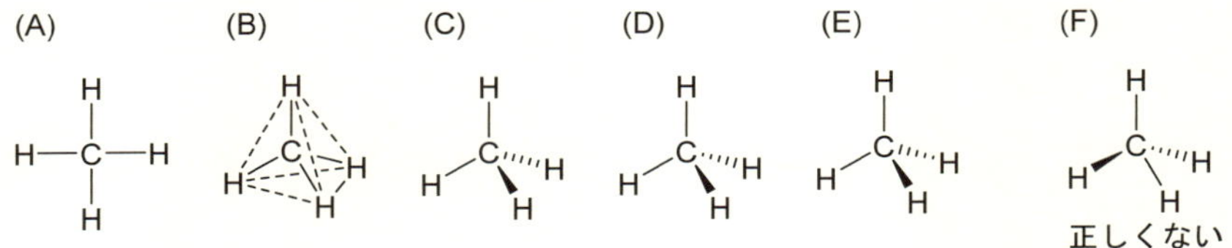


図 1.17　メタンのくさび - 破線表記

有機化合物の表記方法では（A）が多く用いられるが，３次元的な構造や反応を示すときには（C)～(E）の表記方法を用いるほうが理解しやすい．

### 1.6.2　不斉炭素原子とキラルな分子

４つの異なる原子および原子団で置換された炭素原子を**不斉炭素原子**（asymmetric carbon atom）といい，不斉炭素原子まわりの４つの置換基の３次元的な立体配置を**絶対配置**（absolute configuration）という．

不斉炭素原子をもつ化合物は，右手と左手のように３次元的に重ね合わせることができない構造をもつ．この右手と左手のような関係を**キラリティー**（chirality）という．キラリティーとは，ギリシャ語の‘手’を意味する言葉が由来である．図 1.18 に示した化合物（A）と（B）は破線を鏡面と見立てると鏡像関係にある．化合物（B）を化合物（A）のくさび–破線表記法と同じ向きにしたものを右側に示した．(B1）では F と I の位置を化合物（A）に合せると Cl と Br の位置が逆になり，(B2）では Cl と Br の位置を化合物（A）に合せると F と I の位置が逆になる．つまり化合物（A）と化合物（B）が３次元的に重ね合わせられないことがわかる．

化合物 (A) と (B) のような鏡像関係にある異性体をもつ分子を**キラル** (chiral) な分子といい，それぞれの分子を**鏡像異性体**（enantiomer）（またはエナンチオマー）という．一方，鏡像関係の構造どうしを重ね合わせることができる分子は**アキラル**（achiral）な分子という．

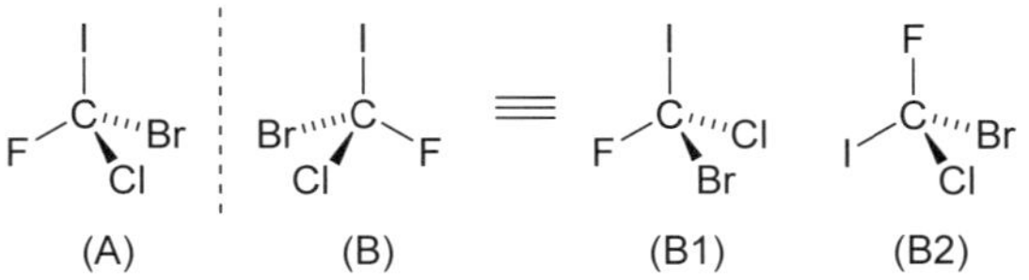

(A)　(B)　≡　(B1)　(B2)

図 1.18　メタンの水素をフッ素，塩素，臭素，ヨウ素で置換した化合物

このように，実際の化合物は 3 次元的に存在し，そのことで起こるさまざまな事象を**立体化学**（stereochemistry）という．

### 1.6.3　光学活性体と旋光性

鏡像異性体（エナンチオマー）は，ほとんどの物理的な性質（沸点，融点，密度など）は互いに同じであるが，光に対する性質が異なる．光の振動面はあらゆる方向を向いているが，偏光板を通すと一方向のみで振動する偏光となり，その振動方向を偏光面という．キラルな分子の一方の鏡像異性体の溶液に偏光を入射すると偏光面が傾く．光源に向かって時計回り（右回り）の場合を右旋性（＋）といい，反時計回り（左回り）の場合を左旋性（－）という．この旋光角の値を測定する装置が旋光計であり，どのような比率で鏡像異性体が含まれるか知ることができる（図 1.19）．

一方のみの鏡像異性体の旋光角はそれぞれの絶体配置により符号は逆になるが，旋光角の絶対値は同じになる．したがって，両方の鏡像異性体の等量混合物の場合，旋光角はゼロとなる．一方のみの鏡像異性体もしくはどちらかの鏡像異性体が多く存在すれば，旋光角はゼロではなくなる．このような化合物を**光学活性体**（optical active compound）とよぶ．

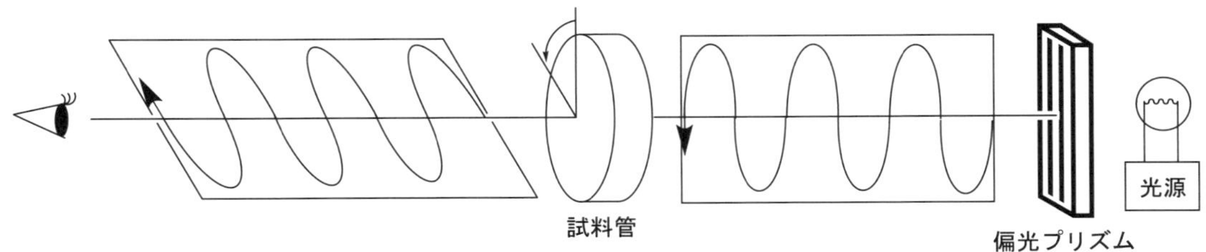


図 1.19　旋光計の概念の図：左旋性を示す試料の場合

不斉炭素原子がなくても，原子の空間的な配置が異なれば，光学活性となる場合がある（発展編 6.6.3 参照）．

### 1.6.4　CIP 順位則を用いた *R/S* 表示法

図 1.18 の化合物（A）と（B）のような不斉炭素をもつ化合物を区別するために，立体配置を記号で表す方法がある．まず 4 つの置換基に優先順位をつけ，不

斉炭素を正四面体構造の一面から眺めた場合に最も遠い位置に優先順位の一番低い４番目の置換基を置く．残りの３つの置換基を優先順位の高いものから低いものに順を追っていく．このとき右まわりならば*R*体（rectus，ラテン語で右），左まわりならば*S*体（sinister，ラテン語で左）と表記する．この方法を，*R/S*表示法という．

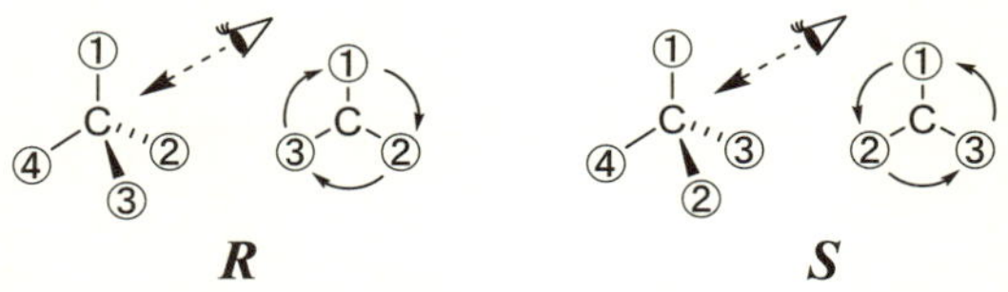


優先順位はカーン-インゴールド-プレローグ（Cahn-Ingold-Prelog）の順位則（略して CIP 順位則）で決める．

［CIP 順位則］

(1) 原子番号の大きい原子を優先する．同位体については質量数の大きいものを優先する．

(2) 同じ原子番号の場合，その原子に結合している原子の原子番号が大きいものを優先する．優先順位が決まらない場合には，さらに次の原子をたどって比べる．優先順位に違いが生じるまで比べる．

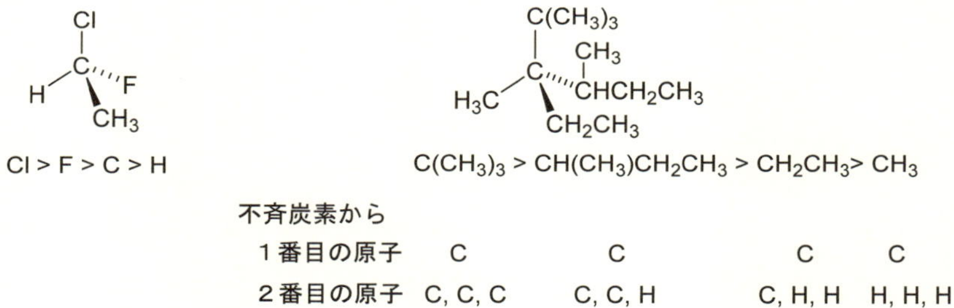


(3) 二重結合などの多重結合の場合，結合を切断し単結合に変換する．切断した単結合の先には，もとの結合相手の原子を仮想的に付ける．

図 1.18 にあるメタンの水素をヨウ素，臭素，塩素，フッ素で置換した化合物 (A) と (B) の *R/S* 表示は以下のように決まる．

(A)
原子番号により順位をつける
順位の一番低いFを一番遠い位置に置く
順位の高いものから追っていき回り方を確認する
R体

(B)
S体

### 1.6.5　エナンチオマーの混合物とラセミ体

エナンチオマー（鏡像異性体）が等量含まれている場合を**ラセミ体**（racemic modification）という．どちらかのエナンチオマーが過剰に含まれると光学活性体となる．

有機化学では，光学活性体の場合は必ずその旨が記されており，構造を書く場合には過剰にある絶対配置の構造を書く．光学活性体と注釈がない場合は，ラセミ体として考えてよく，構造を書く場合も通常，図 1.17 の（A）のようにくさび–破線表記を用いない．

また，反応式を書く場合も，キラルな化合物の反応では，たとえば *R* 体だけを書けばよいが，最後までその立体配置をもとにした反応として完成させなければならない．有機化学の反応では，*R* 体の化合物の立体化学が，反転して *S* 体を与えたり，失われてラセミ体となることも多い．それらは，反応機構と関連して重要となる（応用編 4.1.3 参照）．

### 1.6.6　CIP 順位則を用いた二重結合の *E/Z* 表示法

炭素–炭素の二重結合をもつ最も単純な化合物はエテンであり，４つの水素をもつ．二重結合は２次元的な平面構造であり，それぞれの炭素原子の２つの水素原子が他の置換基で置換されると，２つの異性体を考えることができる（図 1.20）．置換基が同じ側にあるものを *cis* 体（シス体），反対側にあるものを *trans* 体（トランス体）とよぶ．これをシス / トランス（*cis/trans*）表示法という．このような二重結合についての２次元的な異性体は，**幾何異性体**（geometrical isomer）とよばれる．*cis/trans* 表示法は，環状化合物でも用いられる．

*cis/trans* 表示法は，エテンの水素が３つ以上の異なる置換基に置き換えられた場合には *cis/trans* が決められなくなる．そこで CIP 順位則を用いた *E/Z* 表示法を導入する．CIP 順位則で優先順位の高い置換基が同じ側にあるアルケンを *Z* 体（ツザンメン（zusammen）：ドイツ語の「同じ側」の意），反対側にあるアルケンを *E* 体（エントゲーゲン（entgegen）：ドイツ語の「反対側」の意）と定義する．

*E/Z* 表示法は *cis/trans* 表示法よりも，二重結合を持つ化合物に広く適用できる．

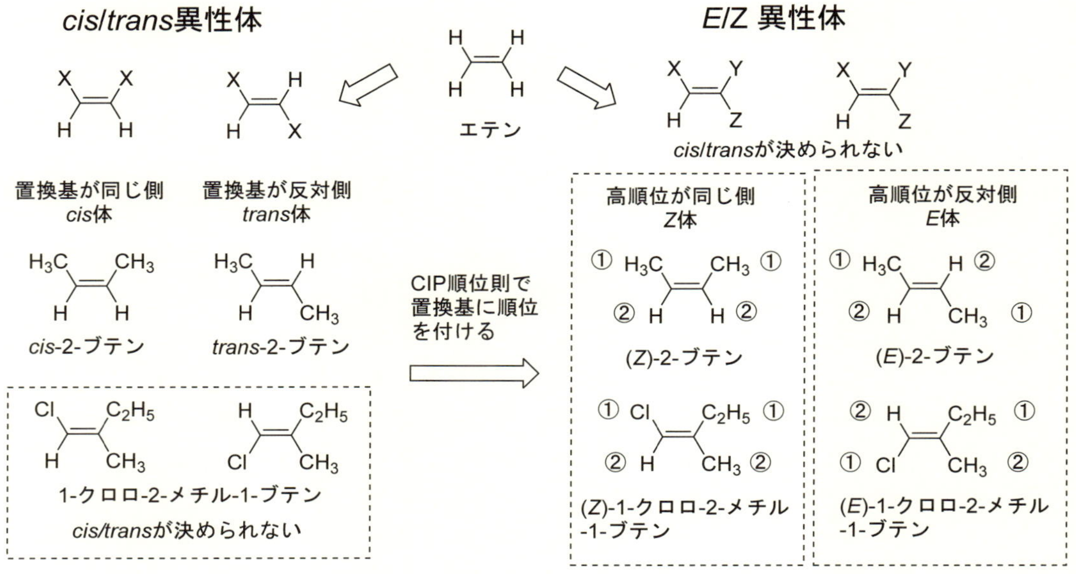


図 1.20　*cis/trans* 表示法と *E/Z* 表示法

### 1.6.7　異性体の分類

有機化合物は3次元的に広がった多様な構造をもつ．有機化合物には，分子式は同じであるが，結合の仕方や空間的な配置が異なる化合物群が存在する．これを**異性体**（isomer）という．すでに述べた鏡像異性体や幾何異性体を含め異性体は，おおむね以下のように分類することができる．

同じ分子式であっても，エタノール（$CH_3CH_2OH$）とジメチルエーテル（$CH_3OCH_3$）のように結合の順序が異なる関係にあるものを**構造異性体**（constitutional isomer）という．

結合の順序が同じでも，ブテン（$CH_3-CH=CH-CH_3$）の *E/Z* 異性体のように2次元での配置が異なる幾何異性体と，不斉炭素原子をもつ分子のように3次元での立体配置異性体を含む**立体異性体**（stereoisomer）がある．

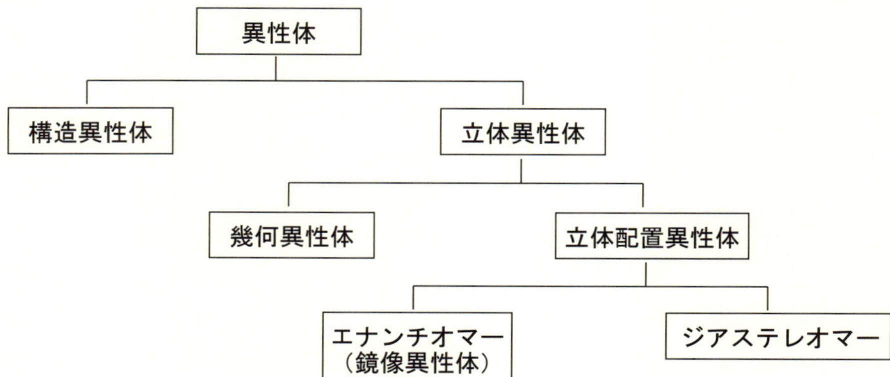

立体配置異性体には，鏡像関係にあるエナンチオマー（鏡像異性体）と鏡像関係にならないジアステレオマーがある．ジアステレオマーについては発展編で扱う（発展編 6.6.2 参照）．

## 1.7 アルカン

### 1.7.1 アルカンの命名法

有機化合物に一義的に名称をつけるために，国際純正・応用化学連合（通称 IUPAC：International Union of Pure and Applied Chemistry）が，国際的な命名法の規則を定めている．官能基と組み合わせた命名法が必要となるが，ここでは，系統的なアルカンの命名法の学習にとどめた．それ以外の化合物ついては発展編で扱う（発展編 6.1 参照）．

有機化合物の基本骨格は炭化水素であり，その基本は**アルカン**（alkane）である．

#### a. 倍数詞，直鎖アルカン名，基名

アルカンの命名にあたり，表 1.1 に挙げる倍数詞と直鎖アルカンの名称と基名が必要となる．

アルカンは，炭素数 5 以上のものは倍数詞に語尾（-ane）をつけて命名する．アルカンから水素を 1 個除いた原子団は**アルキル基**（alkyl group）とよび，アルカンの語尾 -ane を -yl に換える．

表 1.1 倍数詞，直鎖アルカン名，基名

| | 倍数詞 | 直鎖アルカン名 | 基名［構造式の略記］ |
|---|---|---|---|
| 1 | モノ（mono） | メタン（methane） | メチル（methyl）［Me］ |
| 2 | ジ（di） | エタン（ethane） | エチル（ethyl）［Et］ |
| 3 | トリ（tri） | プロパン（propane） | プロピル（propyl）［Pr］ |
| 4 | テトラ（tetra） | ブタン（butane） | ブチル（butyl）［Bu］ |
| 5 | ペンタ（penta） | ペンタン（pentane） | ペンチル（pentyl） |
| 6 | ヘキサ（hexa） | ヘキサン（hexane） | ヘキシル（hexyl） |
| 7 | ヘプタ（hepta） | ヘプタン（heptane） | ヘプチル（heptyl） |
| 8 | オクタ（octa） | オクタン（octane） | オクチル（octyl） |
| 9 | ノナ（nona） | ノナン（nonane） | ノニル（nonyl） |
| 10 | デカ（deca） | デカン（decane） | デシル（decyl） |
| 11 | ウンデカ（undeca） | ウンデカン（undecane） | ウンデシル（undecyl） |
| 12 | ドデカ（dodeca） | ドデカン（dodecane） | ドデシル（dodecyl） |

その他に慣用名が使われる分岐状のアルキル基があり，覚える必要がある．官能基をもたないアルキル基として，以下の名称が許されている．枝分かれを表す「イソ（iso)」や，結合部位が置換している数である級数を表す「*sec-*」（第二級：セカンダリー）や「*tert-*」（第三級：ターシャリー）が使われる（「*sec-*」は「*s-*」と，「*tert-*」は「*t-*」と略されることもある）．また，分岐していないことを表す「*n-*」（ノルマル）をつける場合もある．

イソプロピル基
(isopropyl)

イソブチル基
(isobutyl)

*sec*-ブチル基
(*sec*-butyl)

*tert*-ブチル基
(*tert*-butyl)

## b. アルカン命名の手順

直鎖アルカンは，表 1.1 に従って命名する．分岐したアルカンは，直鎖アルカンの誘導体として次の手順で命名する．

① 最も長い直鎖アルカンを主鎖として母体名をつける．最も長い直鎖が複数ある場合は，より分岐が多いものを主鎖とする．
② 両端から番号をつけて，側鎖の分岐位置になるべく小さな番号が付されるよう番号付けを選ぶ．
③ 側鎖の分岐位置とアルキル基の名前を組み合わせる．
④ 側鎖置換基であるアルキル基をアルファベット順に並べる．ただし倍数詞は無視する．

図 1.21 に上記の手順に従った命名の例を示した．なお，有機化学では炭素や水素が頻繁に出るため，C や H の元素記号を省略して，炭化水素の骨格を炭素間のみを線でつないで示すことが多い（図 1.21 の一番上の構造図）．

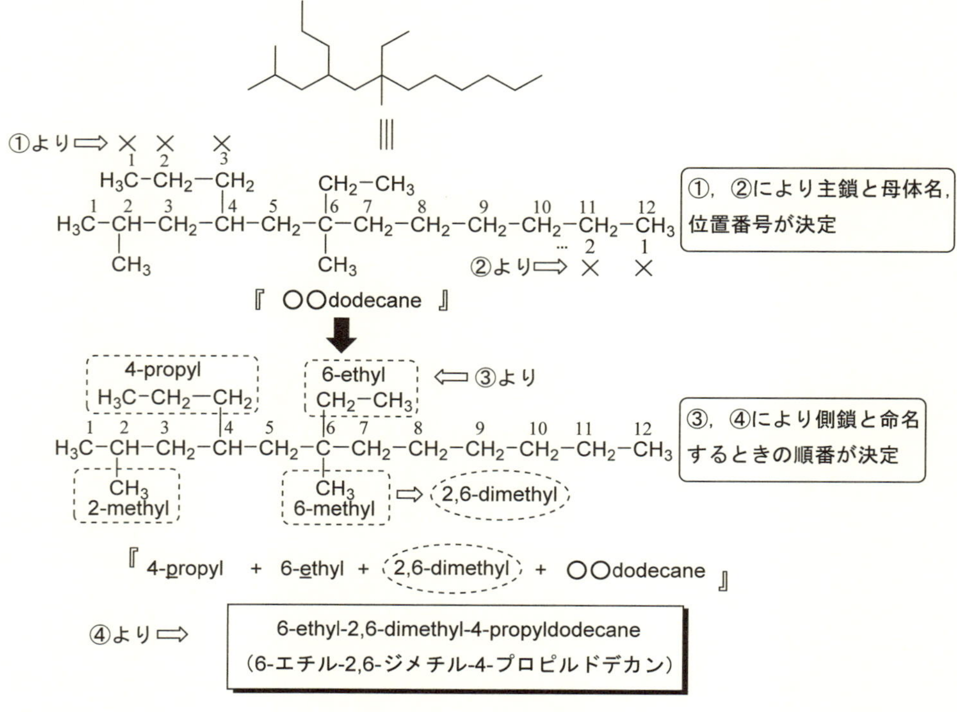


図 1.21 アルカンの命名の例

図 1.21 で取り上げた化合物は 4,6 位に不斉炭素原子をもっている．たとえば，図 1.22 の立体配置をもつ場合は，4 位が $R$，6 位が $S$ である．この場合，水素が省略された不斉炭素原子では，水素はくさびあるいは破線で示された置換基と反対の方向にあると考える．また，立体構造はその位置番号とともに化合物名の最初に記す（化合物中に不斉炭素が 1 つだけの場合は位置番号は省略する）．

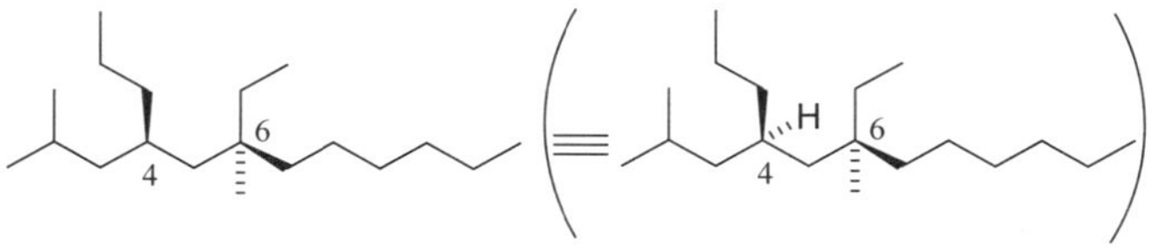

(4*R*,6*S*)-6-ethyl-2,6-dimethyl-4-propyldodecane
((4*R*,6*S*)-6-エチル-2,6-ジメチル-4-プロピルドデカン)

図 1.22　命名での立体構造表記例

### 1.7.2　エタンの構造と配座

エタンは 2 次元で表すと図 1.23 の（A）のようになるが，3 次元では（B）のような木挽き台で表される．メタンでは水素が球状であるためどの結合をねじって回転させても構造に変化はないが，エタンの場合には炭素–炭素結合を軸に回転させると構造が変化するので，回転の途中で分子をスナップ写真でとらえた構造を考えることができる．このような，結合の回転に伴う異なった構造を**立体配座**（conformation）（または配座，コンホメーション）という．結合軸まわりの配座を表すには**ニューマン投影図**（Newman projection formula）（C）が便利であり，注目する炭素–炭素結合軸に沿って眺めるように書く．手前側の炭素から伸びる 3 つの結合は炭素の中心位置から直線で書き，奥側の炭素原子から伸びる 3 つの結合は○で示した外から直線を書く．

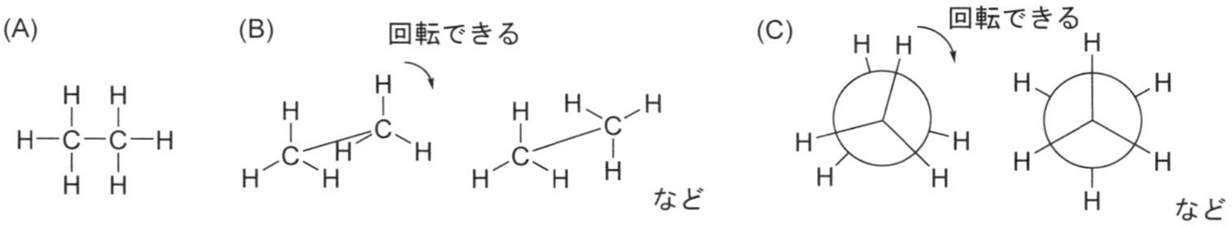

(A)　(B)　回転できる　など　(C)　回転できる　など

図 1.23　エタンの構造表記

通常，分子は自身のもつ熱運動により絶えず配座を変化させている．エタンの炭素–炭素結合が結合軸まわりに回転した場合，エネルギー的に安定な配座や不安定な配座が存在する．横軸に回転させた場合の H−C−C−H がなす角（二面角）をとり，縦軸に対応する配座のエネルギーをとると，配座のエネルギー変化（ねじれひずみエネルギー）をグラフに表すことができる（図 1.24）．エタンでは，60° おきにエネルギーの極大値と極小値がある．**重なり形**（eclipsed）で極大値の状態，**ねじれ形**（staggered）で極小値の状態となっている．重なり形とねじれ形のエネルギー差は約 12 kJ $mol^{-1}$ である．エタンの水素の 1 つがメチル基に置換したプロパンでも同様の配座変化が考えられ，重なり形とねじれ形のエネルギー差は約 14 kJ $mol^{-1}$ と少し大きくなる．

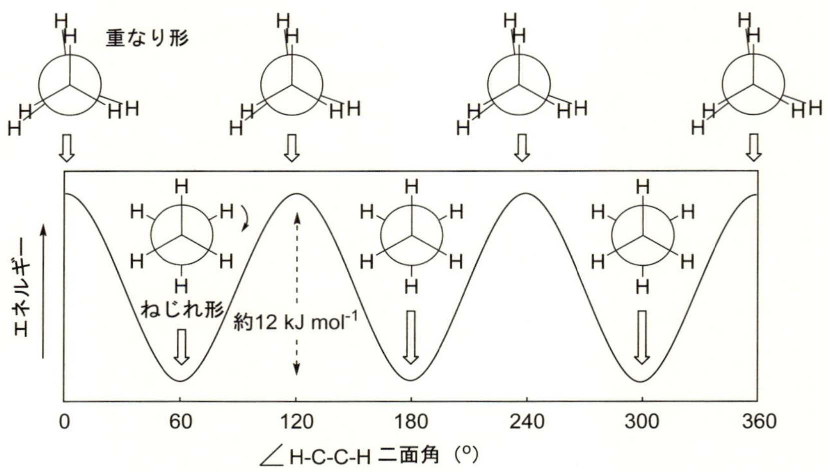


図 1.24　エタンの立体配座とねじれひずみエネルギー

### 1.7.3 ブタンの配座

ブタンや 1,2-ジクロロエタンのような二置換エタンでは，複数の異なる配座で極小値や極大値を示す（図 1.25）．

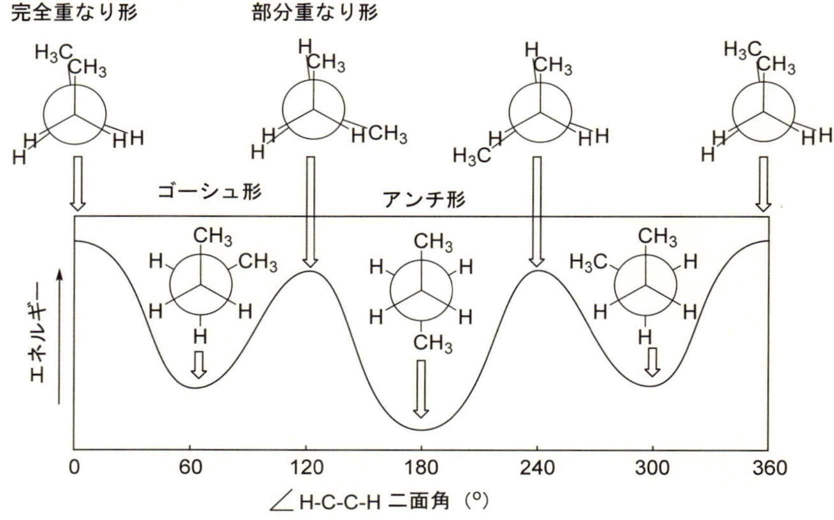


図 1.25　ブタンの立体配座とねじれひずみエネルギー

ブタンでは 2 種類の重なり形をとることができ，極大値の状態を部分重なり形という．とくに，0°（360°）では，大きな置換基（ブタンではメチル基）どうしが重なるため完全重なり形とよばれ，エネルギーの最大値を示す．一方，大きな置換基が互いに反対側にあり立体障害とならない 180° でエネルギーが最小値を示し，この配座を**アンチ形**（anti form）（または**アンチ配座**）とよぶ．また，60°（300°）では，重なり形ほどではないが大きな置換基が互いに近づくので立体反発が生じて不安定となるためエネルギーが極小値となり，この配座を**ゴーシュ形**（gauche form）（または**ゴーシュ配座**）とよぶ．このときみられる置換基どうしの立体反発を**ゴーシュ相互作用**（gauche interaction）といい，安定な配座を考える上で重要な要素である．

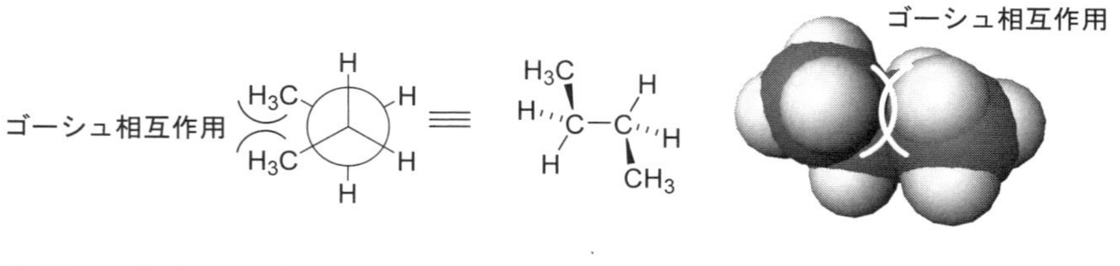

ゴーシュ相互作用

ゴーシュ相互作用

## 1.7.4 シクロヘキサンの配座

シクロヘキサンは環状構造であり，安定な配座として**いす形配座**（chair form）と**舟形配座**（boat form）がある．一般にいす形と舟形は相互変換が可能であり，平衡として存在している．平衡は反応式では両方向の矢印（⇌）で表す．いす形はすべての炭素–炭素結合まわりでゴーシュ配座になるが，舟形では重なり配座を含むので立体反発が生じる．そのため，舟形に比べていす形が安定な配座となり，シクロヘキサンの配座うち 99% がいす形で存在する．

シクロヘキサンには 12 個の炭素と水素の結合がある．いす形配座では図 1.26 中の a で示した 6 個の結合は軸（上下）方向を向いている．これを**アキシアル**（axial）**結合**とよぶ．一方，図中の e で示した 6 個の結合は赤道（横）方向を向いており，**エクアトリアル**（equatorial）**結合**とよぶ．結合している水素を区別して考えると，いす形配座の構造は，配座の変換によって 2 つ存在する（A と B）ことがわかる．A と B は舟形を経由しながら相互変換している（図中の炭素 1 および 4 の動く方向とそれによるいす形配座への変化を矢印とローマ数字（*i* および *ii*）で示した）．A で炭素 1 のアキシアル (a) に結合していた水素（○囲み）が B ではエクアトリアル（e）になり，A でエクアトリアル（e）に結合していた水素（□囲み）が B のアキシアル（a）になっている．他の炭素でも A から B

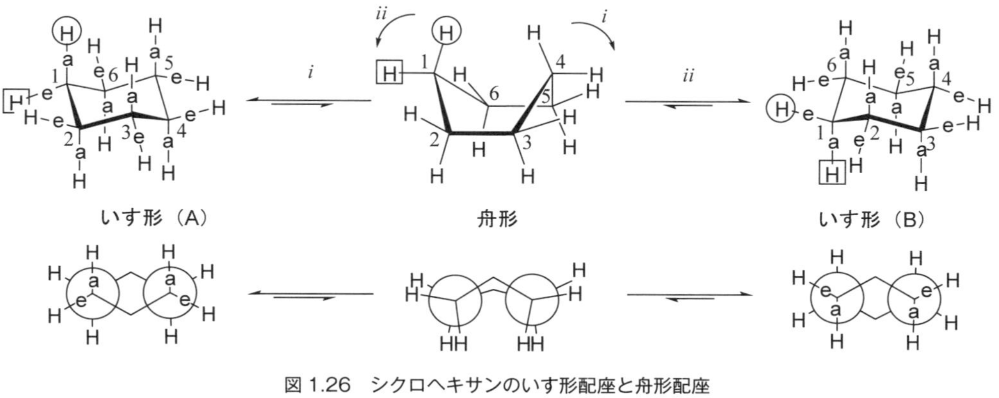

いす形（A）　舟形　いす形（B）

図 1.26　シクロヘキサンのいす形配座と舟形配座

に配座が変化する際に一斉にアキシアルとエクアトリアルが入れ替わる．実際には水素に区別はないのでＡとＢは同一の構造となるが，シクロヘキサンではこの配座変換のエネルギー障壁（$\varDelta G°$）は 45.2 kJ $mol^{-1}$ であり，室温で容易に起こる．

メチルシクロヘキサンの配座について考えてみよう．メチルシクロヘキサンでは，安定ないす形配座でもメチル基がエクアトリアルに結合している配座とアキシアルに結合している配座の２種類が考えられる（図 1.27）．エクアトリアルに結合している場合は，メチル基は立体的な反発をもたない．一方，アキシアルに結合している場合，メチル基はシクロヘキサンの環骨格の $-CH_2-$ との間にゴーシュ相互作用がある．さらに，メチル基が置換している炭素から３番目の炭素上のアキシアル水素は，メチル基と接近しており立体反発を与える．こうした反発を **1,3-ジアキシアル相互作用**（1,3-diaxial interaction）という．これらの立体反発のため，エクアトリアルに置換基があるいす形配座がより安定であり，室温では 95：5 の比で存在する（発展編 6.3.1 参照）．

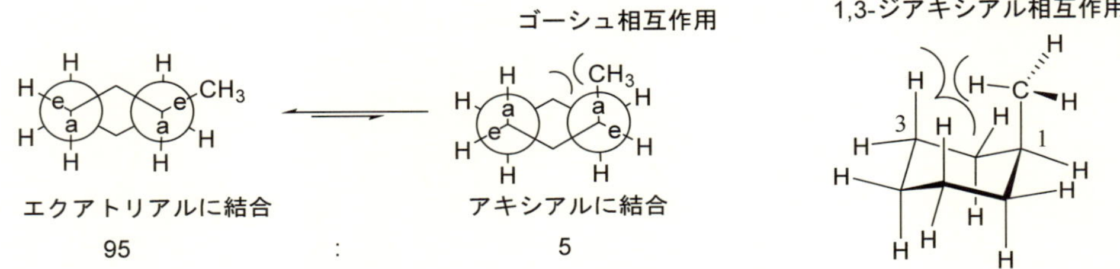


図 1.27　メチルシクロヘキサンの２つのいす形配座

## 章末問題

問題に対応する本文の項目は【　】に示したので考えるヒントにしてほしい．

**1.1**　次の化合物をルイス構造式で示しなさい．また，それぞれの電子を「σ結合の電子」「π結合の電子」「非共有電子対」に分類しなさい．【1.1, 1.5】

(1)　$HNO_3$　　(2)　$CH_3CN$　　(3)　$CH_2=CH-\overset{+}{C}H_2$　　(4)

**1.2**　次の化合物の極限構造式をすべて書きなさい．また，そのなかで一番寄与が大きいと考えられる構造を答えなさい．【1.3】

(1)　$H_3C-O-CH=CH-\overset{+}{C}H_2$　(2)　$H_3C-N(CH_3)-C(=O)-H$　(3)　$-NH_2$　(4)　$CH_2=\overset{+}{N}=\overset{-}{N}$

**1.3**　次の化合物の軌道を示しなさい．また，それぞれの軌道の名称も答えなさい．軌道に存在している電子を「・」で表すこと．【1.5】

(1)　$CH_3OH$　　(2)　$H_2C=\overset{+}{C}H$　　(3)　$HC\equiv\overset{-}{C}$　　(4)　$CO_2$

**1.4**　次の化合物の不斉炭素の立体配置が $R$ 体か $S$ 体か答えなさい．【1.6.4】

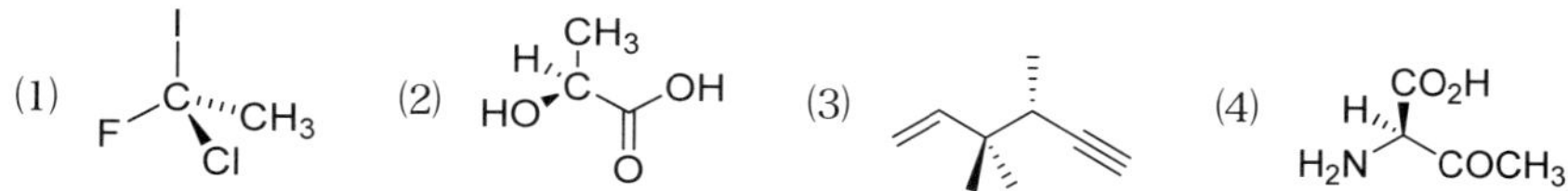


**1.5**　次の化合物の構造を示しなさい．立体構造について明示しているものは，くさびの線と破線を用いて反映させ，不斉炭素に「*」をつけること．【1.6.4, 1.7.1】

(1)　5-エチル-3,8-ジメチルデカン

(2)　($R$)-2,4-ジメチルヘキサン

(3)　(3$S$,5$R$,6$S$,7$R$)-3,7,8-triethyl-2,5-dimethyl-6-propyldecane

**1.6**　次の化合物中で，矢印で示した結合の回転における，一番安定な立体配座と一番不安定な立体配座をニューマン投影図で示しなさい．【1.7.3】

(1) 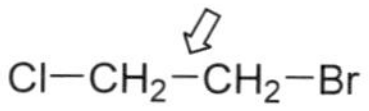　$Cl-CH_2-CH_2-Br$　　(2)　$Br-CHF-CH(CH_3)-CH_3$

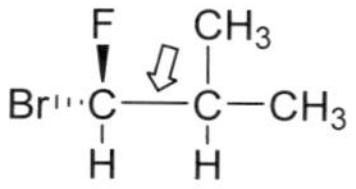

**1.7**　1,4-ジメチルシクロヘキサンの立体配置異性体について，いす形配座をすべて書き，一番安定な配座と一番不安定な配座を答えなさい．【1.7.4】

1,4-ジメチルシクロヘキサン

$H_3C-C_6H_{10}-CH_3$

# 2. 分子の結合と性質

## 2.1 電気陰性度と結合の分極構造

異なる種類の原子間の共有結合では，共有電子対を引き寄せる力の強さが原子によって異なるため電荷の偏りが生じる．このように電荷が偏った状態を**分極**(polarization) という．原子が共有電子対を引き寄せる程度を数値で表したものを**電気陰性度** (electronegativity) といい，ポーリング (Pauling) の電気陰性度 (表 2.1) がよく用いられる．電気陰性度が大きいほど原子は共有電子対を引き寄せて負電荷を帯びやすい．電気陰性度は，主に原子半径の大きさや原子核の陽子数などに影響され，同族や同周期では規則性がある．

表 2.1 ポーリングの電気陰性度

| 周期＼族 | 1 | 2 | 13 | 14 | 15 | 16 | 17 |
|---|---|---|---|---|---|---|---|
| 1 | H<br>2.2 | | | | | | |
| 2 | Li<br>1.0 | Be<br>1.5 | B<br>2.0 | C<br>2.5 | N<br>3.0 | O<br>3.5 | F<br>4.0 |
| 3 | Na<br>0.9 | Mg<br>1.2 | Al<br>1.5 | Si<br>1.8 | P<br>2.1 | S<br>2.5 | Cl<br>3.0 |
| 4 | K<br>0.8 | Ca<br>1.0 | | | | | Br<br>2.8 |
| 5 | | | | | | | I<br>2.5 |

(縦：大 ↕ 小，横：小 ↔ 大)

共有結合をつくる２つの原子の電気陰性度を比べることで，その結合における分極が理解できる（図 2.1）．イオン結合では完全にイオン化しており，その電荷は，＋1（−1）となるが，共有結合の分極で生じる電荷は１以下である．「ある程度の量」を示す $\delta$（デルタ：$0 < \delta < 1$）を用いて部分的な電荷 $\delta+$（$\delta-$）として表し，電気陰性度の大きな元素がより負に帯電（$\delta-$）する．

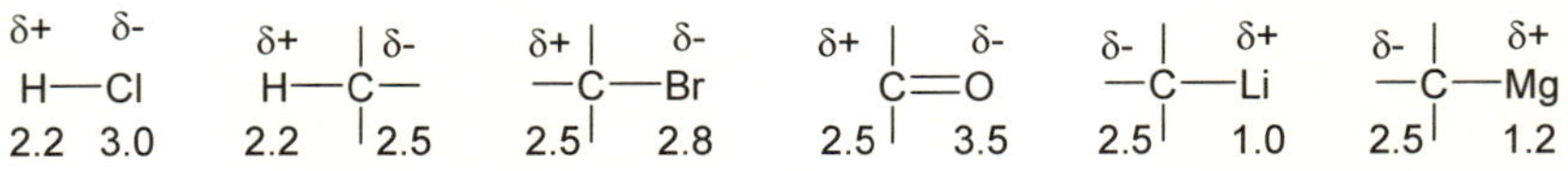

δ+ H—Cl δ- (2.2, 3.0)　δ+ H—C δ- (2.2, 2.5)　δ+ C—Br δ- (2.5, 2.8)　δ+ C=O δ- (2.5, 3.5)　δ- C—Li δ+ (2.5, 1.0)　δ- C—Mg δ+ (2.5, 1.2)

図 2.1 電気陰性度と結合の分極

炭素原子にそれより電気陰性度が大きい窒素原子，酸素原子，ハロゲン原子が結合していると，炭素は$\delta+$の部分的な電荷をもつ．一方，炭素原子がそれより電気陰性度が小さいリチウムやマグネシウムなどの金属原子と結合していると逆に炭素は$\delta-$の部分的な電荷をもつ．有機化合物の骨格に多く含まれる炭素–水素結合では電気陰性度の差が小さいのでほとんど分極はない．

有機反応の多くは炭素上で起こるが，炭素原子と結合する原子の電気陰性度の違いによって炭素の部分的な電荷が大きく異なることを理解しよう．

## 2.2 水素結合

窒素，酸素，フッ素などの電気陰性度の大きな元素と水素の間の共有結合では，その原子の負電荷（$\delta-$）が大きくなり，結合している水素は正電荷（$\delta+$）が大きくなる．負電荷が大きくなった原子は，非共有電子対を介して別分子の水素との間に結合を生じる．このような結合を**水素結合**(hydrogen bond)という．$NH_3$ (−33℃), $H_2O$ (100℃), HF (20℃) の沸点が $CH_4$ (−162℃) より著しく高いのは，分子間に働く水素結合を切るためにより多くのエネルギー（熱）が必要なためである．アルコールやアミンも水素結合が働くので同程度の分子量のアルカンに比べて沸点が高い．

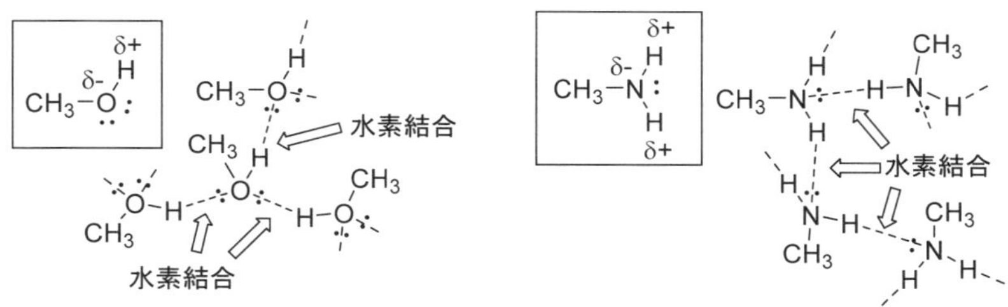


## 2.3 酸・塩基

### 2.3.1 ブレンステッド-ローリーの定義

アレニウス（Arrhenius）は，酸や塩基の水溶液が電気伝導性を示すことから，水溶液中では酸や塩基がイオンに電離していると考え，「酸とは，水に溶けてプロトン（proton）（水素イオン）（$H^+$）を生じる物質であり，塩基とは，水に溶けて水酸化物イオン（$OH^-$）を生じる物質である.」と定義した．

1923年，ブレンステッド（Brønsted）とローリー（Lowry）は，水溶液以外での酸・塩基の反応を説明するために，アレニウスの酸・塩基の定義を拡張した．

ブレンステッド酸：プロトン（$H^+$）を与える分子・イオン
ブレンステッド塩基：プロトン（$H^+$）を受け取る分子・イオン

たとえば，水溶液中での塩化水素の電離反応では，HClは酸，$H_2O$は塩基となる．

また，逆反応でみると，$H_3O^+$（オキソニウムイオン）はプロトン（$H^+$）を与えるので酸となり，$Cl^-$はプロトン（$H^+$）を受け取るので塩基となる．$H_3O^+$は$H_2O$（塩基）の共役酸，$Cl^-$は HCl（酸）の共役塩基とよぶ．

$$\underset{\text{酸}}{HCl} + \underset{\text{塩基}}{H_2O} \rightleftharpoons \underset{\text{共役酸}}{H_3O^+} + \underset{\text{共役塩基}}{Cl^-}$$

さらに酸・塩基の概念を広義に定義したのがルイス（Lewis）の酸・塩基である（発展編 6.2 参照）．

### 2.3.2 酸解離定数 $K_a$ と p$K_a$

酸（HA）と塩基（$H_2O$）が反応し，共役酸（$H_3O^+$）と共役塩基（$A^-$）を生じる平衡反応が成り立つとき，それぞれの成分の濃度（単位：mol $L^{-1}$）を用いて**平衡定数**（equilibrium constant）$K$ が定義できる（図 2.2）．$K$ が 1 より大きければ，平衡は正反応（右側に進む反応）に偏り，$K$ が 1 より小さければ，平衡は逆反応（左側に進む反応）に偏る．

$$\underset{\text{酸}}{\text{H–}\ddot{\underset{\cdot\cdot}{A}}\text{:}} + \underset{\text{塩基}}{\text{H–}\ddot{O}\text{:}(\text{–H})} \overset{K}{\rightleftharpoons} \underset{\text{共役酸}}{\text{H–}\ddot{O}^+\text{–H}(\text{–H})} + \underset{\text{共役塩基}}{\text{:}\ddot{\underset{\cdot\cdot}{A}}\text{:}^-}$$

$$K = \frac{[H_3O^+][A^-]}{[HA][H_2O]}$$

$$K_a = K[H_2O] = \frac{[H_3O^+][A^-]}{[HA]} \Longrightarrow pK_a = -\log K_a$$

図 2.2 酸の平衡と p$K_a$

**酸解離定数**（acid dissociation constant）$K_a$ を $K[H_2O]$ と定義することで，酸解離定数の常用対数を負にした値として p$K_a$ を定義する．p$K_a$ は酸としての強さを表し，値が小さいほど強い酸であることを意味する．

p$K_a$ は pH と似ているが，まったく異なることに注意する．pH（水素イオン濃度指数）は水素イオン濃度を表す変数であるが，p$K_a$ はその化合物に固有の値である（表 2.2）．

表 2.2　代表的な化合物の p$K_a$

| 酸 | p$K_a$値 | 酸の強さ | 共役塩基の強さ |
|---|---|---|---|
| $C_5H_{11}-CH_2-\mathbf{H}$ | 50 | 弱い | 強い |
| $H_3C-\mathbf{H}$ | 48 | ↑ | ↑ |
| $H_2C=C(\mathbf{H})H$ | 44 | | |
| (Ph−**H**) | 43 | | |
| $PhCH_2-\mathbf{H}$ | 41 | | |
| $(i\text{-}Pr)_2N-\mathbf{H}$ | 38 | | |
| $H_2N-\mathbf{H}$ | 36 | | |
| $\mathbf{H}-CH_2CO_2CH_3$ | 25 | | |
| $HC\equiv C-\mathbf{H}$ | 25 | | |
| $CH_3COCH_2-\mathbf{H}$ | 20 | | |
| シクロペンタジエン−**H** | 16 | | |
| $RO-\mathbf{H}$ | ~ 16 | ↓ | ↓ |
| $HO-\mathbf{H}$ | 15.7 | 強い | 弱い |

| 酸 | p$K_a$値 | 酸の強さ | 共役塩基の強さ |
|---|---|---|---|
| $H_3CO-C(=O)-CH(\mathbf{H})-C(=O)-OCH_3$ | 13 | 弱い | 強い |
| $H_3C-C(=O)-CH(\mathbf{H})-C(=O)-OC_2H_5$ | 11 | ↑ | ↑ |
| $H_3C-C(=O)-CH(\mathbf{H})-C(=O)-CH_3$ | 9 | | |
| $^{-}OCO_2-\mathbf{H}$ | 10.3 | | |
| $O_2N-CH_2-\mathbf{H}$ | 10.2 | | |
| $R_3\overset{+}{N}-\mathbf{H}$ | ~ 10 | | |
| $PhO-\mathbf{H}$ | 10 | | |
| $HOCO_2-\mathbf{H}$ | 6.4 | | |
| $CH_3CO_2-\mathbf{H}$ | 4.8 | | |
| $\mathbf{H}-F$ | 3.2 | | |
| $H_2\overset{+}{O}-\mathbf{H}$ | -1.7 | | |
| $\mathbf{H}-Cl$ | -7.0 | | |
| $\mathbf{H}-Br$ | -9.0 | ↓ | ↓ |
| $\mathbf{H}-I$ | -10 | 強い | 弱い |

ここで，酸の強さとそれから生じる共役塩基の塩基としての強さの関係を考える．たとえば，強い酸である HCl は，平衡定数 $K > 1$ であり平衡は右に偏るので，共役塩基（$Cl^-$）は，共役酸としての $H_3O^+$ から $H^+$ を受け取りにくい弱い塩基である．

$$\underset{\substack{\text{強い酸}\\(\text{p}K_a\ -7)}}{HCl} + H_2O \rightleftharpoons \underset{\substack{\text{共役酸}\\(\text{p}K_a\ -1.7)}}{H_3O^+} + \underset{\text{弱い共役塩基}}{Cl^-}$$

一方，弱い酸である $CH_4$ では，平衡定数 $K < 1$ であり平衡は左に偏るので，共役塩基（$CH_3^-$）は $H_3O^+$ から $H^+$ を受け取りやすい強い塩基である．

$$\underset{\substack{\text{弱い酸}\\(\text{p}K_a\ 48)}}{CH_4} + H_2O \rightleftharpoons \underset{\substack{\text{共役酸}\\(\text{p}K_a\ -1.7)}}{H_3O^+} + \underset{\text{強い共役塩基}}{CH_3^-}$$

このように，強い酸から生じる共役塩基は塩基として弱く，弱い酸から生じる共役塩基は塩基として強いことがわかる．

### 2.3.3 p$K_a$ へ影響を及ぼす誘起効果と共鳴効果

#### a. 誘起効果（I 効果）

酢酸のメチル基の水素を電気陰性度の大きいハロゲンで置換すると，その数が多いほど，また電気陰性度のより大きなハロゲン（F > Cl > Br > I）であるほど，酸として強くなる．この場合，共役塩基の負電荷が炭素–ハロゲン結合である σ 結合を通してハロゲンにまで引き付けられ，負電荷が分子全体に分散してカルボキシラートアニオンを安定化する．このように σ 結合を通じて受ける効果を**誘起効果**（I 効果：inductive effect）という．

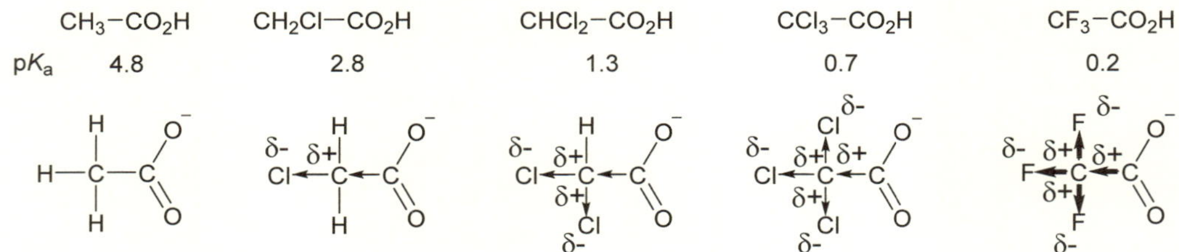


#### b. 共鳴効果（R 効果）

エタノールと酢酸を比べると，酢酸の方が強い酸である．カルボキシラートアニオンの負電荷は，共鳴構造式で示されるようにカルボニル基の π 結合と酸素とのあいだに分散することで安定化される（1.3.1 参照）．このように共鳴によって受ける効果を**共鳴効果**（R 効果：resonance effect）という．

p$K_a$　15.5　4.8

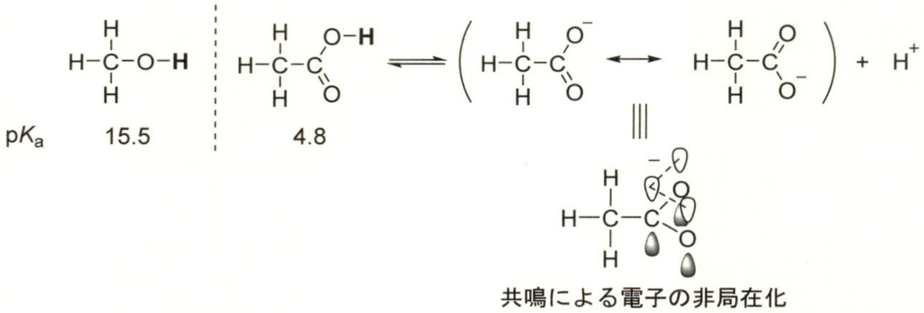

共鳴による電子の非局在化

このような例は他にも見られる．フェノール（p$K_a$ 10）は，アルコール（p$K_a$ 16）に比べて強い酸性を示す．これは，プロトン（$H^+$）を放出したフェノキシドイオンは共鳴効果によって安定化されるためである．

メタン（p$K_a$ 48）は酸としてきわめて弱いが，ニトロ基が置換したニトロメタン（p$K_a$ 10.2）はフェノールと同程度の酸として振る舞う．これは，$H^+$を放出して生成するアニオンの電荷が，共鳴によってニトロ基上にも分散されることで安定化し，解離が促進されるためである．

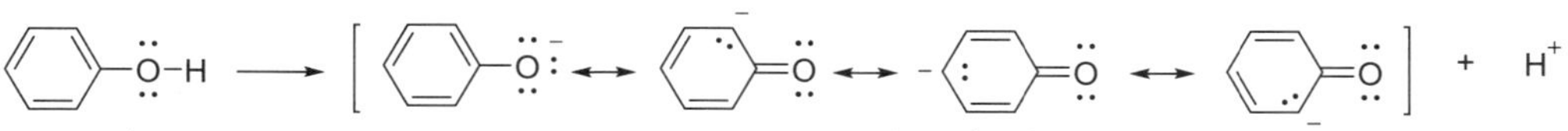

フェノール　　フェノキシドイオン

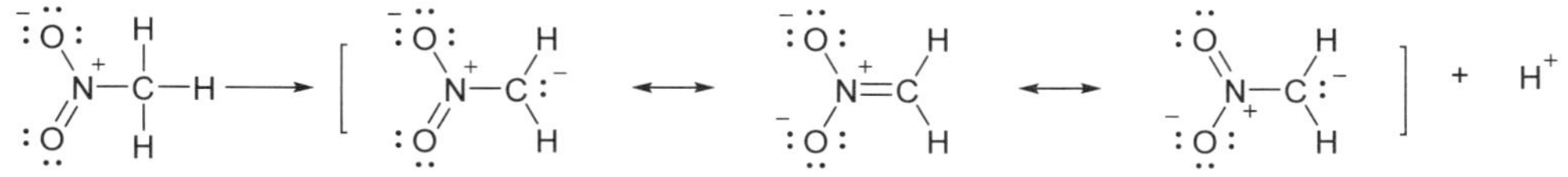

ニトロメタン

### 2.3.4 p$K_a$ から計算する化学平衡

有機化合物の酸・塩基の平衡がどの程度偏っているかは p$K_a$ を用いて平衡定数として計算することができる．

たとえば，酢酸とフェノキシドイオン（塩基）の反応では，フェノール（共役酸）と酢酸イオン（共役塩基）を生じる．図 2.3 に示すように，酢酸とフェノールの p$K_a$ から平衡定数を $10^{5.2}$ と見積もることができる．平衡定数が 1 以上なので化学平衡は右に偏っていることがわかる．

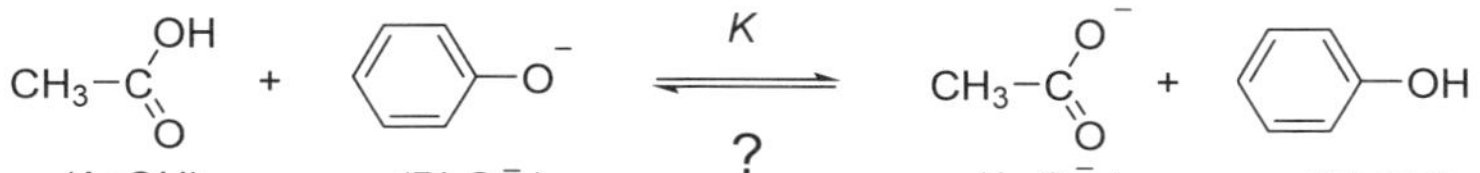

(AcOH) 酸　(PhO⁻) 塩基　$\overset{K}{\rightleftharpoons}$ ?　(AcO⁻) 共役塩基　(PhOH) 共役酸

p$K_a$(AcOH) = 4.8　　p$K_a$(PhOH) = 10

酢酸

$$K(\mathrm{AcOH}) = \frac{[H_3O^+][AcO^-]}{[AcOH][H_2O]} = 10^{-4.8}/[H_2O]$$

フェノール

$$K(\mathrm{PhOH}) = \frac{[H_3O^+][PhO^-]}{[PhOH][H_2O]} = 10^{-10}/[H_2O]$$

求める平衡定数

$$K = \frac{[AcO^-][PhOH]}{[AcOH][PhO^-]} = \left(\frac{[H_3O^+][AcO^-]}{[AcOH][H_2O]}\right) \Big/ \left(\frac{[H_3O^+][PhO^-]}{[PhOH][H_2O]}\right) = \frac{K(\mathrm{AcOH})}{K(\mathrm{PhOH})} = \frac{10^{-4.8}}{10^{-10}} = 10^{5.2} > 1$$

図 2.3　平衡定数と p$K_a$

## 章 末 問 題

問題に対応する本文の項目は【　】に示したので考えるヒントにしてほしい．

2.1　次の組み合わせの化合物の下線部の水素の p$K_a$ 値が小さくなる順（酸性度の大きくなる順）に並べなさい．【2.3】

(1)　$CH_3-O\underline{H}$　　$CHF_2-O\underline{H}$　　$CH_2Br-O\underline{H}$　　$CHFCl-O\underline{H}$

(2)　$\underline{H_3}C-C(=O)-CH_2-C(=O)-OCH_3$　　$H_3C-C(=O)-C\underline{H_2}-C(=O)-OCH_3$　　$H_3C-C(=O)-CH_2-C(=O)-OC\underline{H_3}$

(3)　$C\underline{H_2}=O$　　$C\underline{H_2}=CH_2$　　$C\underline{H_2}=NH$　　$CH_2=N\underline{H}$

**2.2**　メタン，エテン（エチレン），エチン（アセチレン）の $\mathrm{p}K_\mathrm{a}$ の違いを混成軌道を用いて説明しなさい．【1.5.3, 2.3.2】

**2.3**　表 2.2 を参考にして，次の酸・塩基反応はどちら（右側，左側）に偏っているか答えなさい．【2.3.2, 2.3.4】

(1)　$C_6H_5OH + HCO_3^- \rightleftharpoons C_6H_5O^- + H_2CO_3$

(2)　$C_6H_5OH + CO_3^{2-} \rightleftharpoons C_6H_5O^- + HCO_3^-$

(3)　$CH_3COCH_3 + HO^- \rightleftharpoons CH_3CO\overset{-}{C}H_2 + H_2O$

**2.4**　前問 2.3 の (3) の酸・塩基反応の平衡定数を求めなさい．【2.3.4】

# 3. 分子の反応

有機化合物の多くの反応では，結合の開裂と再結合が起こる．どこで結合が開裂して，どこで結合が形成されるのかを理解するためには，結合の強さを考えることが有効である．また，結合は２つの電子が２つの原子で共有されているため，結合が切れるときに分配される電子の数を考える必要がある．

## 3.1　結合の切断と電子の移動：結合のエネルギーと反応中間体

### 3.1.1　結合切断

結合切断は，均等開裂と不均等開裂に分類される．単結合は，σ結合であり２電子で形成されているが，その２電子が１電子ずつに分かれて分配される場合を**均等開裂（ホモリシス）**（homolysis）という．このとき，それぞれの原子は電子が１つだけ入った軌道がある状態となり，このような化学種を**ラジカル種**（または単に**ラジカル**（radical））という（3.2.2 参照）．ラジカル種は遊離基ともいう．均等開裂では２つのラジカル種が生成する．一方，２電子が一方の原子に分配される場合を**不均等開裂（ヘテロリシス）**（heterolysis）という．通常は電気陰性度が大きい原子が２電子を受け取りアニオンとなり，電子対を失った原子がカチオンとなる．

(a) 均等開裂（ホモリシス）

A$\vdots$B ⟶ A·　+　·B

ラジカル　ラジカル

(b) 不均等開裂（ヘテロリシス）

A$\vdots$B ⟶ $A^{+}$　+　:$B^{-}$

カチオン　アニオン

結合を均等開裂するのに必要なエネルギーを**結合解離エネルギー**（bond dissociation energy）といい，結合の強さの尺度となる（表 3.1）．

### 3.1.2　電子の流れの書き方

有機反応では電子の移動を伴って原子間の結合の開裂と再結合が行われる．この電子の移動を表して反応の経路を示したものを**反応機構**（reaction mechanism）（反応メカニズム）という．

#### a.　矢印の種類と書き方の基本

ロビンソン（Robinson）は，反応機構を構造式と電子移動の矢印を用いて表現することを提案した．１電子の移動を半矢印（片鉤）（⇀）を用いて，２電子の移動を巻き矢印（両鉤）（⟶）を用いて表す．ラジカル反応は前者，極性反応（イオン反応）は後者となる．

表 3.1　おもな結合の結合解離エネルギー

| 結合 | $kJ\ mol^{-1}$ | 結合 | $kJ\ mol^{-1}$ | 結合 | $kJ\ mol^{-1}$ |
|---|---|---|---|---|---|
| H−H | 436 | $CH_3$−H | 439 | $CH_3$−$CH_3$ | 368 |
| H−F | 570 | $CH_3$−F | 472 | C−C （平均） | 347 |
| H−Cl | 432 | $CH_3$−Cl | 342 | C=C （平均） | 619 |
| H−Br | 366 | $CH_3$−Br | 290 | C≡C （平均） | 812 |
| H−I | 298 | $CH_3$−I | 231 | C=O （平均） | 743 |
| Cl−Cl | 243 | $CH_3$−OH | 383 | | |
| Br−Br | 194 | HO−H | 499 | | |
| I−I | 153 | | | | |

図 3.1 に，反応に伴う電子の移動と矢印の書き方を示した．矢印は，共有結合を示す直線や電子対あるいは非共有電子対から出発し，新たに電子が収まる原子軌道に向かって引く．また，どの原子と結合するかを明確にするため，矢印の先を結合する原子に向けて引く書き方もある．

電子の移動にはオクテット則を超過する構造を書かないように気をつける必要がある．つまり，図 3.1 の（2）(b)のように，２電子を受けとる矢印の先の原子には，別の２電子が出発点となる巻き矢印を書かなければならない．また，反応の前後で，全体の電荷は変わらないことに注意する．つまり，反応で電子を移動させる場合，勝手に電子を消滅させてはいけない．多くの場合，移動した電子は共有電子対として結合に変わるか，アニオンの非共有電子対となる．

### b.　電子の巻き矢印表記の留意点

ここでは，正確な電子の移動が巻き矢印で書けるようになるために，とくに気を付けるべき事例を少し丁寧に説明する．応用編で登場する箇所も参照してほしい．

**【アドバイス１】　出発点と終着点に注意する．**

巻き矢印を書く上で重要なことは，①巻き矢印の出発点は共有電子対または非共有電子対であること，②巻き矢印の終着点は，新しい結合をつくる原子との間，もしくは電子が新たに収まる原子になることである．

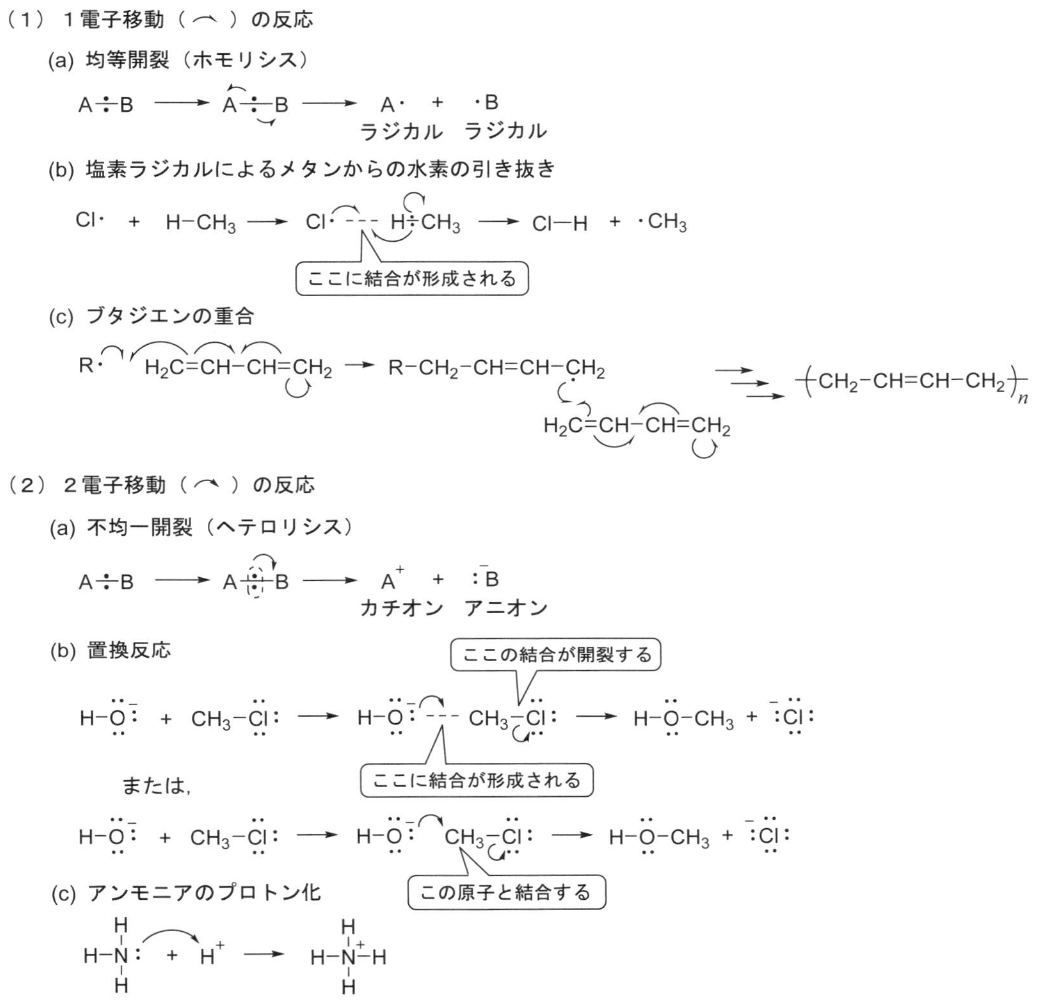

（1）１電子移動（⌒）の反応

(a) 均等開裂（ホモリシス）

A∸B ⟶ A∸B ⟶ A· ＋ ·B
ラジカル　ラジカル

(b) 塩素ラジカルによるメタンからの水素の引き抜き

Cl· ＋ H−$CH_3$ ⟶ Cl·--- H∸$CH_3$ ⟶ Cl−H ＋ ·$CH_3$

ここに結合が形成される

(c) ブタジエンの重合

R· $H_2C$=CH−CH=$CH_2$ ⟶ R−$CH_2$−CH=CH−$CH_2$· $H_2C$=CH−CH=$CH_2$ ⟶ ⟶ ⟶ $-(CH_2-CH=CH-CH_2)_n-$

（2）２電子移動（⌒）の反応

(a) 不均一開裂（ヘテロリシス）

A∸B ⟶ A∸B ⟶ $A^+$ ＋ :$B^-$
カチオン　アニオン

(b) 置換反応

ここの結合が開裂する

H−Ö:$^-$ ＋ $CH_3$−Cl: ⟶ H−Ö:$^-$--- $CH_3$−Cl: ⟶ H−O−$CH_3$ ＋ $^-$:Cl:

ここに結合が形成される

または，

H−Ö:$^-$ ＋ $CH_3$−Cl: ⟶ H−Ö:$^-$ $CH_3$−Cl: ⟶ H−O−$CH_3$ ＋ $^-$:Cl:

この原子と結合する

(c) アンモニアのプロトン化

$H_3N$: ＋ $H^+$ ⟶ $NH_4^+$

図 3.1　いくつかの反応例と電子の移動

たとえば，図 3.1 の（2）(b) で示した $OH^-$（水酸化物イオン）とクロロメタンが反応する置換反応では，オクテット則を満たすように２つの矢印が一緒に書かれる．１つ目の矢印の出発点は $OH^-$ の非共有電子対であり，これがクロロメタンの炭素原子を攻撃し，結合をつくると同時に，２つ目の矢印で炭素–塩素結合が切れ，$Cl^-$アニオンが生成することを示している．電子対が省略されている場合は，マイナス符号が電子対を表すと考えて，マイナス符号を巻き矢印の出発点とする．

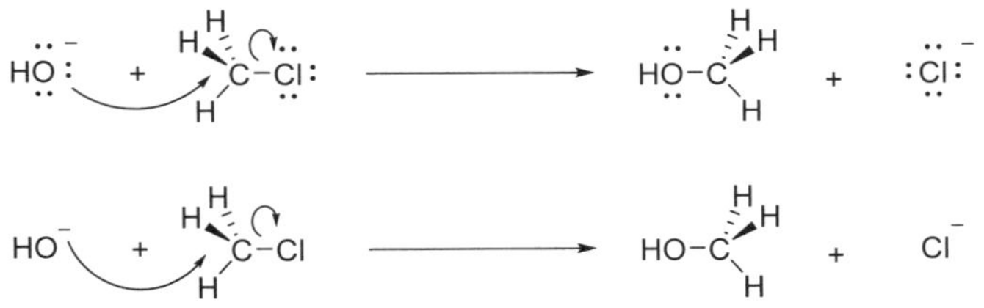

$HO^-$ ＋ $H_3C$−Cl ⟶ HO−$CH_3$ ＋ $Cl^-$

$HO^-$ ＋ $H_3C$−Cl ⟶ HO−$CH_3$ ＋ $Cl^-$

**【アドバイス２】 結合の分極を考え，電子を伴って移動する原子に曲線を向ける．**

共有結合の電子対を移動させるとき，電子を収容する原子の方に矢印が巻くように書くとよい．

$\delta+$ A : B $\delta-$　$R^+$ ⇨ $A^+$　:$B^-$　$R^+$　と考えるなら　A—B　$R^+$　と書く

$\delta-$ A : B $\delta+$　$R^+$ ⇨ $A^-$:　$B^+$　$R^+$　と考えるなら　A—B　R　や　A—B　$R^+$　と書く

水素化ホウ素ナトリウム（$NaBH_4$）によるアセトンの還元を例に考える（応用編 4.8.3 参照）．$BH_4^-$では，形式電荷はホウ素原子上にあるが実際にはB－H結合が切れてヒドリド（$H^-$）が移動する．B－H 結合の電子対が生成物の C－H 結合の電子対になっているので，巻き矢印の出発点はB－H 結合となる．さきの説明のように，電子対はHの方向に移動して結合が切れることを示すため，はじめにHへ巻き込んでから炭素へ矢印を伸ばすとよい．大事なことは，Bが電子対を受け取るのではないことがわかればよい．

$BH_4^-$ + $(CH_3)_2C{=}O$ ⟶ $(CH_3)_2CH{-}O^-$ + $BH_3$

**【アドバイス３】 二重結合の開裂では，電子を受け取る原子に曲線を向ける．**

二重結合では，π電子がどちら側に移動して開裂するかは，生成物の選択性を決めるため重要である（応用編 4.3.3 参照）．

たとえば，イソブテン（$CH_2{=}C(CH_3)_2$）への HCl の付加反応は２段階の反応である．１段階目では，アルケンのπ電子が正電荷に向かって移動する．つまり，アルケンの二重結合の１つが切れて，あらたに C－H 結合ができる位置（この場合だと H の左側あたり）に矢印の終着点がくるように書く．また，これと同時に H－Cl 結合が切れて $Cl^-$アニオンが生成する矢印を書く．２段階目では $Cl^-$アニオンの電子がカチオンに移動して新たな結合を作り，生成物が得られる．

１段階目　$H_2C{=}C(CH_3)_2$ + H－Cl ⟶ $CH_3{-}C^+(CH_3)_2$ + $Cl^-$

２段階目　$CH_3{-}C^+(CH_3)_2$ + $Cl^-$ ⟶ $CH_3{-}CCl(CH_3){-}CH_3$

１段階目の反応式で電子の流れの矢印を次の式のように書いてしまうことがある．この場合，π電子は右の炭素の方に動いて H との結合を形成することを表しているので，$CH_2$ にカチオンができることになる．

誤った表現

（矢印の意味する反応）

したがって，イソブテンの書き方を左右入れ替えれば，別の正しい表現となる．

別の正しい表現（分子の配置をかえる）

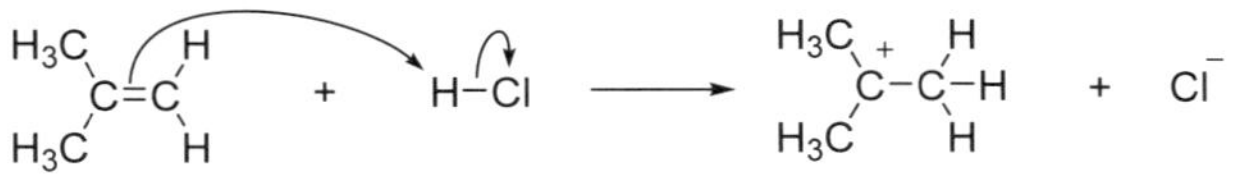

また，巻き矢印が新しい結合をつくる原子を突き抜けて書く方法もある．しかし，この表現はあまり使われていない．

別の正しい表現（原子を突き抜けて書く）

**【アドバイス４】　ヒドリド（$H^-$）の移動では，電子を伴う H に曲線を向ける．**

アルコールの脱水反応では水素が隣接する炭素に移動する反応が起こる場合がある．このような**1,2-水素移動**（1,2-hydride shift）の反応機構は，水素がヒドリド（$H^-$）として転位することが知られている．共有電子対は H と一緒に移動しているので，それがわかるように始めに H を巻き込み，その後に隣の炭素へ向かう S 字型の巻き矢印を書く．オクテット則を満たすように同時に C−O 結合が切れて水が脱離し，カチオンが生成する．

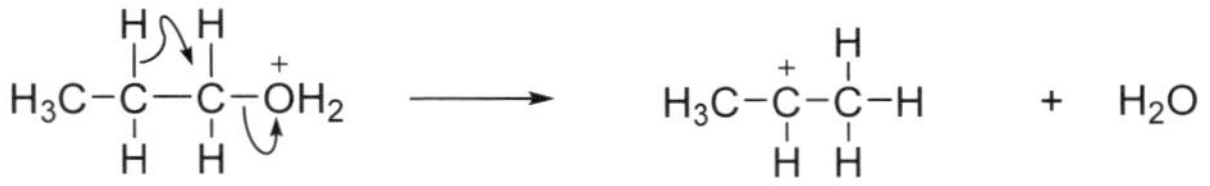

下記の式では矢印は電子対を炭素に移動させているので，$H^+$の生成とともに二重結合になる脱離反応を表現しており，これは誤りである．

誤った表現

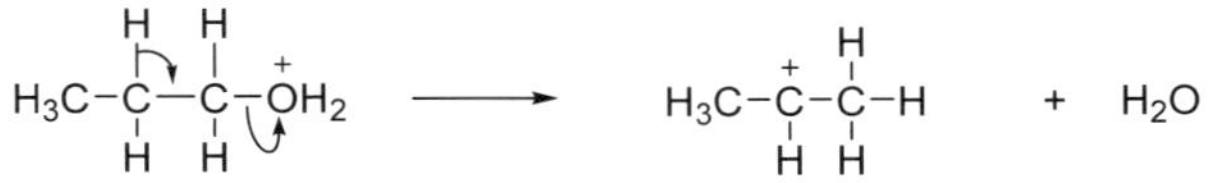

（矢印の意味する反応）

同様の反応機構で進行する，アルキル基の転位である 1,2-アルキル移動（ワ

グナー－メーヤワイン）転位の矢印も同様に書ける（応用編 4.2.5 参照）.

電子の巻き矢印の書き方は，慣れるまでは，電子を失う原子，電子を引き受ける原子を１つ１つ確認していくことが大切である.

## 3.2　反応中間体としての炭素活性種

有機反応では，結合が開裂して生成する化合物を経由することが多く，そうした反応途中で生じる化合物を**反応中間体**（reaction intermediate）という（単に中間体ともいう）.

有機反応は炭素原子での反応であるため，炭素が関与する反応中間体として重要な３つの活性種を示す．**カルボアニオン**（carbanion）（または**炭素アニオン**）は負電荷をもっており，炭素の最外殻に８個の電子をもちオクテット則を満たしている．一方，**カルボカチオン**（carbocation）（または**炭素カチオン**）は正電荷をもち，最外殻の電子が６個となりオクテット則は満たしていない．炭素ラジカルは中性であるが，最外殻に７個の電子をもつため軌道のうちの１つに１個の電子（不対電子）しか入っていない．これら反応中間体は，反応性に富む活性種のため不安定であるが，化合物であり，存在が実験的に確認できることもある.

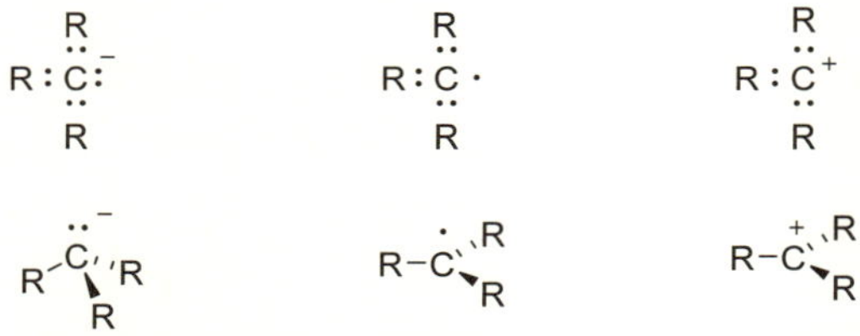

(a) カルボアニオン　(b) 炭素ラジカル　(c) カルボカチオン

### 3.2.1　カルボカチオンの構造と超共役

カルボカチオンは，＋1 の形式電荷をもち，最外殻に 6 個の電子をもっている．３つの原子団と結合している場合，原子軌道では $sp^2$ 混成軌道が 6 電子で満たされて，空の p 軌道が残っている．カルボカチオンの構造は，$sp^2$ 混成軌道由来の平面構造である（1.5.2 参照）.

カルボカチオンはオクテット則を満たしていないため不安定であり，反応性に富んでいる．しかしながら，σ結合から空間を通して部分的に空の p 軌道へ電子が供与されることで安定化されるため，反応中間体として生じる場合がある．すなわち，隣接する C−H 結合の共有結合（σ結合）から，カルボカチオンの空の p 軌道に電子が流れ込み，電子の非局在化が起こることで安定化される（図 3.2）．この電子の流れ込みを**超共役**（hyperconjugation）という．超共役は共有結合の電子対による電子供与性の誘起効果と考えることができる．供与できる結合が多いほうが超共役は有利であり，より多くのアルキル基で置換されたカルボカチオンの方が安定となる．そのため第三級カルボカチオンはとくに安定であり，生じやすい．

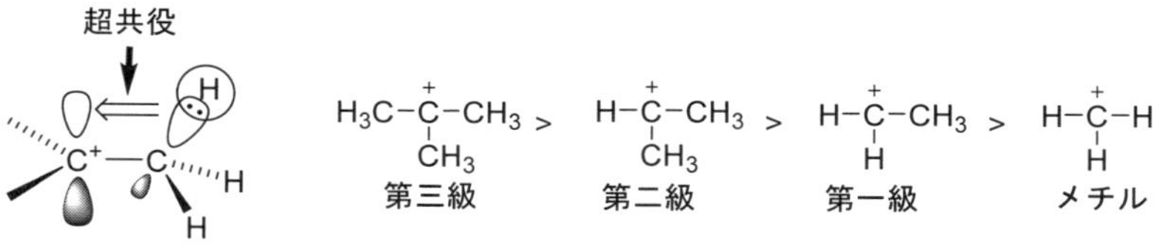

図 3.2　超共役とカルボカチオンの安定性

たとえば2-メチルプロペンにプロトンを付加させると，第一級カルボカチオンではなく，第三級カルボカチオンである *tert*-ブチルカチオンが選択的に生じる．一般に，分子構造が二重結合に対して対称でないアルケンに H–X 型（H–Cl や H–OH など）の分子が付加するとき，二重結合を形成する炭素原子のうち，水素原子が多いほうに H が，水素原子の少ないほうに X が付加した化合物が優先して生成する．この経験則は**マルコウニコフ則**（Markovnikov rule）とよばれる．その本質は，生成するカルボカチオンの安定性の違いによるものである（応用編 4.3.3 参照）．

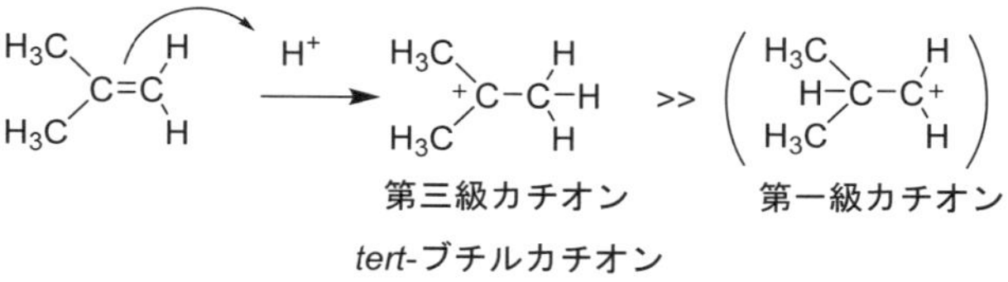

カルボカチオンは，電荷が共鳴により分散することでも安定化される．たとえば，アリルカチオンやベンジルカチオンは図 3.3 のようないくつかの極限構造式が書ける．

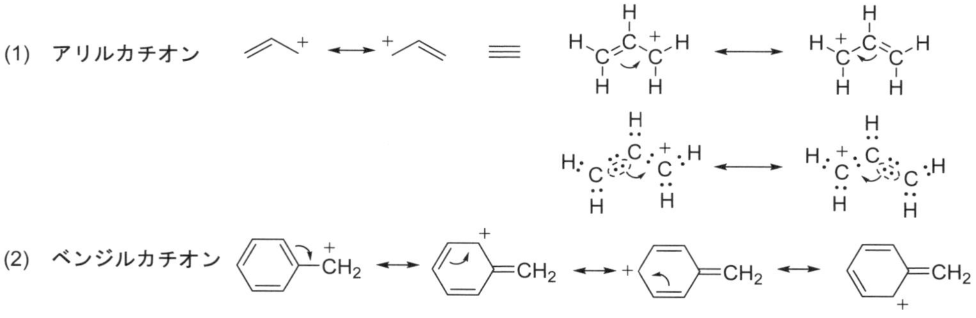

図 3.3　アリルカチオンおよびベンジルカチオンの共鳴構造式

とくに第一級カルボカチオンは不安定であり通常存在できない．そのため，第一級カルボカチオンが生じるかわりに，同時に水素が 2 電子を伴ってヒドリド（$H^-$）として移動して第二級カルボカチオンが生成する．カルボカチオンの転位は，原子団がもとの位置(1)から隣の位置(2)へ移動することから，**1,2-転位**

(1,2-rearrangement) ともよばれる.

第二級カルボカチオンよりも第三級カルボカチオンが安定であるため，さらに転位が進行する場合もある.

この 1,2-転位は，水素のみならずアルキル基でも起こる．この場合，アルキル基が 2 電子を伴って移動するので，炭素骨格の変換が起こり，カチオンの正電荷の位置も移動する．この転位は **1,2-アルキル移動**（1,2-alkyl shift）あるいは**ワグナー - メーヤワイン転位**（Wagner-Meerwein rearrangement）とよばれる.

1,2-水素移動

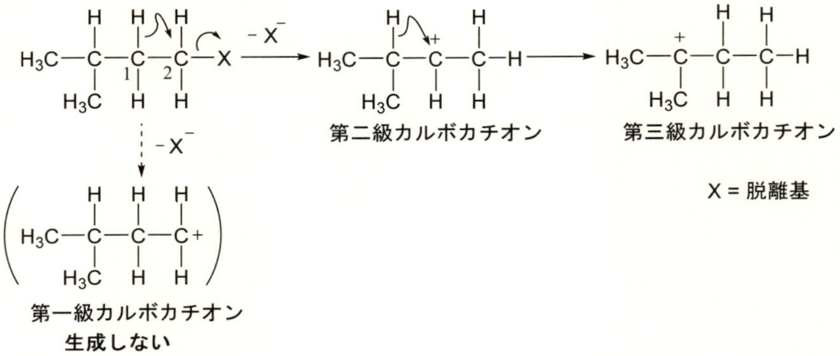

$-X^-$

第二級カルボカチオン　第三級カルボカチオン

X = 脱離基

第一級カルボカチオン
生成しない

1,2-アルキル移動（ワグナー-メーヤワイン転位）

$-X^-$

第二級カルボカチオン

X = 脱離基

第一級カルボカチオン
生成しない

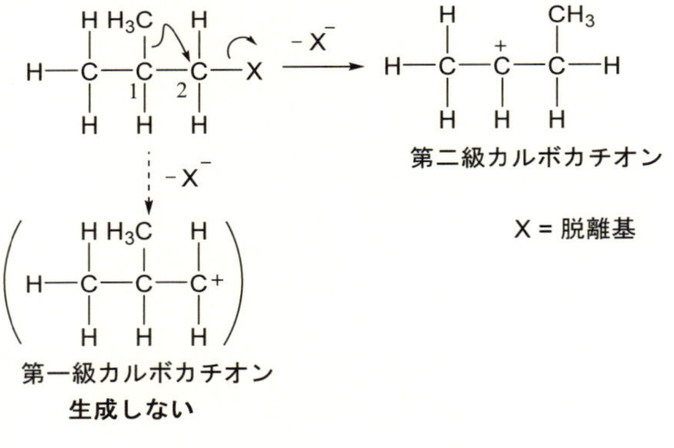

### 3.2.2 炭素ラジカルの構造と安定性

アルカンの反応において，分極の小さい C−H 結合や C−C 結合が切断される場合，単結合の均等開裂によりラジカルが生じることがある．炭素ラジカルは，結合が均等開裂するため電荷的に中性であり，最外殻に 7 個の電子をもっている．アルキルラジカルの構造は $sp^2$ 混成軌道由来の平面構造であり，$sp^2$ 混成軌道が 6 電子で満たされて，軌道の混成に関与しない p 軌道に電子が 1 つ入っている.

炭素ラジカルは，電子で満たされていない p 軌道に対して，カルボカチオン同様の超共役により安定化される．したがって，より多くのアルキル基で置換されたラジカルが安定であり，第三級＞第二級＞第一級＞メチルの順となる（図 3.4)．このラジカルの安定性の違いは，アルカンの C−H 結合の解離エネルギーの違いとして現れる．より安定なラジカルを生じる方がC－H結合解離エネルギーも小さい．

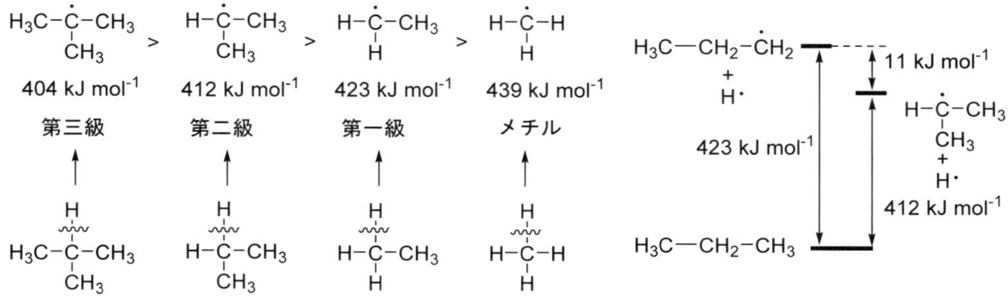


図 3.4　結合解離エネルギーとラジカルの安定性

### 3.2.3　カルボアニオンの構造と安定性

カルボアニオンは，－1の形式電荷をもち，最外殻が8個の電子で満たされている．3つの原子団と結合している場合は，四面体構造の $sp^3$ 混成軌道をとり，1つの $sp^3$ 混成軌道には非共有電子対として2つの電子が入っている．

アルキル基は超共役を通して電子を供与するため，カルボアニオン上の負電荷との電子反発が起こり，より多くアルキル置換されたカルボアニオンはより不安定となる．したがってカルボアニオンの安定性は，メチル＞第一級＞第二級＞第三級の順になり，カルボカチオンや炭素ラジカルの安定性とは逆の順になる．

$H-\overset{-}{C}H-H$ (H) ＞ $H-\overset{-}{C}(H)-CH_3$ ＞ $H-\overset{-}{C}(CH_3)-CH_3$ ＞ $H_3C-\overset{-}{C}(CH_3)-CH_3$

メチル　　第一級　　第二級　　第三級

カルボアニオンは，負電荷が分散されると安定化される．たとえば，電気陰性度の大きいハロゲン原子が結合した炭素では，誘起効果によりハロゲン原子まで電子が引き付けられて電荷が分散し安定化される．そのため，ハロゲン原子が置換した化合物のアニオンは生成しやすい．

ハロホルム反応（ヨウ素の場合，ヨードホルム反応）は，$CH_3CO-$ や $CH_3CH(OH)-$ をもつ有機化合物の構造決定に用いられるが，生成するアニオンから生じるトリハロメタン（ハロホルム）（トリヨードメタン＝ヨードホルムなど）を検出に利用している．次式のように，これらの化合物がトリハロゲン化物へと誘導されたのち，$OH^-$ との反応によって，ハロゲンの誘起効果により安定化された $CX_3^-$ が生じる．$CX_3^-$ はカルボン酸イオンほどは安定ではないため，ハロホルム（$HCX_3$）が遊離してくる．

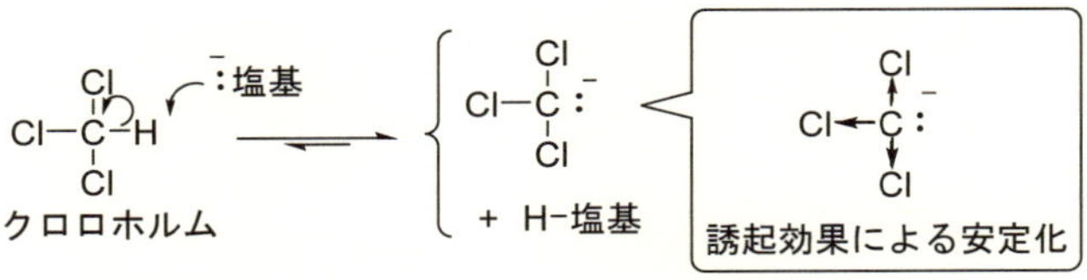

クロロホルム

誘起効果による安定化

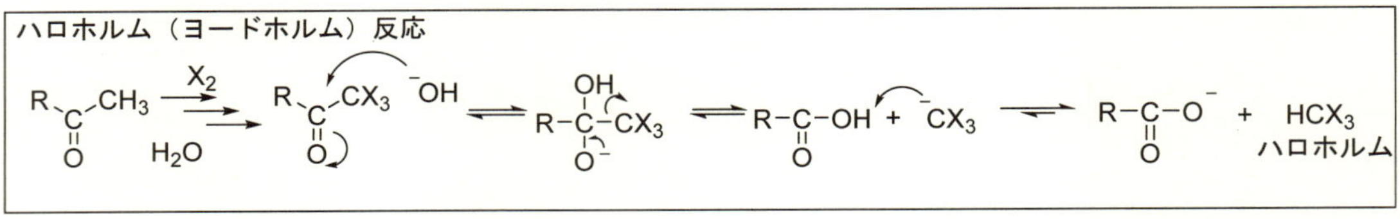

ハロホルム（ヨードホルム）反応

ハロホルム

一方，共鳴効果によってカルボアニオンが安定化される場合もある．たとえば，アリルアニオンやベンジルアニオンは図 3.5 のようないくつかの極限構造式が書けるため，第一級カルボアニオンよりも安定である．この共鳴にはカルボアニオンとしての非共有電子対と π 結合とが関与している．カルボアニオンの 2 電子は隣の炭素の p 軌道へ移動して π 結合を形成する．同時に，それまで π 結合を形成していた共有電子対は隣の炭素の非共有電子対となることで，見かけ上カルボアニオンの位置が移動して，もう 1 つの極限構造式となる．

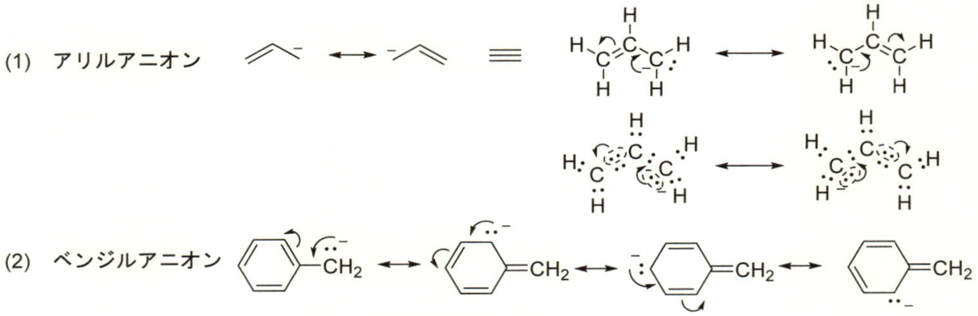

(1) アリルアニオン

(2) ベンジルアニオン

図 3.5 アリルアニオンおよびベンジルアニオンの共鳴構造式

## 3.3 反応エネルギー図

### 3.3.1 活性化エネルギーと遷移状態

反応の詳細を表す方法として，反応機構のほかに，エネルギーを含めた**反応エネルギー図**がある（図 3.6）．横軸には原料から生成物にいたる反応進行の程度を，縦軸にはそれぞれ過渡的な化学構造におけるエネルギーを示した曲線で示される．

通常，化合物は外からエネルギーが加えられないかぎり，反応することなく安定に存在している．化合物 A が化合物 B に変化するためには，それに要するエネルギーを与える必要がある．この化合物 B に変化するために必要なエネルギーを**活性化エネルギー**（activation energy）とよぶ．言い換えれば，活性化エネルギーというエネルギー障壁が存在するために化合物 A（原系）は化合物 B（生成系）

にならずに存在することができる．温度を上げると，熱エネルギーが与えられる．このエネルギーによりエネルギー障壁を越えて反応が進行する．室温で反応が進行するのは，室温程度の熱エネルギーでもエネルギー障壁を超えることができるためである．逆に，化学反応の多くが温度を下げると進まなくなるのは，エネルギー障壁を越えるだけの熱エネルギーが得られなくなるためである．このように，活性化エネルギーは**反応速度**（reaction rate）を決める重要なパラメータの1つである．

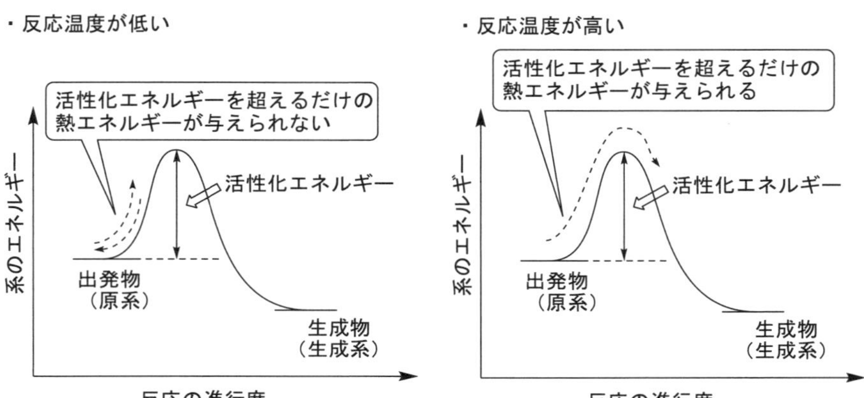


図 3.6 反応エネルギー図と活性化エネルギー

反応中に経由する重要な過渡的な状態の1つに**遷移状態**（transition state）がある（図 3.7 および 3.8）．反応エネルギー図では，原系（出発物）や反応中間体と生成系（生成物）の間の極大値として存在する．原系や反応中間体のエネルギー値と遷移状態である極大値のエネルギー値の差が，反応が進行するために必要な活性化エネルギーとなる．遷移状態はエネルギーの極大値にあるため単離することはできない．

反応エネルギー図では原系と生成系のエネルギー差についても示される．原系より生成系のエネルギーが低い場合，**発熱反応**（exothermic reacion）となる．一方，原系より生成系のエネルギーが高い場合，**吸熱反応**（endothermic reaction）となる．

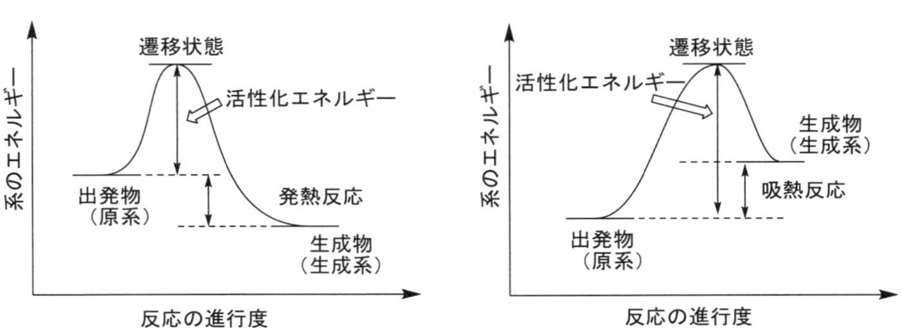


図 3.7 発熱反応と吸熱反応の反応エネルギー図

### 3.3.2 反応中間体

反応が1段階で進行せず，いくつかの遷移状態を経て進行する多段階反応では，遷移状態の間に過渡的な化合物として反応中間体が存在する（3.2 参照）．反応中間体は，反応エネルギー図では出発物と生成物の間に極小値として存在する（図3.8）．

多段階反応では，複数の遷移状態とそれに対応した活性化エネルギーが存在する．一番大きなエネルギー障壁（活性化エネルギー）を越えることができれば，ほかの小さなエネルギー障壁は十分に超えられることになる．そのため，活性化エネルギーの一番大きな段階は，その反応全体の反応速度に影響する．この段階を**律速段階**（rate-determing step）とよぶ．反応を促進させるためには，この律速段階の活性化エネルギーを下げる工夫をすればよい．

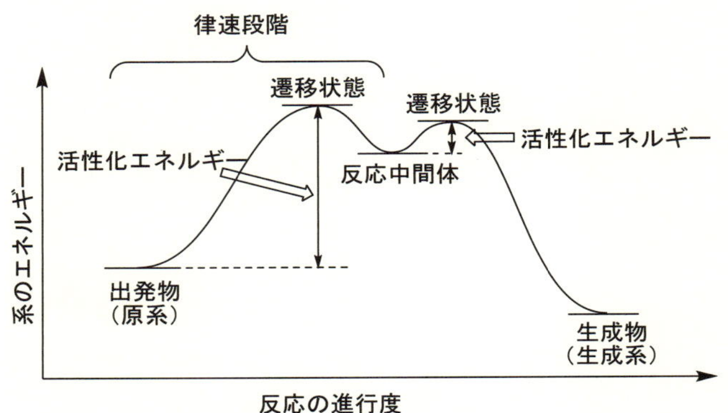


図 3.8 反応中間体をもつエネルギー図

## 3.4 有機反応の分類

数多くある有機反応を理解するために，分類して考えることが大切である．ここでは，反応の形式による分類と反応機構による分類を紹介する．

有機反応を反応形式で分類すると，置換反応，付加反応，脱離反応，転位反応などに分類することができる．

置換反応

A−B + X ⟶ A−X + B

付加反応

A=B + X−Y ⟶ X−A−B−Y（X が A に，Y が B に結合）

脱離反応

X−A−B−Y（X が A に，Y が B に結合） ⟶ A=B + X−Y

転位反応

X−A−B（X が A に結合） ⟶ A−B−X（X が B に結合）

また，有機反応は電子の移動による共有結合の組み換えであることから，反応機構における電子移動の共通点に注目して分類することができる．

たとえば，移動する電子の数に注目した分類方法がある．電子対として２電子が移動し，カチオンやアニオンが関与する反応を極性反応とよぶ．一方，中性なラジカル種が関与するラジカル反応（3.2.2, 発展編 5.1 参照）などは非極性反応とよばれる．

極性反応は電荷の偏りに起因する反応である．反応剤が正電荷を帯びているか，負電荷を帯びているかによって２つに分類できる．

**求核反応**（nucleophilic reaction）：

電子豊富なアニオン性の**求核剤**（nuclephile：$Nu^-$）が，対象となる有機化合物の正に分極した炭素などの原子を攻撃する反応である．炭素より電気陰性度が大きいハロゲンなどが結合すると，炭素は$\delta+$となるため求核攻撃を受けやすくなる．求核剤の電子が対象化合物に移動するため，電子の流れの矢印は求核剤から対象化合物に向けて書かれる．代表的な反応として，ハロゲン化アルキルやアルコールにみられる置換反応（応用編 4.1, 4.2 参照）やカルボニル基への付加反応（応用編 4.6 参照）などがある．

**求電子反応**（electrophilic reaction）：

電子不足のカチオン性の**求電子剤**（electrophile：$E^+$）が，対象となる有機化合物の非共有電子対や$\pi$電子を攻撃する反応である．対象化合物の電子が求電子剤に移動するため電子の流れの矢印は対象化合物から求電子剤に向けて書かれる．代表的な反応としてアルケンへの付加反応（応用編 4.3 参照）やベンゼン環上での置換反応（応用編 4.5 参照）などがある．

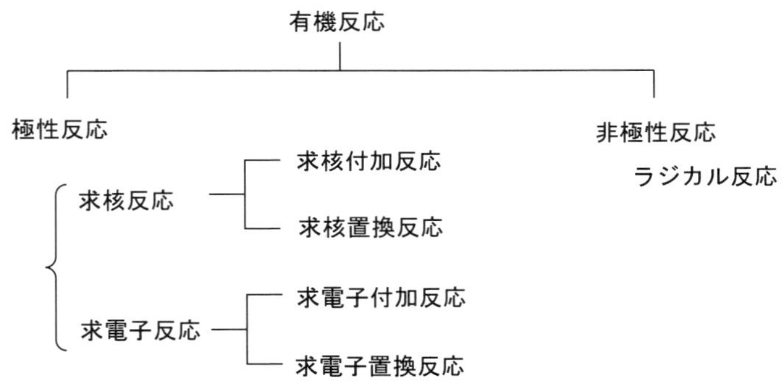


## 章 末 問 題

問題に対応する本文の項目は【　】に示したので考えるヒントにしてほしい．

3.1　次の化合物に対して，(a)プロトン（$H^+$）の付加，(b)プロトン（$H^+$）の脱離，(c)ラジカル（X・）との反応を考える．生成する活性種のうち，最も安定と考えられる構

造を示しなさい.【2.3, 3.1.1, 3.2】

(1) $H_3C-CH(OH)-CH(NH_2)-CH_3$ (a) プロトンの付加 (b) プロトンの脱離

(2) $H_3CO-C(=O)-CH_2-C(=O)-OCH_3$ (a) プロトンの付加 (b) プロトンの脱離

(3) $H_2C=C(CH_3)-CH=CH_2$ (a) プロトンの付加 (c) ラジカル (X・) の付加

(4) $C_6H_5-CH_2-CH=CH_2$ (b) プロトンの脱離 (c) ラジカル (X・) による水素引き抜き

**3.2** 次の化合物の共鳴構造式を書きなさい. また, 例に従い, 次の構造へ変化するための電子移動を巻き矢印で示しなさい.【1.3, 3.1.2】

(例)

$CH_3-CO_2^-$ ┆ $CH_3-C(=O)-O^-$ ⟷ $CH_3-C(-O^-)=O$ ⟷ $CH_3-CO_2^-$

(1) $C_6H_5-\ddot{O}:^-$ (2) $CH_2=CH-\overset{+}{C}H-\ddot{Cl}:$ (3) $H_3C-C(-O^-)=CH-C(=O)-OCH_3$

**3.3** 次の反応について電子の移動の矢印を用いて書きなさい.【3.1.2】

(1) $H_3C-CH_2-O^- + H_2O \longrightarrow H_3C-CH_2-OH + {}^-OH$

(2) $H_3C-C(CH_3)=CH_2 + H_3O^+ \longrightarrow H_3C-\overset{+}{C}(CH_3)-CH_3 + H_2O$

(3) $H_2C(O^-)-CH_2Cl \longrightarrow H_2C\overset{O}{-}CH_2 + Cl^-$

(4) $C_6H_5-CH=CH_2 + \cdot CH_3 \longrightarrow C_6H_5-\dot{C}H-CH_2-CH_3$

**3.4** 次の反応は, 破線で囲んだ化合物からすると, 付加反応, 脱離反応, 置換反応のどれにあたるか, 分類しなさい.【3.4】

(1) [$C_6H_5-OH$] $+ HNO_3 \longrightarrow O_2N-C_6H_4-OH + H_2O$

(2) $\mathrm{H_3C(H)C{=}C(Br)CH_3}$ + $^{-}OH$ ⟶ $H_3C{-}C{\equiv}C{-}CH_3$ + $H_2O$ + $Br^{-}$

(3) $H_2C{=}CH{-}CH{=}CH_2$ + HCl ⟶ $H_3C{-}CH{=}CH{-}CH_2Cl$

(4) $C_6H_5{-}CH{=}CH{-}CH_2{-}Cl$ + $H_2O$ ⟶ $C_6H_5{-}CH(OH){-}CH{=}CH_2$ + HCl

# Ⅱ．　応用編

# 4. 官能基の化学

## 4.1 ハロゲン化アルキル

アルカンの水素原子をハロゲン原子（F, Cl, Br, I）に置き換えた化合物を**ハロゲン化アルキル**（alkyl halide），あるいは**ハロアルカン**（haloalkane）という．このときハロゲン原子が結合している炭素は $sp^3$ 混成である．この $sp^3$ 炭素原子の級数によって，第一級，第二級，第三級ハロゲン化アルキルのように分類される．炭素原子の級数は，ハロゲン化アルキルの反応性を支配する重要な因子の1つであり，本節で述べる求核置換反応の反応機構にも大きく関わってくる．

H−C(H)(H)−X　　R−C(H)(H)−X　　R−C(R)(H)−X　　R−C(R)(R)−X　　X = F, Cl, Br, I

ハロゲン化メチル　　第一級　　第二級　　第三級

ハロゲン化アルキル

ハロゲン原子が $sp^2$ 炭素に結合している化合物としては，**ハロゲン化ビニル**（vinyl halide）や**ハロゲン化アリール**（aryl halide）がある．これらはハロゲン化アルキルとは異なった反応性を示す．

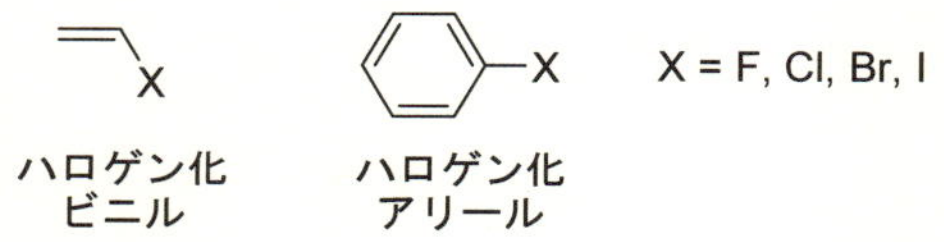

X = F, Cl, Br, I

ハロゲン化ビニル　　ハロゲン化アリール

低分子量のハロゲン化アルキルであるジクロロメタン（$CH_2Cl_2$），クロロホルム（$CHCl_3$），1,2-ジクロロエタン（$C_2H_4Cl_2$）などは，有機化合物をよく溶かすので，溶媒として用いられる．

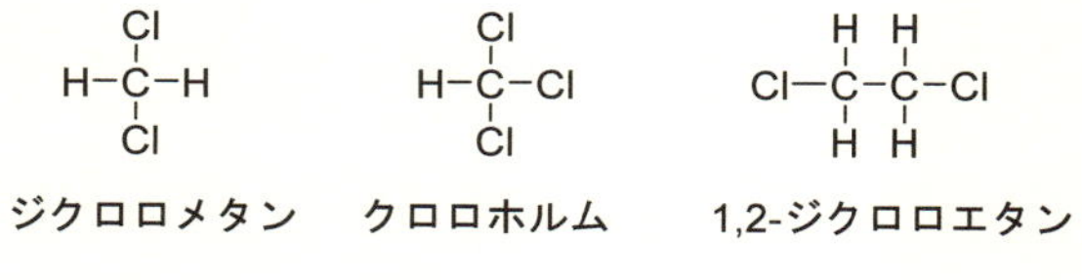

H−C(Cl)(Cl)−H　　H−C(Cl)(Cl)−Cl　　Cl−C(H)(H)−C(H)(H)−Cl

ジクロロメタン　　クロロホルム　　1,2-ジクロロエタン

一方，高分子量の有機ハロゲン化物としては，フッ素原子を含むテフロンや塩素原子を含むポリ塩化ビニルなどが知られている．

また，有機ハロゲン化物の中には，天然物，とくに海洋生物によって産出されるものがある．たとえばブロモメタンは藻類や昆布に含まれている．

テフロン　　ポリ塩化ビニル　　ブロモメタン

### 4.1.1　ハロゲン化アルキルの性質

ハロゲン原子は炭素原子より電気陰性度が大きいため，炭素–ハロゲン結合間の結合電子はハロゲン原子の方に引き付けられ，C(δ+)−X(δ−)のように分極している．電気陰性度が大きくなるにつれて，結合の分極も大きくなり，炭素–フッ素結合で最大となる．周期表の下にいくほど，ハロゲン原子の原子半径は大きくなるので，炭素－ハロゲン結合長は長くなり，結合エネルギーは小さくなる（表 4.1）．

**表 4.1　ハロゲン化メチルの分極と結合の性質**

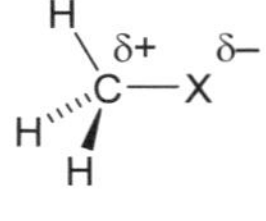


| ハロゲン化メチル | ハロゲンの電気陰性度 | C−X 結合 | |
|---|---|---|---|
| | | 結合距離 (pm) | 結合解離エネルギー ($kJ\ mol^{-1}$) |
| $CH_3$–F | 4.0 | 139 | 472 |
| $CH_3$–Cl | 3.0 | 178 | 342 |
| $CH_3$–Br | 2.8 | 193 | 290 |
| $CH_3$–I | 2.5 | 214 | 231 |

炭素–ハロゲン結合の大きな分極により，炭素原子は部分的に正電荷を帯びるため，求電子性を示す．ハロゲン化アルキルが求核剤と反応すると，炭素原子が求核攻撃を受け，ハロゲン原子が求核剤に置き換わった化合物を与える．この反応を**求核置換反応**(nucleophilic substitution reaction)とよぶ．求核置換反応は，反応機構の違いにより $S_N1$ 反応と $S_N2$ 反応とに分類される．

### 4.1.2　$S_N1$ 反 応

*tert*-ブチルブロミド（2-ブロモ-2-メチルプロパン）と $H_2O$ との反応では，臭素原子がヒドロキシ基に置換された *tert*-ブチルアルコール（2-メチル-2-プロパノール）が生成する．この反応は，ブロモメタン（$CH_3Br$）と $H_2O$ とからメタノールが生成する反応よりも 100 万倍も速い．また反応速度は，次式のように，*tert*-ブチルブロミドの濃度のみに依存する．

$$(CH_3)_3C{-}Br + H_2O \longrightarrow (CH_3)_3C{-}OH + HBr$$

$$\text{反応速度} = k[(CH_3)_3C\text{–}Br] \qquad k = \text{速度定数}$$

この反応を詳しくみてみよう．まず臭化物イオン $Br^-$ の自発的脱離により，カルボカチオン中間体が生成する．次の段階で $H_2O$（求核剤）がカルボカチオンを攻撃した後，脱プロトン化して生成物が得られる．反応速度が *tert*-ブチルブロミドの濃度のみに依存するということは，最初の臭化物イオンの脱離が反応の律速段階であることを示している．律速段階において 1 分子が関与しているため，**1 分子的求核置換反応**（**$S_N1$ 反応**：unimolecular nucleophilic substitution reaction）とよぶ．

$$(CH_3)_3C{-}Br \underset{\text{律速段階}}{\overset{\text{自発的脱離}}{\rightleftharpoons}} (CH_3)_3C^+ + Br^- \rightleftharpoons (CH_3)_3C{-}O^+H_2 \rightleftharpoons (CH_3)_3C{-}OH + H_3O^+$$

カルボカチオン

反応中間体のカルボカチオンでは，空の p 軌道が $sp^2$ 混成軌道由来の平面の上下に広がっている（図 4.1）．この空の p 軌道に $H_2O$ の非共有電子対が求核攻撃することで結合が形成される．$sp^2$ 平面の上下どちらの面から求核剤が攻撃するかは確率的に五分五分である．その結果，炭素原子上の立体配置が保持された生成物と，立体配置が反転した生成物が生成することになる．このため，$S_N1$ 機構では，基質として光学活性体を用いても，ラセミ体が得られる．

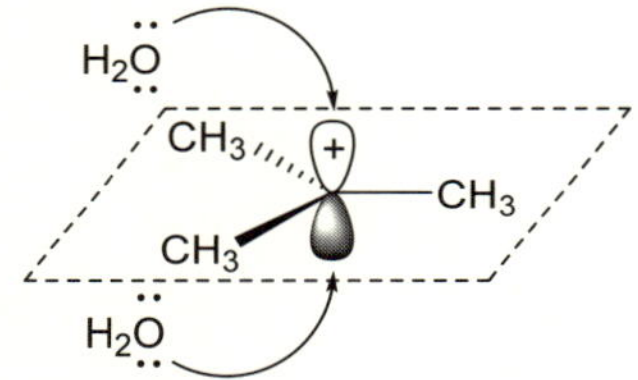


図 4.1　$S_N1$ 反応の中間体の構造

$S_N1$ 反応の反応機構と反応エネルギー図を図 4.2 に示す．1 段階目の反応の活性化エネルギーが高く，律速段階となる．カルボカチオンが中間体として生成した後，これを求核剤が攻撃する 2 段階目の反応を経て生成物に至る．

この $S_N1$ 反応の“起こりやすさ”は次の **a**～**c** のような要因によって決まる．

**a. 脱離基**

$S_N1$ 反応では脱離基の自発的脱離が律速段階であるため，脱離基（$X^-$）が脱離しやすいほど，反応は起こりやすい．脱離のしやすさ（脱離する能力＝脱離能）は脱離基によって異なる．脱離したあとのアニオン $X^-$ が安定であるほど，X は脱離しやすい．$X^-$ の安定性は，その共役酸の $pK_a$（基礎編 2.3 参照）で見積もることができる．たとえば，ハロゲン化物イオン $X^-$ の脱離能を，共役酸 HX の $pK_a$ で見積もると，$pK_a$ の値が小さいほど，$X^-$ の脱離能が高いことになる．ハロゲン原子 X の中では，HI の $pK_a$ (−10) が最小であるので，$I^-$ の脱離能が最も高く，逆に HF の $pK_a$ は最大になるので，$F^-$ の脱離能は最も低くなる．実際，フッ化アルキルでは，求核置換反応は通常起こらない．

共役酸の酸性度（$pK_a$）　HI(−10) ＞ HBr(−9.0) ＞ HCl(−7.0) ＞ HF(3.2)

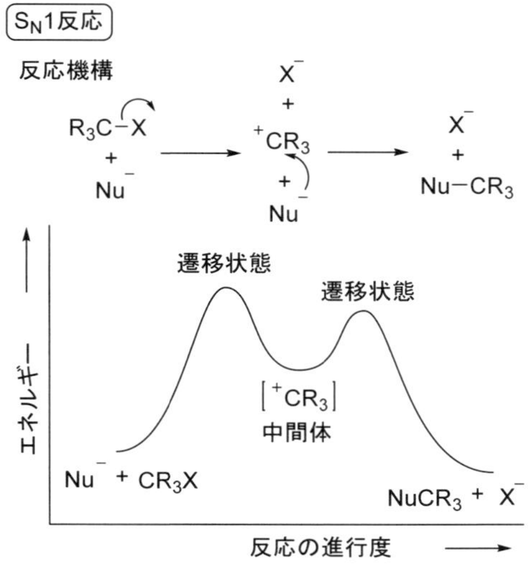


図 4.2　$S_N$1 反応のエネルギー図

### b.　基質の構造

$S_N$1 反応の起こりやすさは，生成するカルボカチオンの安定性にも依存し，以下のような順となる．実質的には，$S_N$1 反応は主に第三級ハロゲン化アルキルにおいて進行する．

第三級ハロゲン化アルキル ＞ 第二級ハロゲン化アルキル
＞ 第一級ハロゲン化アルキル ＞ ハロゲン化メチル

### c.　求核剤

求核剤の濃度は反応速度に関与しないので，求核剤の求核性は反応性に影響を及ぼさない．

［$S_N$1 反応のまとめ］
・脱離基の自発的脱離によりカルボカチオン中間体が生成する，段階的反応である．
・カルボカチオン中間体が安定であるほど，反応は速くなる．
・第三級ハロゲン化アルキルで主に起こる．
・反応速度は基質の濃度のみに依存する．
・立体反転と立体保持の両方で進行する．そのため生成物はラセミ化する．

## 4.1.3　$S_N$2 反応

ブロモメタン（$CH_3Br$）に水酸化物イオン（$OH^-$）を反応させると，メタノール（$CH_3OH$）が生成する．この反応の反応速度は，ブロモメタンと水酸化物イオン両方の濃度に依存する．

$$CH_3-Br \quad + \quad HO^- \longrightarrow CH_3-OH \quad + \quad Br^-$$

$$反応速度 = k[CH_3\text{–}Br][OH^-] \qquad k = 速度定数$$

この反応の電子の流れ図を見てみよう．酸素原子の非共有電子対から炭素原子へ向かう電子の動きを示す巻き矢印と，炭素–臭素結合の中間から臭素原子へ跳ね上がる電子の動きを示す巻き矢印が1つの式中に書かれている．これは，この2種類の電子の動きが，ほぼ同時に（**協奏的**（concerted）に）起こることを表している．ここで，矢印は電子対の動きを表すものであり，原子の動きを表しているのではないことを再確認しておこう．

$$HO^- + CH_3\text{—}Br \longrightarrow CH_3\text{—}OH + Br^-$$

この反応を詳しくみてみよう．ブロモメタンの炭素–臭素結合は，C(δ+)–Br(δ–)のように分極しており，炭素原子は求電子性を示す．ここに水酸化物イオンが近づくと，水酸化物イオン中の電子豊富な酸素原子が，ブロモメタン中の炭素原子を求核攻撃する．このとき，酸素原子は，炭素–臭素結合の**背面**(backside)から炭素原子を攻撃し，炭素原子へと電子を押し込んでくることで，炭素と酸素の間に部分的な結合が形成される．炭素原子は最外殻に8電子までしか収容できない（オクテット則）から，臭素原子は炭素原子と共有していた結合電子を伴って炭素から脱離しようとし，炭素と臭素との間の結合が部分的に開裂される．脱

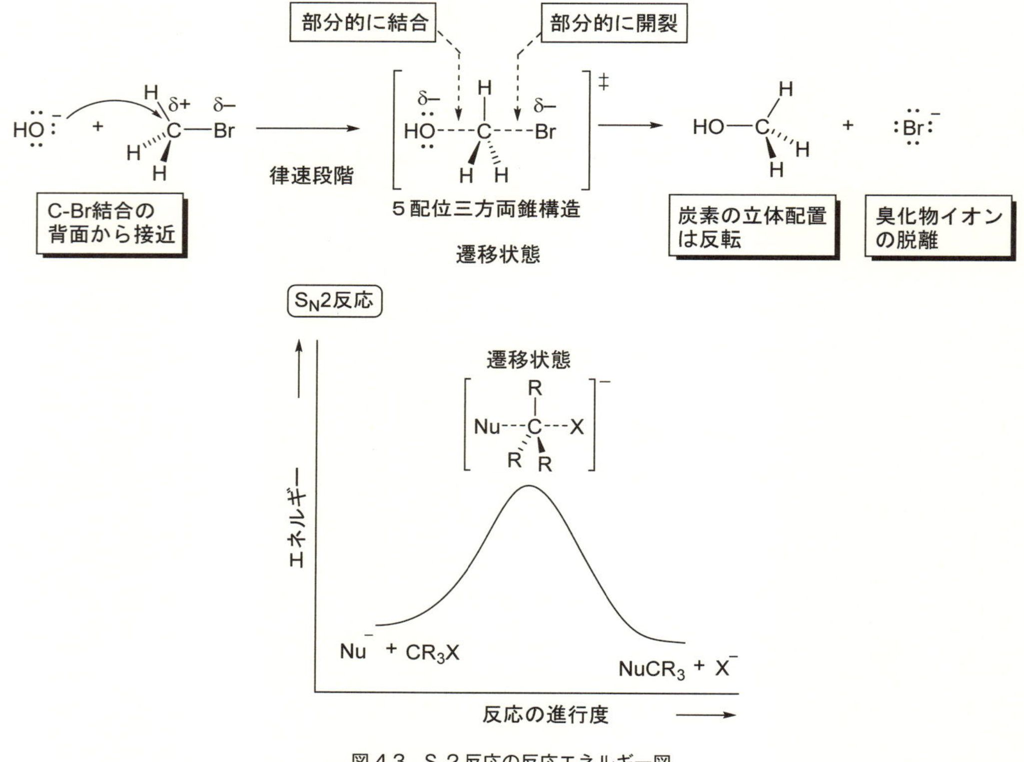


図 4.3　$S_N2$ 反応の反応エネルギー図

離する臭素原子と接近する酸素原子は炭素をはさんで一直線上に並んでおり，炭素周りの他の３つの基は同一平面上にある．このような構造を三方両錐構造という．炭素原子には５つの置換基が結合している（５配位）ことになるが，このような５配位構造は安定には存在し得ない遷移状態であり，反応エネルギー図では極大点となる（図 4.3）．この状態を越えると，酸素原子と炭素原子の間に共有結合が形成され，一方，臭素原子は２電子を伴って臭化物イオンとして脱離する．律速段階に２分子が関与しているため，**２分子的求核置換反応**（$S_N2$ **反応**：bimolecular nucleophilic substitution reaction）とよぶ．

$S_N2$ 反応においては，求核剤が C−X 結合の背面から反応するため，炭素原子の立体配置は反転することになる．この立体反転を**ワルデン反転**（Walden inversion）という．実際に立体反転が起こっているかどうかは，光学活性なハロゲン化アルキルを用いることで調べることができる．(*S*)-2-ブロモブタンと $OH^-$ との反応では，(*R*)-2-ブタノールが生成する．本反応の分子軌道法的考察は，発展編で述べる（発展編 6.5.1a 参照）．

$$HO^- + (S)\text{-}CH_3CH_2CH(CH_3)Br \longrightarrow (R)\text{-}HO\text{-}CH(CH_3)CH_2CH_3 + Br^-$$

(*S*)-2-ブロモブタン　　(*R*)-2-ブタノール

このS$_N$2 反応の“起こりやすさ”は次の a ～ c のような要因によって決まる．

### a.　脱離基

$S_N2$ 反応の遷移状態においては，求核剤の攻撃（結合の形成）と脱離基の脱離（結合の切断）が同時に起こるため，脱離基が脱離しやすいほど，反応は起こりやすい．脱離基の脱離能については $S_N1$ 反応のところで述べた通りである．

図 4.3 の反応において，ヒドロキシドイオン（$OH^-$）の共役酸である $H_2O$ の $pK_a$ は 15.7 であるから，$OH^-$ は $Br^-$ よりもはるかに劣った脱離基である．そのため，$Br^-$ が炭素原子を攻撃して $OH^-$ が脱離する，という逆反応は起こりにくいことがわかる．また，ヒドロキシ基にプロトンが付加できる酸性条件下では，脱離基は $OH^-$ から $H_2O$ に変わる．$H_2O$ の共役酸は $H_3O^+$ であり，この $pK_a$ は −1.7 であるから，脱離能は大幅に向上する．これらのことは，プロトン付加が起こり得る酸性条件とプロトン付加が起こり得ない塩基性条件では，求核置換反応の起こりやすさが異なることを示している．

### b.　基質の構造（炭素原子周りの立体的混雑）

$S_N2$ 反応の起こりやすさは，反応中心である炭素原子周りの立体的混雑の影響を大きく受ける．上述のように，$S_N2$ 反応の遷移状態において，反応中心である炭素原子は５配位構造をとる．５配位構造では，３つの置換基どうしの結合角は 120° となるのに対して，求核剤と脱離基は，炭素上の残りの３つの置換基とそれぞれ 90° の角度をなす．それゆえ，４つの置換基の結合角が 109.5° である４配位構造に比べて，立体的に混雑し，立体的因子の影響を大きく受ける（図 4.4）．

立体的に空いている第一級および第二級ハロゲン化アルキルでは $S_N2$ 反応は進行するが，第三級ハロゲン化アルキルでは，炭素原子まわりの立体的混雑により遷移状態のエネルギーが増大するため，$S_N2$ 反応は通常進行しない．また，背面から求核剤が接近できない，ハロゲン化アルケニルやハロゲン化アリール（ハロゲンが $sp^2$ 炭素に結合した化合物）では，$S_N2$ 反応は起こらない．

$S_N2$ 反応の起こりやすさは以下のような順となる．

ハロゲン化メチル ＞ 第一級ハロゲン化アルキル
＞ 第二級ハロゲン化アルキル ＞ 第三級ハロゲン化アルキル

109.5°
C X
4 配位四面体構造

90° 90°
Nu---C---X
120°
5 配位三方両錐構造

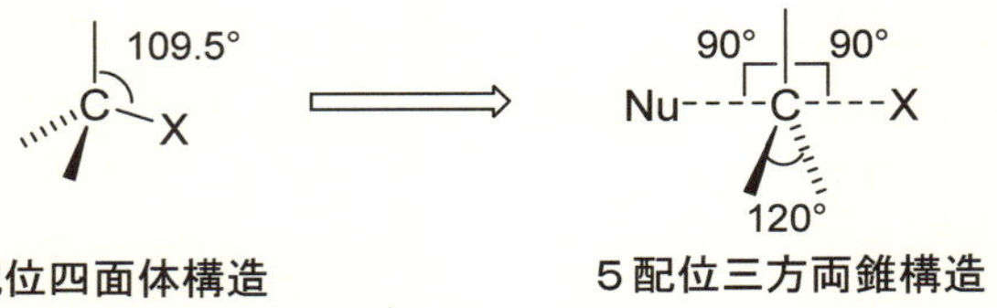

図 4.4 $S_N2$ 反応の反応基質および遷移状態の構造

### c. 求核剤（立体的かさ高さ）

求核剤の立体的なかさ高さも反応を支配する重要な因子となる．立体的にかさ高い求核剤（たとえば *tert*-ブトキシドアニオン $(CH_3)_3CO^-$ など）は，結合を形成する炭素原子に近づくことが困難となる．そのため，求核剤としてではなく塩基として働き，立体障害の少ない隣の炭素（$\beta$ 炭素）上の水素を引き抜いて，脱離反応（4.1.5 参照）を引き起こす．

［$S_N2$ 反応のまとめ］
・反応は中間体のない 1 段階反応である．
・求核剤は脱離基の背面から接近する．
・遷移状態では結合形成と結合開裂が同時に起こる．
・5 配位遷移状態を経由する．しかし中心炭素はオクテット則には違反しない．
・ハロゲン化メチル，第一級および第二級ハロゲン化アルキルで起こる．
・反応速度は基質の濃度と求核剤の濃度の両方に依存する．
・中心炭素の立体配置が反転する．

### 4.1.4 E1 反 応

2-クロロ-2-メチルプロパンをエタノール中の $H_2O$ と反応させると，置換生成物である 2-メチル-2-プロパノールと HCl が脱離した生成物である 2-メチルプロペンが得られる．前者は $S_N1$ 反応により生成したものであるが，後者はどのような反応機構で生成したものであろうか．

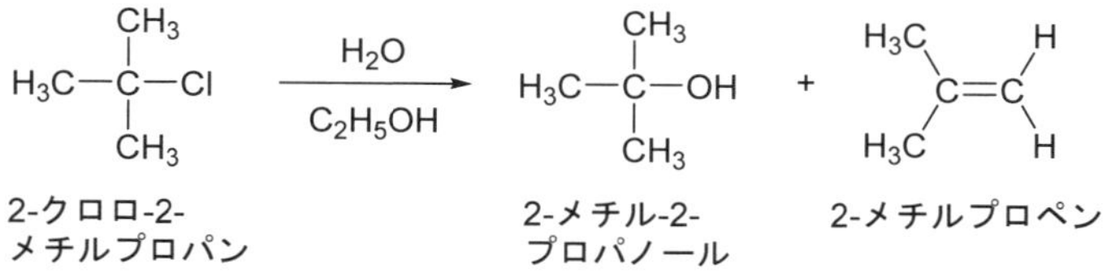

2-クロロ-2-メチルプロパン $\xrightarrow[C_2H_5OH]{H_2O}$ 2-メチル-2-プロパノール ＋ 2-メチルプロペン

実は両者は共通の中間体を経由している．第三級ハロゲン化アルキルを出発物質とするこの反応では，まず，脱離基の自発的脱離が起こり，カルボカチオン中間体が生成する．次の段階では，$H_2O$ の酸素原子がカルボカチオンの炭素を攻撃することで $S_N1$ 反応による置換生成物を与える．一方，カルボカチオン中間体の段階で，$H_2O$ の酸素原子が塩基として働き，隣の炭素（$\beta$ 炭素）にあるプロトンを引き抜いてアルケンを与える反応経路がある．これを**1分子的脱離反応**（**E1 反応**：unimolecular elimination reaction）とよぶ．共通のカルボカチオン中間体を経由するため，$S_N1$ 反応と E1 反応は，常に競争反応として起こる．また，カルボカチオン中間体が不安定なため生成しない第一級ハロゲン化アルキルでは，E1 反応は進行しない．

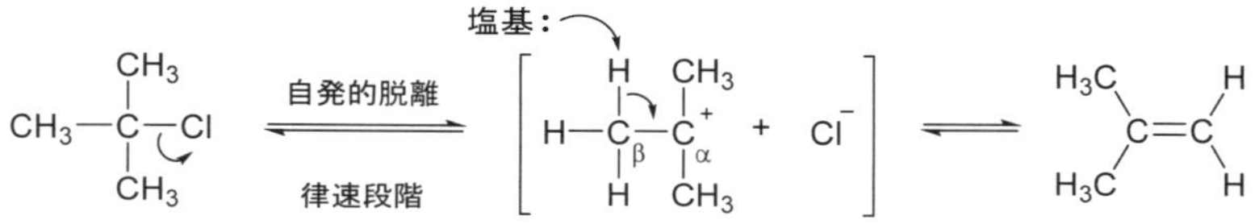

塩基：
自発的脱離
律速段階

カルボカチオンから脱離可能な水素が複数ある場合，最も置換基の多いアルケン，すなわち最も安定なアルケンが主生成物となるように水素が脱離する（4.3.1b 参照）．これを**ザイツェフ則**（Zaitsev's rule）という（図 4.5）．

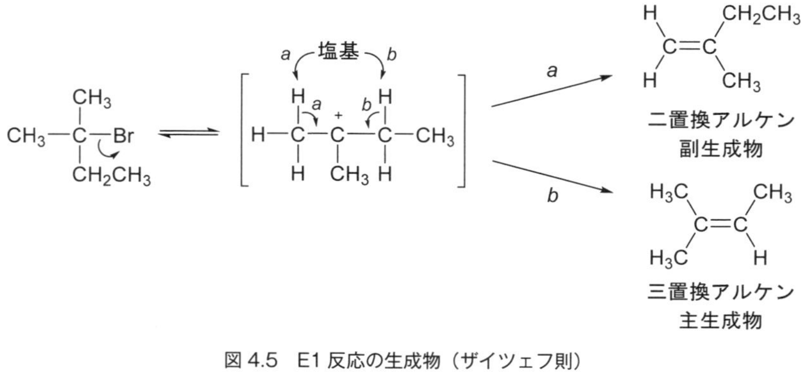

塩基
二置換アルケン
副生成物
三置換アルケン
主生成物

図 4.5　E1 反応の生成物（ザイツェフ則）

### 4.1.5　E2 反 応

2-ブロモ-2-メチルプロパンと求核性および塩基性の強いエトキシドイオン（$C_2H_5O^-$）との反応をみてよう．臭素原子が結合した炭素は第三級であり，立体的に混雑している．そのため $C_2H_5O^-$ は中心炭素の隣の炭素（$\beta$ 炭素）上の水素（ここは立体障害が小さい）を攻撃して，これをプロトンとして引き抜くことになる．このとき，$C_2H_5O-H$ 結合の形成と C−Br 結合の切断はほぼ同時に（協奏的（concerted）に）起こる．これを**2分子的脱離反応**（**E2 反応**：bimolecular elimination reaction）という．反応速度は基質の濃度および求核剤の濃度に依存する．

$C_2H_5O^-$ + $(CH_3)_3C-Br$ $\xrightarrow[C_2H_5OH]{C_2H_5Na}$ $H_2C=C(CH_3)_2$

2-ブロモ-2-メチルプロパン　　2-メチルプロペン

$$反応速度 = k[(CH_3)_3C\text{-}Br][C_2H_5O^-] \qquad k = 速度定数$$

遷移状態において，5 個の原子 O, H, C, C, Br は同一平面上に並び，引き抜かれる水素原子 H と脱離基 Br は C−C 結合に対して反対側に位置する．このときの立体配座を**アンチペリプラナー配座**（antiperiplanar conformation）といい（発展編 6.6.1 参照），E2 反応に特徴的な立体配座である（図 4.6）．

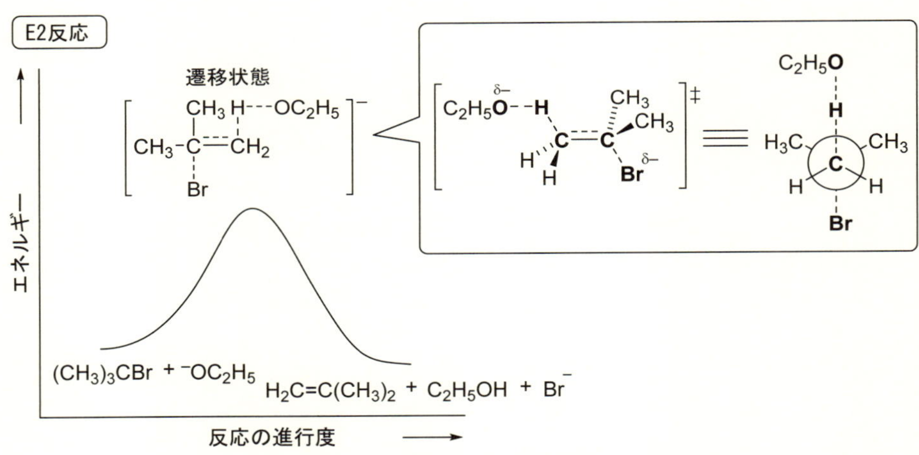


図 4.6　E2 反応の反応エネルギー図と遷移状態

E1 反応と同様，E2 反応においてもザイツェフ則が成り立つ．脱離基に対してアンチペリプラナー配座をとり得る水素が複数ある場合，最も置換基の多いアルケン，すなわち最も安定なアルケン（4.3.1b 参照）が主生成物となる．

$CH_3CH_2C(Br)(CH_3)CH_3$ $\xrightarrow[C_2H_5OH]{C_2H_5ONa}$ $CH_3CH=C(CH_3)CH_3$ + $CH_3CH_2C(CH_3)=CH_2$

2-ブロモ-2-メチルブタン　　三置換アルケン 主生成物　　二置換アルケン 副生成物

それでは，生成するアルケンの幾何異性（*E*, *Z*）はどのようにして決まるのだろうか．遷移状態の構造と生成物の幾何配座の関係を知るために，たとえば重水素（D）化した 2-ブロモブタンと塩基（$OH^-$）との反応を行うと，(*E*)-2-ブテンが主に得られる．これは，図 4.7 のようなメチル基どうしの立体反発の少ないほうのアンチペリプラナー配座から脱離が進行するためである．さらに，重水素の有無に注目すると，アンチペリプラナー配座から進行することで基質の立体化学を反映した生成物だけが得られることもわかる．重水素化されていない(*E*)-2-ブテンが生成するためには，シンペリプラナー配座（発展編 6.6.1 参照）で反応する必要があるが，そうした生成物は得られてこない．

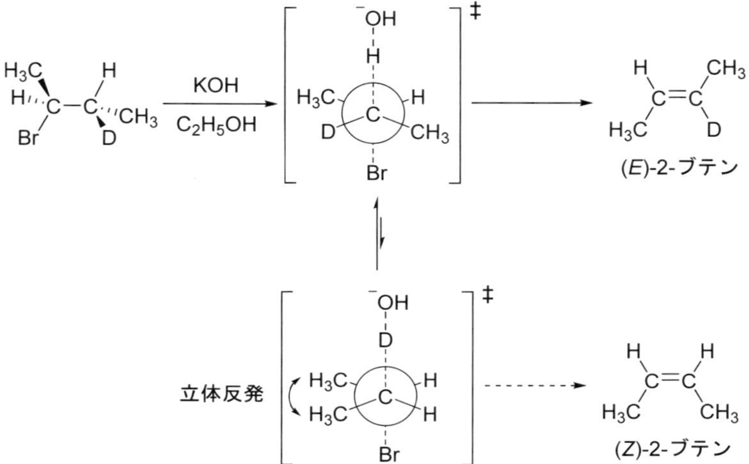


図 4.7　E2 反応の立体化学

ハロゲン置換シクロヘキサンでは，シクロヘキサン環が安定ないす形配座をとるため，隣り合う炭素原子上の置換基の位置関係が制約される．すなわち，引き抜かれる水素原子と脱離基がともにアキシアル位にある場合（トランスジアキシアル）にのみ，E2 反応に必要なアンチペリプラナー配座をとることができる．そのため，図 4.8 (a) の○で囲んだ H と Br の脱離によって反応は進行する．どちらか一方がエクアトリアル位にあると，アンチペリプラナー配座をとることができないため，図 4.8 (b) の○で囲んだ H と Br では E2 反応は進行しない．

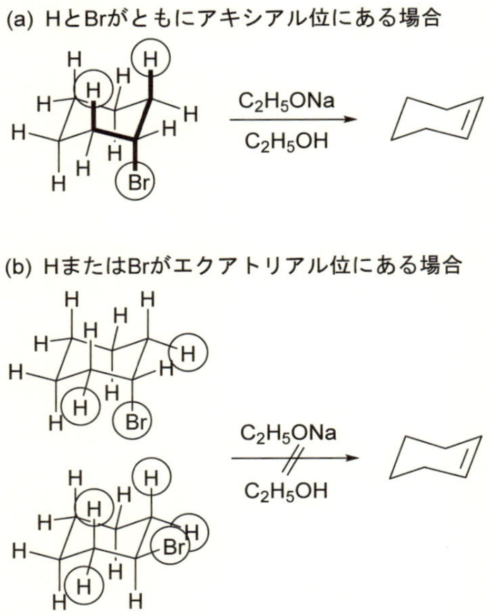

(a) HとBrがともにアキシアル位にある場合

(b) HまたはBrがエクアトリアル位にある場合

図 4.8　シクロヘキサン環の E2 反応

この立体的要請はザイツェフ則より優先するため，ハロゲン置換シクロヘキサンの E2 反応においては，置換基の少ないアルケンが主生成物となることがある．たとえば，*trans*-1-ブロモ-2-メチルシクロヘキサンは，塩基処理によりザイツェフ則に従っていない 3-メチルシクロヘキセンを与える．このように置換基の少ないアルケンをホフマン型のアルケンという．

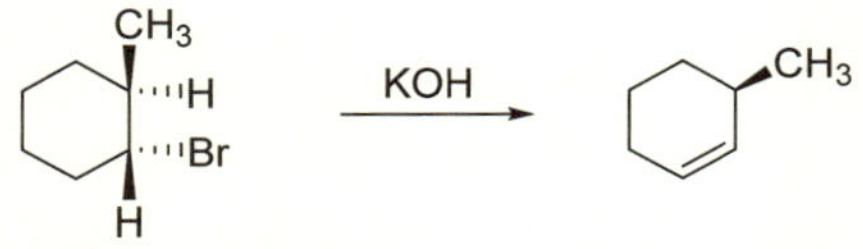

*trans*-1-ブロモ-2-メチル
シクロヘキサン

3-メチル
シクロヘキセン

この結果は出発物質の立体配座を考えることで理解できる．*trans*-1-ブロモ-2-メチルシクロヘキサンは 2 つの安定ないす形配座をとることができる（図 4.9）．このうち配座 A は，臭素原子がエクアトリアル位に位置するためアンチペリプラナー配座となる水素がなく，ザイツェフ則から予測される水素原子 $H_a$ の引き抜きによる E2 反応は起こらない．もう一方の配座 B では，臭素原子がアキシアル位をとるが，このとき，臭素原子とアンチペリプラナー配座にある水素原子は $H_b$ であり，この $H_b$ の引き抜きによる E2 反応が進行することで，ホフマン型のアルケンを与えることになる．

用いる塩基をナトリウムエトキシドからかさ高いカリウム *tert*-ブトキシドにかえることで，ザイツェフ型とホフマン型の選択性が変化する．反応のエネルギー図（図 4.10）からわかるように，かさ高い塩基の立体障害のために，ブロモアルカンの内部の水素を引き抜く反応の遷移状態のエネルギーが高くなり，末端アルケンの生成が優先する．

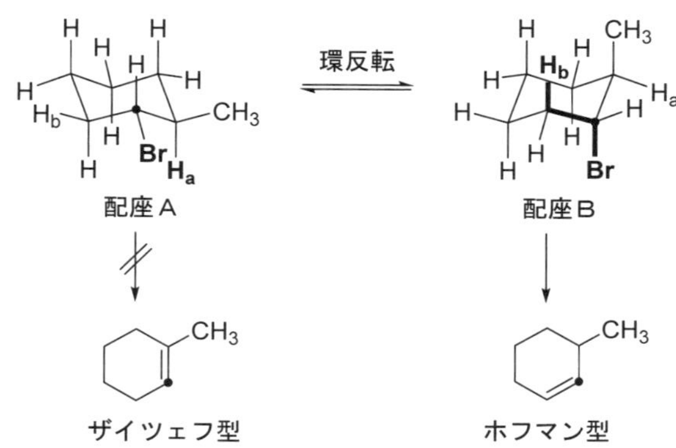


図 4.9　シクロヘキサン環の E2 反応

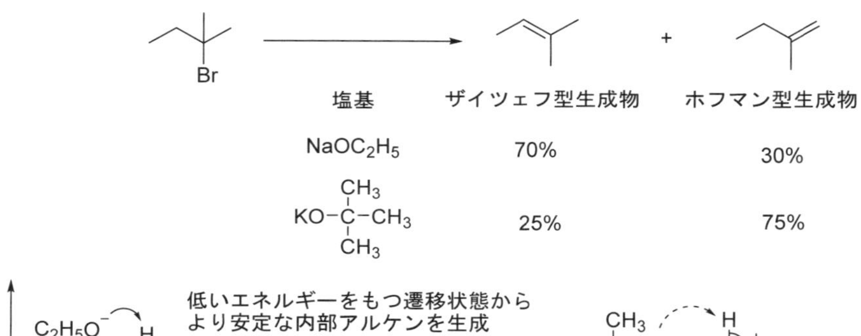

| 塩基 | ザイツェフ型生成物 | ホフマン型生成物 |
|---|---|---|
| $NaOC_2H_5$ | 70% | 30% |
| $KO-C(CH_3)_3$ | 25% | 75% |

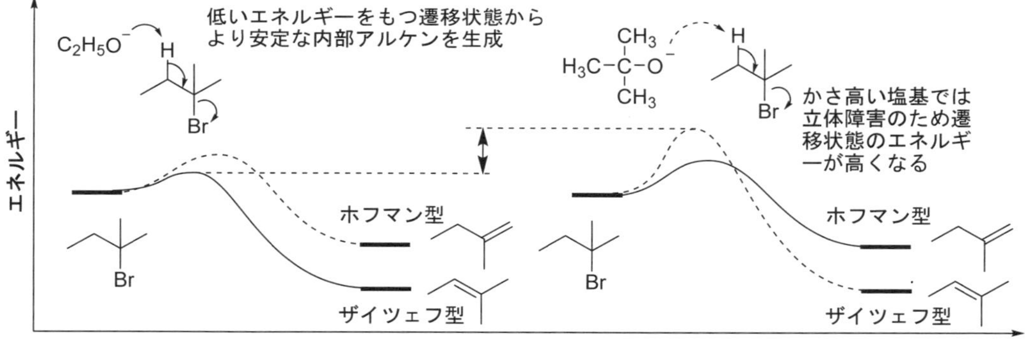


図 4.10　反応エネルギー図からみた E2 反応の塩基のかさ高さと生成物

### 4.1.6　4 つの反応機構のまとめ

ハロゲン化アルキルにおける置換反応と脱離反応が，どのような状況下で起こるのかをまとめると以下の表 4.2 のようになる．求核剤は塩基としても作用する．一般に立体的なかさ高さが増すほど，塩基として作用する傾向が強くなる．

第一級ハロゲン化アルキルでは，求核性の強い求核剤を用いると $S_N2$ 反応が進行し，立体的にかさ高い強塩基を用いると E2 反応が進行する．

第二級ハロゲン化アルキルでは，一般的に，$S_N2$ 反応と E2 反応が競争的に起こる．立体的にかさ高い強塩基では E2 反応のみとなる．

第三級ハロゲン化アルキルでは，強塩基を用いると E2 反応が進行し，$S_N2$ 反応は起こらない．弱塩基や求核性の弱い求核剤を用いると $S_N1$ 反応と E1 反応が競争的に起こる．

**表 4.2　ハロゲン化アルキルの 4 つの反応機構のまとめ**

| ハロゲン化アルキル | 反応条件 | 機構 |
|---|---|---|
| 第一級 $RCH_2X$ | 求核性の強い求核剤 | $S_N2$ |
| | 立体的にかさ高い強塩基 | E2 |
| 第二級 $R_2CHX$ | 強塩基・求核性の強い求核剤 | $S_N2$ + E2 |
| | 立体的にかさ高い強塩基 | E2 |
| | 弱塩基・求核性の弱い求核剤 | $S_N1$ + E1 |
| 第三級 $R_3CX$ | 強塩基 | E2 |
| | 弱塩基・求核性の弱い求核剤 | $S_N1$ + E1 |

## 4.2 アルコール

アルカンの水素原子をヒドロキシ基に置き換えた化合物を**アルコール** (alcohol) という．ヒドロキシ基が結合した炭素原子 ($sp^3$ 混成) の級数によって，第一級，第二級，第三級アルコールに分類される．級数によってアルコールの合成法および反応性が異なる．また，アリルアルコール，ベンジルアルコールはそれぞれ特徴的な性質を有し，その反応性や合成化学的利用については個別に論じられることが多い．

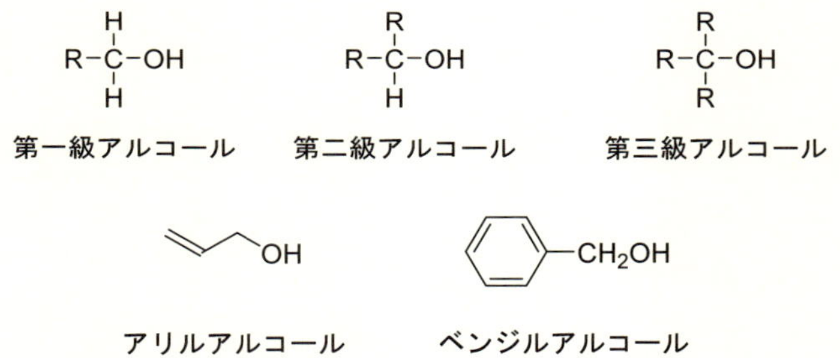


$sp^2$ 混成の炭素原子にヒドロキシ基が結合した化合物にエノール (enol) とフェノールがある．エノールは炭素–炭素二重結合にヒドロキシ基が結合した化合物である．エノールは互変異性により**エノール形** (enol form) と**ケト形** (keto form) との平衡にある (4.6.3a 参照)．フェノールはベンゼン環にヒドロキシ基が置換した化合物である．これらの性質・反応性はアルコールのそれとは大きく異なる．

エノール　　ケト　　フェノール

### 4.2.1 アルコールの構造と性質

#### a. 構造

アルコールの酸素原子まわりは，C−O 結合，O−H 結合および 2 組の非共有電子対を正四面体の頂点に配置した $sp^3$ 混成軌道をとり，C−O−H 結合角は 109° である．

109° 109°

#### b. 酸性度

アルコール（ROH）は，水溶液中で解離してアルコキシド（$RO^-$）と $H_3O^+$ を生じることから，ブレンステッド酸としての性質も有する．$pK_a$ は 16 程度である（基礎編 2.3.2 参照）．解離平衡において，アルコキシドが誘起効果または共鳴効果によって安定化されるほど，平衡は右に傾くので，アルコールは酸として強くなる．

$$R\text{−}\ddot{O}\text{−}H + H_2\ddot{O} \rightleftharpoons R\text{−}\ddot{O}:^- + H_3O^+$$

一方，酸素原子上の非共有電子対のためにブレンステッド塩基としての性質も有し，酸素原子上にプロトン（$H^+$）が付加してオキソニウムイオン（$ROH_2{}^+$）が生成する．しかしながら，アルコールの塩基性は強くないので，プロトン源としては硫酸などの強酸が必要である．

$$R\text{−}\ddot{O}\text{−}H + H^+ \rightleftharpoons ROH_2^+$$

#### c. 還元性

アルコールは還元性をもち，自らは酸化されアルデヒドやケトンになる．第一級アルコールから生じるアルデヒドは，さらに酸化されてカルボン酸になる（発展編 5.2 参照）．

$$R\text{−}CH_2\text{−}OH \xrightarrow[-\ 2H]{\text{酸化}} R\text{−}C(=O)\text{−}H \xrightarrow[+\ O]{\text{酸化}} R\text{−}C(=O)\text{−}O\text{−}H$$

第一級　アルデヒド　カルボン酸

$$R\text{−}CH(R')\text{−}OH \xrightarrow[-\ 2H]{\text{酸化}} R\text{−}C(=O)\text{−}R'$$

第二級　ケトン

### 4.2.2 アルコールの合成

アルコールの合成法としては，以下のものが挙げられる．詳細はそれぞれハロゲン化アルキル，アルケン，カルボニル化合物の項で述べる．

・ハロゲン化アルキルと水またはヒドロキシドイオン（$OH^-$）との反応（4.1.2, 4.1.3 参照）

・アルケンへの水の付加（4.3.2 参照）
・アルケンへのヒドロホウ素化とそれに続く酸化（4.3.5 参照）
・アルケンへのオキシ水銀化とそれに続く還元（4.3.6 参照）
・カルボニル化合物へのグリニャール試薬の付加（4.8.2 参照）
・カルボニル化合物の還元（4.8.3 参照）

### 4.2.3 アルコールのハロゲン化アルキルへの変換

#### a. $S_N1$ 反応

第三級アルコールはハロゲン化水素と反応して，ハロゲン化アルキルを与える．この反応はカルボカチオン中間体を経る $S_N1$ 反応である．酸によってヒドロキシ基がプロトン化されて水として脱離し，カルボカチオンが生成する．このカルボカチオンがハロゲン化物イオンの求核攻撃を受けてハロゲン化アルキルを与える．

第三級アルコール ⇌ (HX, X = Cl, Br) ⇌ ($S_N1$) カルボカチオン ⇌ ($X^-$) ハロゲン化アルキル

#### b. $S_N2$ 反応

第一級および第二級アルコールでは，カルボカチオン中間体を経る $S_N1$ 反応は不利であるため，$S_N2$ 反応で進行する．ただし，これらのアルコールでは，脱離基がヒドロキシドイオンのため，$SOCl_2$ や $PBr_3$ を用いてハロゲン化アルキルへと変換する方が効率的である．この反応では，ヒドロキシ基が $SOCl_2$ や $PBr_3$ と反応して，亜硫酸エステル（–OSOCl）や亜リン酸エステル（$-OPBr_2$）などの優れた脱離基へと変換される．これら脱離基の背面からハロゲン化物イオンが炭素原子を求核攻撃し，置換反応が進行する．

第一級および第二級アルコール →($SOCl_2$, ピリジン) クロロ亜硫酸エステル →($S_N2$, $Cl^-$) 塩化アルキル

第一級および第二級アルコール →($PBr_3$, エーテル) ジブロモ亜リン酸エステル →($S_N2$, $Br^-$) 臭化アルキル

### 4.2.4 脱水反応によるアルケンの生成（E1 反応）

第三級アルコールである 1-メチルシクロヘキサノールを硫酸水溶液で処理すると，1-メチルシクロヘキセンが生成する．反応はプロトン化されたヒドロキシ基が水として脱離する E1 反応の機構で進行し，ザイツェフ則に従った多置換アルケンが主生成物として得られる．

$$\text{1-メチルシクロヘキサノール} \xrightarrow[50\ ^\circ C]{H_3O^+} \text{1-メチルシクロヘキセン}$$

この反応の反応機構は，カルボカチオン中間体を経由する E1 反応である．まず，酸によってヒドロキシ基の酸素上にプロトン化が起こり，ヒドロキシ基は水として脱離する．次に，生成したカルボカチオンの隣の炭素（$\beta$ 炭素）の水素が水によってプロトンとして引き抜かれることで，アルケンが生成する．このとき引き抜かれる $\beta$ 位の水素が複数あれば，より級数の高い炭素に結合した水素の引き抜きが優先し，その結果，より多く置換されたアルケンが生成する．また，カルボカチオン中間体を経由するので，安定なカルボカチオンを与える第三級アルコールが最も速く反応する．第二級アルコールの脱水は厳しい条件を必要とするため，分解を引き起こすことがある．

$H_3C$ OH $\underset{}{\overset{H_3O^+}{\rightleftharpoons}}$ [ $H_3C$ $\overset{+}{O}$H–H $\rightleftharpoons$ $CH_3$ (+, α, β) H H + $H_2O$ ] ⟶ $CH_3$ H + $H_3O^+$

カルボカチオン中間体

### 4.2.5 カルボカチオンの転位

アルコールの酸触媒脱水反応においては，ときに 1,2-転位（基礎編 3.2.1，発展編 5.10 参照）が観察される．これは反応にカルボカチオン中間体が含まれる証拠となる．たとえば 3,3-ジメチル-2-ブタノールからは 2,3-ジメチル-2-ブテンが生成する．プロトン化を経たヒドロキシ基の脱離によって第二級カルボカチオン中間体が生成するが，メチル基が 1,2-転位することでより安定な第三級カルボカチオンへと変換される．このようなアルキル基の移動を 1,2-アルキル移動あるいはワグナー-メーヤワイン転位といい，より安定なカルボカチオンが生成する方向へと反応が進行する．アルキル基ではなく水素原子が同様の機構で移動する反応は，1,2-水素移動とよばれる．カルボカチオンの転位では，移動する原子が 2 電子を伴って，カチオン性の炭素原子へと移動する．この反応の駆動力は，熱力学的により安定なカルボカチオンの生成である．カルボカチオンの安定性は，メチルカチオン＜第一級カルボカチオン＜第二級カルボカチオン＜第三級カルボカチオンの順に高くなる（基礎編 3.2.1 参照）．

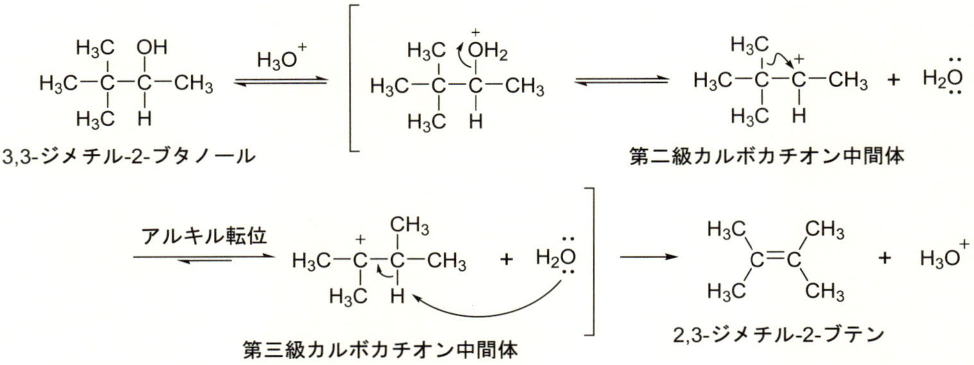

3,3-ジメチル-2-ブタノール　第二級カルボカチオン中間体

アルキル転位　第三級カルボカチオン中間体　2,3-ジメチル-2-ブテン

2価のアルコールである1,2-ジオールに酸触媒を作用させると水の脱離とともにカルボカチオン中間体の転位を伴いカルボニル化合物に変換される．この反応はピナコール転位とよばれる（発展編 5.10a 参照）．

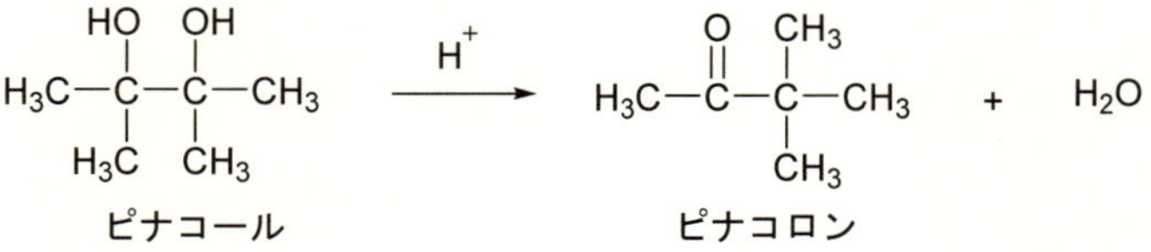

ピナコール　ピナコロン

### 4.2.6　脱水反応によるアルケンの生成（E2 反応）

ピリジン中で第二級および第三級アルコールを塩化ホスホリル（$POCl_3$）で処理すると，脱離反応が進行する．$POCl_3$ との反応により，ヒドロキシ基が優れた脱離基であるジクロロリン酸エステル（$-OPOCl_2$）に変換された後，ピリジンが $\beta$ 炭素のプロトンを引き抜く E2 反応が進行する．協奏的に反応が進行し，カチオン中間体を経ないため転位反応は起こらない．

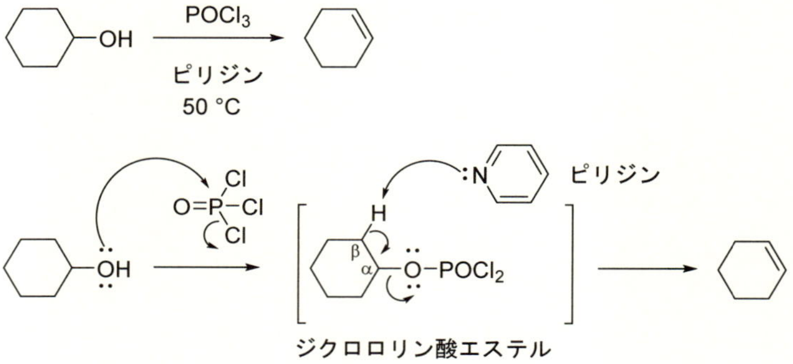

$POCl_3$　ピリジン　50 °C

ピリジン

ジクロロリン酸エステル

## 4.3　アルケンとアルキン

アルケン（alkene）は炭素-炭素二重結合をもつ炭化水素であり，オレフィンともよばれる．エチレンやプロペン（プロピレン）は石油コンビナートで製造される化成品の原料となる．また，アルケンは自然界にも豊富に存在している．

**アルキン**（alkyne）は炭素–炭素三重結合をもつ炭化水素であり，工業的にも重要な化合物である．

### 4.3.1　アルケンの性質

#### a.　構　造

二重結合を炭素鎖の末端にもつアルケンを末端アルケン，内部にもつアルケンを内部アルケンという．二重結合を環内にもつ化合物をシクロアルケンという．

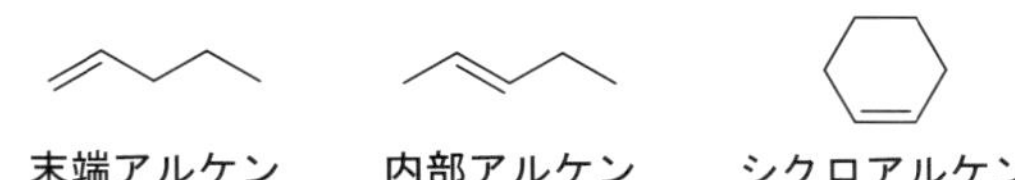


アルケンの二重結合は 1 つの σ 結合と 1 つの π 結合からできている（図 4.11）（基礎編 1.5.2 参照）．炭素原子は $sp^2$ 混成であり，平面 3 配位構造をとり，結合角は約 120° である．炭素–炭素二重結合の π 結合は σ 結合に比べると弱く，切れやすい．後述するアルケンへの求電子付加反応では，この π 結合が求核部位として働き，ハロゲン化水素やハロゲンなどの求電子剤と反応する．

アルケンの多くは弱い分子間相互作用をもつだけである．そのため，物理的性質の多くは同程度の分子量のアルカンと似ている．

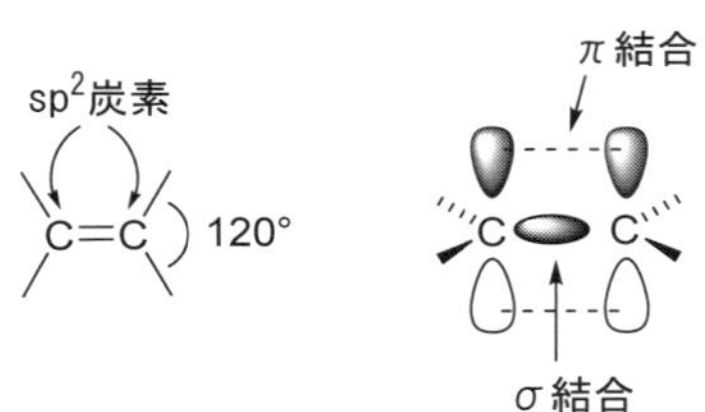


図 4.11　アルケンの構造

#### b.　アルケンの安定性

アルケンは置換基の数が増えるほどエネルギー的に安定になり，比較するとおよそ次のような順になる．

$R_2C=CR_2$ > $R_2C=CHR$ > (R)(H)C=C(H)(R)（トランス） ≅ (R)(R)C=C(H)(H) ... 

より安定 ←→ より不安定

アルケンの安定性は，同じアルカンへ水素化される際に生じる水素化熱を比較するとわかる．図 4.12 に示したように，生じる水素化熱が小さいアルケンが，エネルギー的に低い位置にあり，安定である．多置換アルケンが安定になる理由についての分子軌道法的な考察は発展編で述べる（発展編 6.5.1c 参照）．

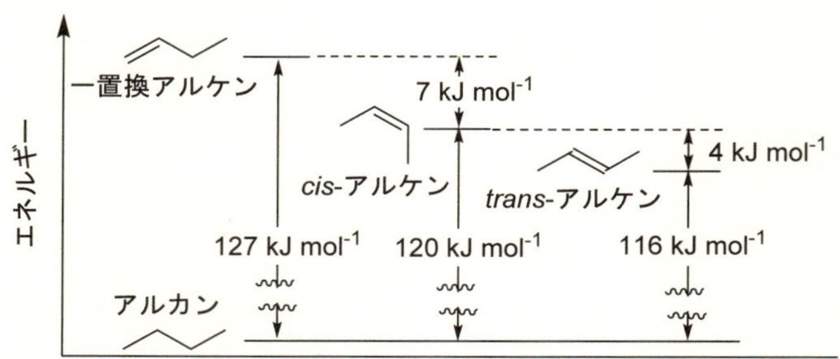


図 4.12　置換アルケンの水素化熱による安定性の比較

### 4.3.2　水の付加（水和）

アルケンと水を硫酸のような酸触媒存在下で反応させると，アルコールが生成する．この方法によりエチレンからエタノールが工業的に合成されている．

$$H_2C=CH_2 + H_2O \xrightarrow{H_2SO_4} H-CH_2-CH_2(OH)$$

この反応では，まず，アルケンへのプロトン化が起こって，カルボカチオン中間体が生成する．非対称なアルケンでは，より安定な，すなわち置換基のより多いカルボカチオンが生成するように，位置選択的にプロトンの付加が起こる．カルボカチオン中間体に水が付加した後，脱プロトン化が起こり，アルコールが生成する．ヒドロキシ基は置換基の多い炭素と結合することになるので，水の付加はマルコウニコフ則に従う（基礎編 3.2.1 参照）．

$$H_3C(H)C=CH_2 \xrightarrow{H^+} [H_3C-\overset{+}{C}H-CH_3] \xrightarrow{H_2O} [H_3C-CH(\overset{+}{O}H_2)-CH_3] \xrightarrow{-H^+} H_3C-CH(OH)-CH_3$$

### 4.3.3　ハロゲン化水素（HX）の求電子付加反応

#### a.　ハロゲン化水素（HX）の付加

ハロゲン化水素はアルケンに付加してハロゲン化アルキルを生成する．反応は二重結合へのプロトンの付加によるカルボカチオン中間体の生成およびハロゲン化物イオンの付加の２段階を含んでいる．

$$\text{シクロヘキセン} + H^{\delta+}-X^{\delta-} \longrightarrow [\text{カルボカチオン中間体} + X^-] \longrightarrow \text{ハロシクロヘキサン}$$

X = Cl, Br, I

カルボカチオン中間体

非対称に置換されたアルケンではプロトンの付加は位置選択的に起こる．このとき位置選択性はマルコウニコフ則に従い，より多く置換された（最も安定化された）カルボカチオン中間体が生成するような位置選択性で，プロトンの付加が起こる（図 4.13）．

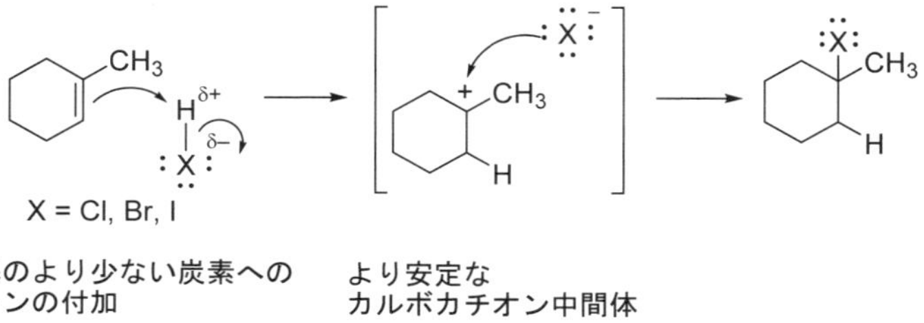

置換基のより少ない炭素へのプロトンの付加

より安定なカルボカチオン中間体

X = Cl, Br, I

図 4.13 マルコウニコフ則による置換アルケン生成の選択性

## b. カルボカチオンの転位を伴うハロゲン化水素（HX）の付加

アルケンへのハロゲン化水素の付加では，カチオン中間体を経るため，炭素骨格の転位がしばしば観測される（4.2.5 参照）．たとえば，3-メチル-1-ブテンと塩化水素（HCl）との付加反応では，期待される 2-クロロ-3-メチルブタンに加えて，2-クロロ-2-メチルブタンが生成する．2-クロロ-2-メチルブタンの生成は，プロトンの付加で生じた第二級カルボカチオン中間体において 1,2-水素移動が起こり，第三級カルボカチオンが生成したことを示している（図 4.14）．

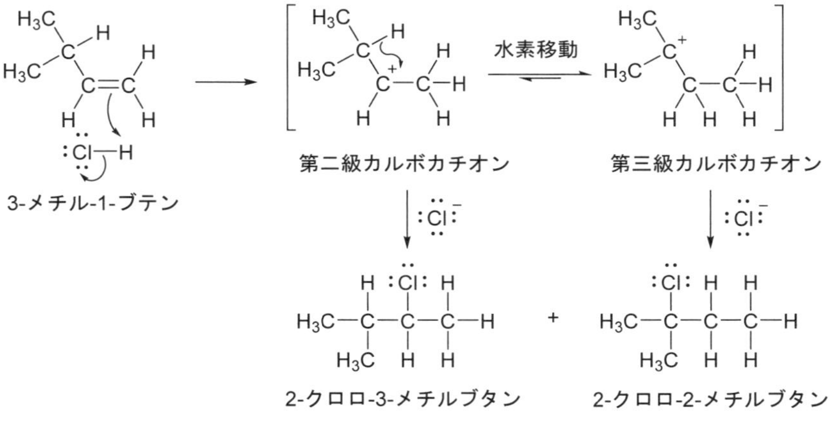

3-メチル-1-ブテン

第二級カルボカチオン

水素移動

第三級カルボカチオン

2-クロロ-3-メチルブタン

2-クロロ-2-メチルブタン

図 4.14 水素移動を伴ったアルケンへの付加反応

ハロゲン化水素の付加は 1,2-アルキル移動（ワグナー-メーヤワイン転位）を伴って起こる場合もある．3,3-ジメチル-1-ブテンと HCl との付加反応では，期待される 3-クロロ-2,2-ジメチルブタンに加えて 2-クロロ-2,3-ジメチルブタンが生成する．最初に生成した第二級カルボカチオンにおいてメチル基が 1,2-アルキル移動し，より安定な第三級カルボカチオンから生成物を与える（図 4.15）．

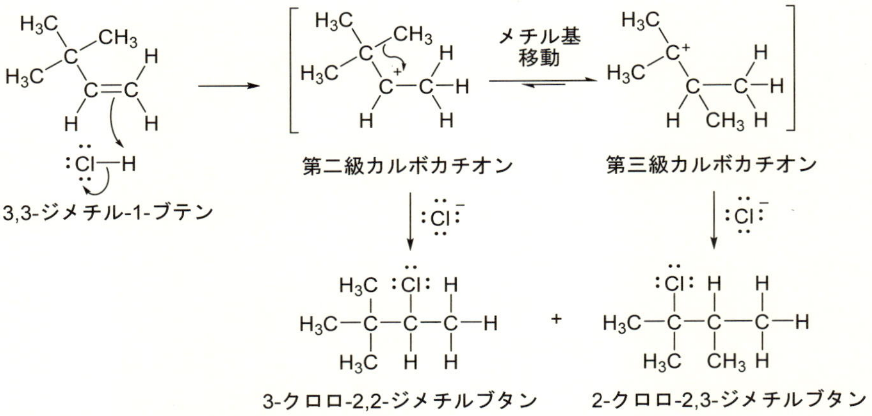

図 4.15　アルキル移動を伴ったアルケンへの付加反応

### 4.3.4　ハロゲン（$X_2$）の求電子付加反応

#### a.　ハロゲン（$X_2$）の付加

ハロゲン（臭素および塩素）は，アルケンに付加して 1,2-ジハロゲン化物を与える．この反応の反応機構を臭素の場合について詳しくみてみよう．1 段階目では，アルケンの $\pi$ 結合の 2 電子と臭素の非共有電子対の 2 電子とで 2 つの炭素–臭素結合が形成されてブロモニウムイオン中間体が生成する．このとき同時に，臭化物イオンが脱離する．ブロモニウムイオン中間体は炭素 2 つと臭素からなる三員環構造をとり，臭素原子は正に荷電している．三員環であるため歪みがかかっており（4.4.4 参照），高い反応性を有する．2 段階目では，系中に存在する臭化物イオンがこのブロモニウムイオンを炭素–臭素結合の背面から求核攻撃し，炭素–臭素結合の開裂による三員環の開環が起こるとともに，新たな炭素–臭素結合が形成され，1,2-ジブロモ化物が生成する．そのため，2 つの臭素原子はアルケンの平面に対してトランスの関係で 2 つの炭素–臭素結合を形成する（図 4.16）．分子軌道法的な考察は発展編で取り上げる（発展編 6.5.1b 参照）．

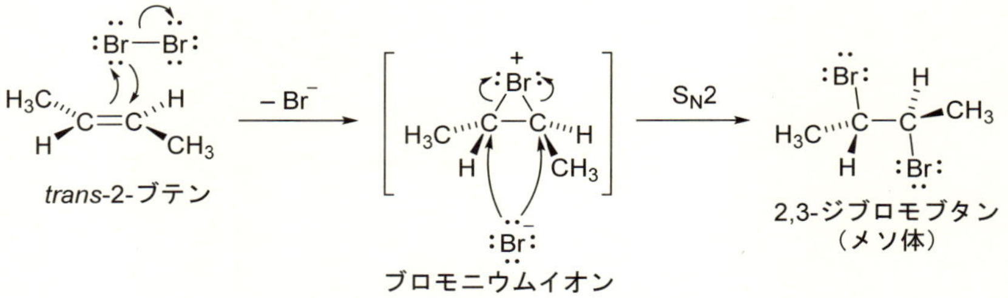

図 4.16　アルケンへの臭素付加反応

このハロゲン化反応の反応機構にはカルボカチオン中間体は含まれない．そのため，ハロゲン化水素の付加反応において見られた 1,2-水素移動やアルキル移動のような転位は観測されない．

出発物質であるアルケンの幾何異性によって生成物の立体化学が変わるのが本反応の特徴である．図 4.16 の *trans*-2-ブテンでは，ブロモニウムイオン中間体の２つの炭素のどちらを臭化物イオンが攻撃しても同一のアキラルな 2,3-ジブロモブタンを生成する．不斉炭素原子が２つあるにもかかわらず，エナンチオマーが同一の化合物（アキラル）となる化合物はメソ体とよばれる（発展編 6.6.2 参照）．一方，*cis*-2-ブテンの反応では，ブロモニウムイオン中間体において，左の炭素を攻撃した場合と右の炭素を攻撃した場合で逆のエナンチオマーが生成する．その生成比は 1：1 であるためラセミ体となる（図 4.17）．

このハロゲン化反応をシクロアルケンに対して行うと，この反応の立体化学的な特徴がはっきりとわかる．たとえば，シクロペンテンに塩素化を行うと *trans*-1,2-ジクロロシクロペンタンの両方のエナンチオマーが得られる．このとき *cis* 体は得られてこない．

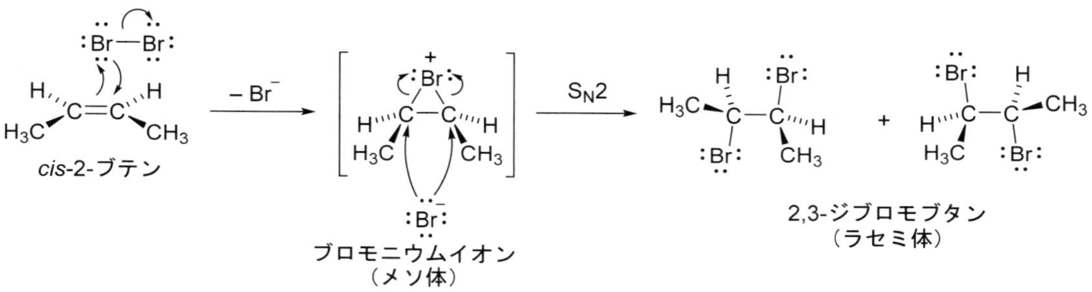

図 4.17 アルケンの幾何配置による付加生成物の立体化学相違（図 4.16 参照）

反応の 1 段階目では，塩素が二重結合を含む平面の上側から付加するか，下側から付加するかの２通りがあるが，どちらから付加しても，同一のアキラルなクロロニウムイオン中間体（メソ体）が生成する（発展編 6.6.2 参照）．２段階目では，塩化物イオンの求核攻撃が炭素–塩素結合の背面から起こるため，架橋している塩素原子と接近する塩化物イオンは五員環平面の反対側に位置することになり，開環後の生成物において２つの塩素原子は互いにトランスの位置関係になる．

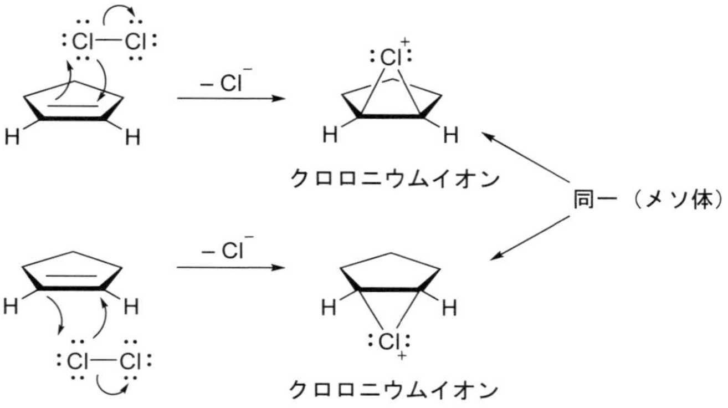

trans体　trans体

ラセミ体

### b. 水存在下でのハロゲン（$X_2$）との反応（HOX の付加）

臭素または塩素とアルケンとの反応を水存在下で行うと，ハロヒドリンとよばれる 1,2-ハロアルコールが生成する．この反応では，ハロニウムイオン中間体が生成した後，ハロゲン化物イオンの代わりに，多量に存在する水が求核剤として働いてハロニウムイオン中間体を開環させる．

シクロペンテン　$Br_2$ / – Br　ブロモニウムイオン　$S_N2$　(a) の生成物　(b) の生成物

## 4.3.5 ヒドロホウ素化

アルケンへのボランのヒドロホウ素化（水素原子とホウ素原子が二重結合へ付加する反応）とそれに続く酸化反応は，アルケンからアルコールを合成する有用な方法である．

ボラン（$BH_3$）のホウ素－水素結合は，アルケンに付加して有機ボラン化合物を与える．このとき，ホウ素原子と水素原子は二重結合の同じ面からアルケンに付加（**シン付加**（syn addition））し，ホウ素原子は置換基の少ない炭素に結合する．この中間体を塩基性条件下，過酸化水素で処理するとアルコールが生成する．ホウ素原子がヒドロキシ基に置き換わるので，ヒドロキシ基は置換基の少ない炭素と結合することになる．このため，見かけ上，水がアルケンに**逆マルコウニコフ型**（anti-Markovnikov type）で付加したアルコールが得られることになる．このアルコールへの酸化はボランのアルキル基が酸素原子上へ 1,2-転位を伴って進行するため，ホウ素は立体化学を保持したままヒドロキシ基へと変換される（発展編 5.10b 参照）．

$BH_3$　$H_2O_2$, $^-OH$　逆マルコウニコフ型

$BH_3$　$H_2O_2$, $^-OH$　逆マルコウニコフ型

### 4.3.6　オキシ水銀化

水の存在下，アルケンに酢酸水銀(II)($(CH_3CO_2)_2Hg$）を反応させた後，$NaBH_4$ で還元することでアルコールが得られる．

$CH_3$　$Hg(OAc)_2$ / $H_2O$　[ $CH_3$ $H_2\ddot{O}$ + HgOAc H　→　$CH_3$ OH HgOAc H ]　$NaBH_4$　$CH_3$ OH H H

マーキュリニウムイオン中間体　有機水銀化合物

反応機構は次の通りである．アルケンと酢酸水銀(II)との反応により，マーキュリニウムイオン中間体が生成する．マーキュリニウムイオンは，ブロモニウムイオンに類似した三員環構造である．この環状中間体に水が求核付加して開環反応が起こり，水銀–炭素結合の 1 つが切断された有機水銀化合物が生成する．このとき水（$H_2O$）は，置換基の多い炭素を攻撃する．$NaBH_4$ で還元すると残りの水銀–炭素結合が切断され，水銀は水素に置き換わる．この結果，見かけ上，水がアルケンへマルコウニコフ型で付加したアルコールが得られることになる．

ヒドロホウ素化–酸化法とオキシ水銀化–還元法は，導入されるヒドロキシ基の位置選択性という点で相補的な関係にある．どちらの場合も，位置選択性が決まる段階において，置換数の多い炭素原子に部分的な正電荷が生じる（図 4.18）．ヒドロホウ素化では，B−H 結合の分極（B($\delta$+)−H($\delta$−)）(電気陰性度　B:2.0，H：2.2）およびアルケン上の置換基と $BH_3$ との立体反発により位置選択性が決まる．オキシ水銀化では，求核剤（$H_2O$）がより正電荷を帯びた炭素を優先的に攻撃し，酸素–炭素結合が生成する．

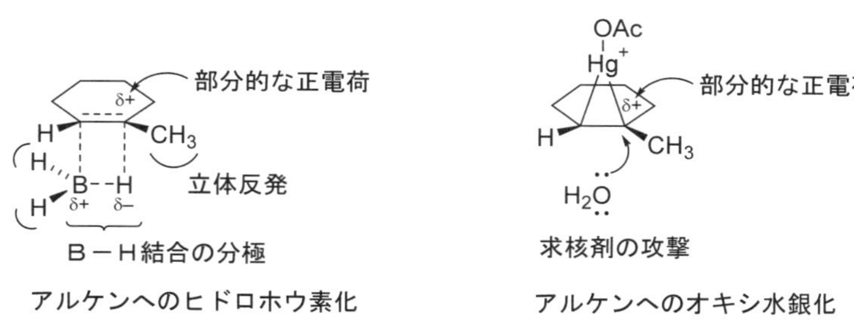


図 4.18　ヒドロホウ素化とオキシ水銀化の位置選択性発現の機構

### 4.3.7　共役ジエンの求電子付加反応

#### a.　共役ジエンの構造

二重結合と単結合が交互に並んだジエンを**共役ジエン**（conjugated diene）という．共役ジエンは，アルケンや二重結合と単結合が交互に存在しない非共役(孤立）ジエンとは異なる性質をもち，異なる反応性を示す．

非共役（孤立）ジエン　　共役ジエン

1,3-ブタジエンの炭素–炭素二重結合（$C^1-C^2$ および $C^3-C^4$）では，$sp^2$ 混成軌道形成に使われなかった 2p 軌道どうしが重なり，π 結合を形成している．その長さは 134 pm であり，一般的な炭素–炭素の二重結合（133 pm）と似ている．一方，炭素–炭素二重結合が単結合をはさんで隣り合うと，$C^2$ と $C^3$ の間でも 2p 軌道の重なりが生じる．そのため，$C^2-C^3$ 結合は二重結合性を帯び，π 電子は $C^1$ から $C^4$ の間で非局在化することになる．そのため，共役ジエンの炭素–炭素単結合の長さ（147 pm）は，一般的な炭素–炭素単結合の長さ（154 pm）よりも短くなる（図 4.19）．

共役ジエンの中心の炭素–炭素単結合での二重結合性を，共鳴構造で表すと図 4.20 のようになる（基礎編 1.3.2 参照）．

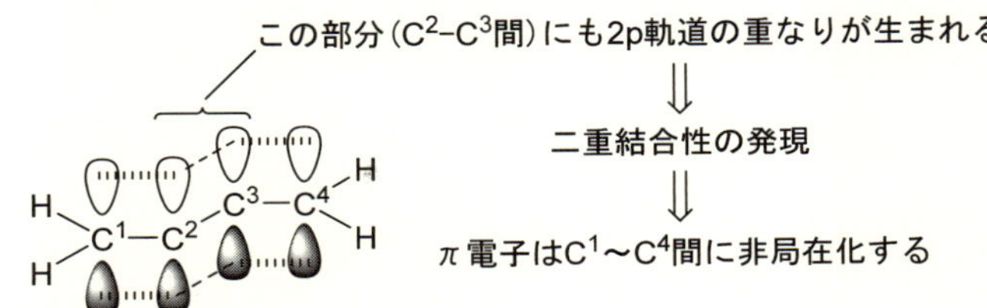


$C^1$-$C^2$ = $C^3$-$C^4$ = 134 pm; $C^2$-$C^3$ = 147 pm

図 4.19　1,3- ブタジエンの軌道と結合距離

図 4.20　1,3- ブタジエンの共鳴構造

### b.　求電子付加反応

共役ジエンへの求電子付加反応は，アルケンのそれとは少し異なる．たとえば 1,3-ブタジエンへの臭化水素の付加は，２つの位置異性体，**1,2-付加体**（1,2-adduct）と **1,4-付加体**（1,4-adduct）の混合物となる．この理由を考えてみよう．まず，共役ジエンの１つの C=C 結合にプロトンが付加し，カルボカチオン中間体が生成する．このときの位置選択性はマルコウニコフ則に従い，より安定なカルボカチオンを与えるようにプロトンの付加が起こる．したがって，末端の炭素にプロトンが付加し，第二級カルボカチオンとなる．生成したカルボカチオンでは，残りの C=C 二重結合の隣の炭素（2 位）に正電荷が位置するので，アリル型カルボカチオンとなる．アリル型カルボカチオンは，２つの共鳴構造式 (A) および (B) によって２位と４位に正電荷が非局在化している．臭化物イオンが２位を攻撃すると，1,2-付加体である 3-ブロモ-1-ブテンが得られる．一方，臭化物イオンが４位を攻撃すると 1,4-付加体である 1-ブロモ-2-ブテンが得られる（発展編 6.4 参照）．

臭素の求電子付加も同様の反応機構で起こり，1,2-付加体と1,4-付加体の混合物となる．

1,3-ブタジエン　→HBr→　(A) ⟷ (B)

3-ブロモ-1-ブテン　1,2-付加体　＋　1-ブロモ-2-ブテン　1,4-付加体

1,3-ブタジエン　→$Br_2$→　3,4-ジブロモ-1-ブテン　1,2-付加体　＋　1,4-ジブロモ-2-ブテン　1,4-付加体

### 4.3.8　アルキンの反応

#### a.　ハロゲン化水素の付加

アルキンはアルケンと同様に求電子付加反応が進行する．たとえば1-ペンチンと2当量の臭化水素との反応では，2,2-ジブロモペンタンが生成する．付加の位置選択性はマルコウニコフ則に従う．HBrが1当量反応すると，臭素は炭素–炭素三重結合の置換された炭素に結合し，2-ブロモ-1-ペンテンが生成する．このとき付加した臭素原子と水素原子の立体化学は通常トランスになる．このアルケンにもう1当量の臭素が付加する段階も当然マルコウニコフ則に従うので，最終生成物であるジブロモペンタンでは同一炭素上に2つの臭素原子が結合することになる．同じ炭素原子に2つのハロゲン原子をもつ化合物を*gem*-ジハロアルカンという（*gem* = geminal）．

$CH_3CH_2CH_2-C\equiv CH$　→HBr→　$CH_3CH_2CH_2C(Br)=CH_2$　→HBr→　$CH_3CH_2CH_2CBr_2CH_3$

1-ペンチン　　2-ブロモ-1-ペンテン　　2,2-ジブロモペンタン

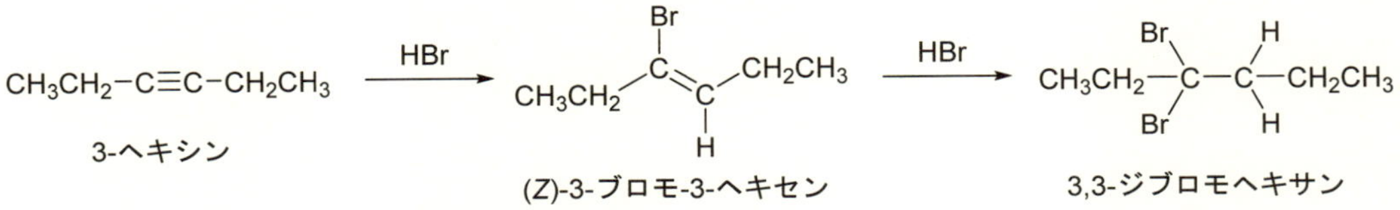

$CH_3CH_2{-}C{\equiv}C{-}CH_2CH_3$ —HBr→ (Z)-3-ブロモ-3-ヘキセン —HBr→ 3,3-ジブロモヘキサン

3-ヘキシン　(Z)-3-ブロモ-3-ヘキセン　3,3-ジブロモヘキサン

アルキンに対してハロゲン化水素が付加すると，カルボカチオン中間体が生成する．正電荷はビニル炭素上にあるので，このようなカルボカチオンをビニル型カルボカチオン（**ビニルカチオン**（vinyl cation））とよぶ．正に帯電した炭素原子は s 性の大きな sp 混成であり，アルキルカルボカチオンほど安定ではない．

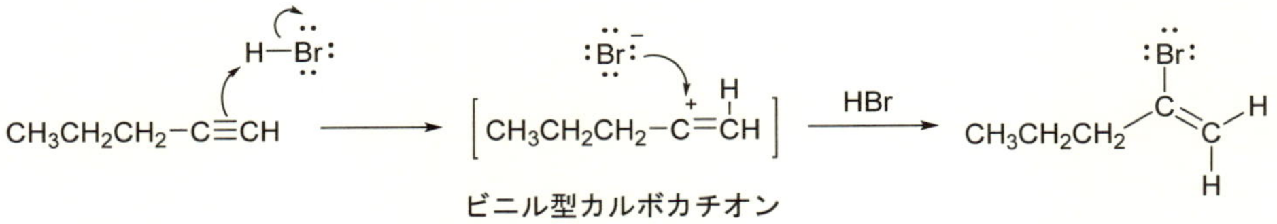

$CH_3CH_2CH_2{-}C{\equiv}CH$ + H—Br → $[CH_3CH_2CH_2{-}\overset{+}{C}{=}CH]$ —HBr→ $CH_3CH_2CH_2C(Br){=}CH_2$

ビニル型カルボカチオン

## b. ハロゲンの付加

臭素や塩素などのハロゲンもアルキンに付加反応をする．1 当量のハロゲンが付加してトランスのジハロアルケンが生成したのち，さらに付加が起こるとテトラハロアルカンが得られる．

$CH_3CH_2CH_2{-}C{\equiv}CH$ —$Br_2$, $CH_2Cl_2$→ $CH_3CH_2CH_2C(Br){=}CH(Br)$ —$Br_2$, $CH_2Cl_2$→ $CH_3CH_2CH_2CBr_2{-}CHBr_2$

1-ペンチン　1,2-ジブロモ-1-ペンテン　1,1,2,2-テトラブロモペンタン

アルキンとハロゲンとの反応では，アルケンへのハロゲンの付加と同様，中間体として架橋ハロニウムイオンが生成する．続いてハロゲン化物イオンが炭素–ハロゲン結合の背面から攻撃することで，トランスのジハロアルケンが得られる（図 4.21）．

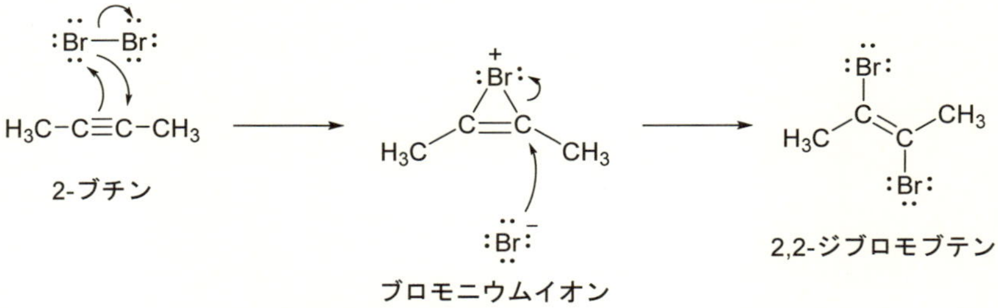

$H_3C{-}C{\equiv}C{-}CH_3$ + Br—Br → ブロモニウムイオン（+ $Br^-$）→ $H_3C(Br)C{=}C(Br)CH_3$

2-ブチン　ブロモニウムイオン　2,2-ジブロモブテン

図 4.21　アルキンへの $Br_2$ の付加反応（1 段階目）

## c. 水　和

アルキンに硫酸水銀(II)存在下で酸性水溶液を作用させると，アルキンの水和

が起こる．三重結合への水の付加はマルコウニコフ則に従い，ヒドロキシ基はより多く置換した炭素に結合し，水素は置換基の少ない炭素に結合する．生成したビニルアルコールはケト–エノール互変異性（4.6.3a 参照）によりケトンに異性化する．

$$\underset{\text{1-ヘキシン}}{CH_3CH_2CH_2CH_2{-}C{\equiv}CH} \xrightarrow[H_2O,\ H_2SO_4]{HgSO_4} \left[ CH_3CH_2CH_2CH_2(HO)C{=}CH_2 \right] \longrightarrow \underset{\text{2-ヘキサノン}}{CH_3CH_2CH_2CH_2{-}C({=}O){-}CH_3}$$

### d.　ヒドロホウ素化–酸化

ボランはアルケン同様アルキンにも付加する．生成したビニル型ボランを過酸化水素（$H_2O_2$）で酸化することにより，エノールが得られる．これはすぐに互変異性化し，ケトンまたはアルデヒドを与える．内部アルキンを出発物質とした場合はケトンを与え，末端アルキンを出発物質とした場合はアルデヒドを与える．

$$\underset{\text{3-ヘキシン}}{CH_3CH_2{-}C{\equiv}C{-}CH_2CH_3} \xrightarrow{BH_3} \left[ CH_3CH_2(H_2B)C{=}C(H)CH_2CH_3 \right]$$

$$\xrightarrow[H_2O,\ NaOH]{H_2O_2} \left[ CH_3CH_2(HO)C{=}C(H)CH_2CH_3 \right] \longrightarrow \underset{\text{3-ヘキサノン}}{CH_3CH_2{-}C({=}O){-}CH_2CH_2CH_3}$$

$$\underset{\text{1-ヘキシン}}{CH_3CH_2CH_2CH_2{-}C{\equiv}CH} \xrightarrow{BH_3} \left[ CH_3CH_2CH_2CH_2(H)C{=}C(H)BH_2 \right]$$

$$\xrightarrow[H_2O,\ NaOH]{H_2O_2} \left[ CH_3CH_2CH_2CH_2(H)C{=}C(H)OH \right] \longrightarrow \underset{\text{ヘキサナール}}{CH_3CH_2CH_2CH_2CH_2{-}C({=}O){-}H}$$

水銀(II)触媒による直接水和とヒドロホウ素化–酸化とは，末端アルキンの水和における位置選択性という観点から相補的である．同じ末端アルキンから前者はケトンを与え，後者はアルデヒドを与える．

### e.　アセチリドアニオンの生成と反応

末端アルキンの酸性度はアルカン，アルケンのそれよりもはるかに高く，ナトリウムアミド（$NaNH_2$）などの塩基によって脱プロトン化され，アセチリドアニオンを生成する．末端アルキンの $pK_a$ は約 25 であり，アンモニアの $pK_a$ は約 36 である．次式の平衡定数 $K$ を $pK_a$ から計算すると約 $10^{11}$ となりアセチリド側に偏っている（基礎編 2.3.4 参照）．ブロモメタンのような求電子剤を加えると求核置換反応（$S_N2$ 反応）が進行し，置換アルキンが得られる．

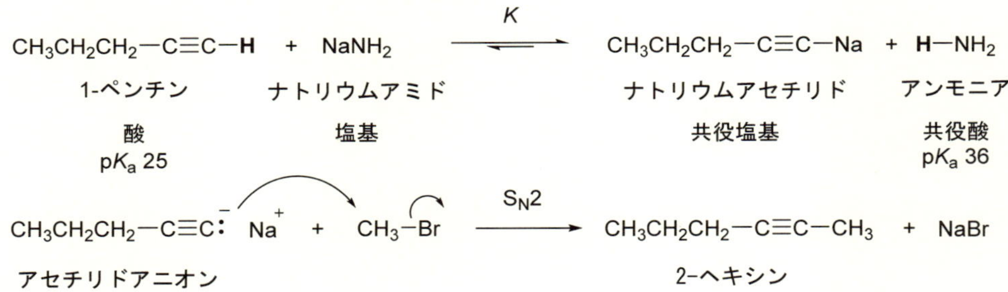


末端アルキンの高い酸性度は，生成するアセチリドアニオンの安定性に起因する．アセチリドアニオンのアニオン炭素は sp 混成をとっており，その高い s 性ゆえに負電荷は原子核のほうへ強く引き付けられている（基礎編 1.5, 2.3.2 参照）．その結果，アセチリドアニオンはアルキルアニオンやビニル型アニオンよりも安定化されている．

## 4.4　エーテル

酸素原子に炭化水素基が２つ結合した化合物を**エーテル**（ether）とよぶ．炭化水素基は，アルキル，アリール，アルケニルいずれでもよい．

２つのエチル基が酸素原子に結合したジエチルエーテルは最もよく知られたエーテルであり，有機溶媒としてよく使われる．また，五員環の環状エーテルであるテトラヒドロフラン（THF）も有機溶媒としてよく使用される．

### 4.4.1　エーテルの性質

エーテル類は一般に以下のような性質を有する．

- 電気的に陰性な酸素原子のため，小さな双極子モーメントをもっている．そのため，エーテルの沸点は，同程度の分子量をもつアルカンの沸点よりも少し高いことが多い．
- ハロゲン，弱酸，塩基，求核剤に対して不活性である．
- 酸素原子の非共有電子対により，金属カチオンに対して配位する能力をもつ．
- 空気中の酸素とゆっくり反応して過酸化物（RO−OR）を生じる．過酸化物は爆発性があり危険である．

### 4.4.2　エーテルの合成

#### a.　アルコールの脱水反応

ジエチルエーテルなどの対称エーテルは，硫酸を触媒とするアルコールの分子間脱水反応で得られる．第一級アルコールの場合，$S_N2$ 反応で進行する．

$$CH_3CH_2-\ddot{O}-H \xrightleftharpoons{H_3O^+} \left[ CH_3CH_2-\overset{+}{O}H_2 \xrightarrow{S_N2} CH_3CH_2-\overset{+}{O}H-CH_2CH_3 \right] \longrightarrow CH_3CH_2-\ddot{O}-CH_2CH_3 + H_3O^+$$

## b. ウイリアムソンエーテル合成

アルコキシドイオンと第一級ハロゲン化アルキルとの反応により，エーテルが得られる．この合成を**ウィリアムソンエーテル合成**（Williamson ether synthesis）という．反応機構は $S_N2$ 反応であり，求核剤であるアルコキシドイオンは，アルコールと強塩基との反応によりつくられる．中心炭素周りが立体的に混雑している（立体障害の大きい）ハロゲン化アルキルでは $S_N2$ 反応が不利となり，$\beta$ 位の水素が引き抜かれる E2 反応が競争的に起こる．そのため，非対称エーテルを合成する場合，立体障害の小さいアルキル基をもつハロゲン化アルキルと立体障害の大きいアルコキシドとの組み合わせで反応を行うほうが，その逆の組み合わせよりも反応は効率よく進行する．

$$C_5H_9OH \xrightarrow[THF]{NaH} [C_5H_9O^- Na^+] \xrightarrow{H_3C-I} C_5H_9-O-CH_3$$

アルコキシドイオン

$$(CH_3)_3C-O^- Na^+ \Longleftarrow (CH_3)_3C-O-CH_3 \Longrightarrow X-CH_3$$

アルコキシド　　大きい　小さい　　ハロゲン化アルキル

## c. アルケンのアルコキシ水銀化

アルケンは酢酸水銀（II）（$(CH_3CO_2)_2Hg$）またはトリフルオロ酢酸水銀（$(CF_3CO_2)_2Hg$）の存在下でアルコールと反応して，有機水銀化合物を与える．生成物を $NaBH_4$ で処理するとエーテルが生成する．アルケンへのアルコキシ水銀化の求核剤が水からアルコールに変わった反応であり，アルケンへのアルコールのマルコウニコフ型の付加である（4.3.6 参照）．アルコキシ水銀化は基質の立体的制約が少なく，第一級，第二級，第三級いずれのアルコールも使うことができる．ただし第三級炭素が両側に結合したエーテルは，立体障害のためこの方法ではつくることができない．

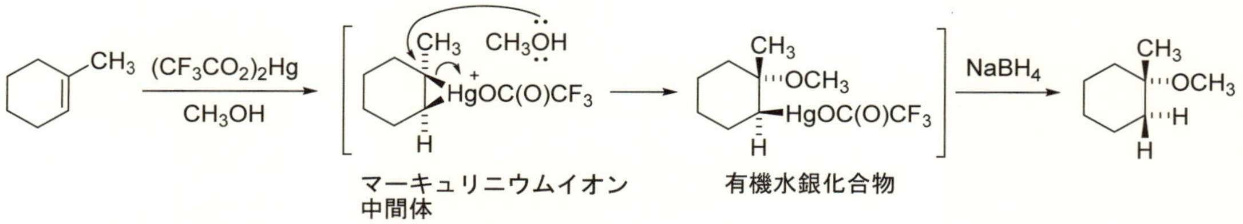

$(CF_3CO_2)_2Hg$ / $CH_3OH$ 　マーキュリニウムイオン中間体　有機水銀化合物　$NaBH_4$

### 4.4.3　エーテルのC－O結合開裂反応

エーテルはハロゲン，弱酸，塩基，求核剤に対して不活性であるが，強酸とは反応する．エーテルを HBr 水溶液または HI 水溶液中で加熱還流すると，炭素-酸素結合が開裂し，アルコールとハロゲン化物を与える．酸素原子にプロトン化が起こった後，ハロゲン化物による求核置換反応が起こる．反応機構は，基質の構造（酸素原子に結合した炭素原子の級数）に依存して，$S_N1$ 反応または $S_N2$ 反応の 2 つが存在する．

(i)第一級，第二級アルキルエーテル：立体障害の小さい第一級，第二級炭素原子を含む基質では，$S_N2$ 反応で進行する．

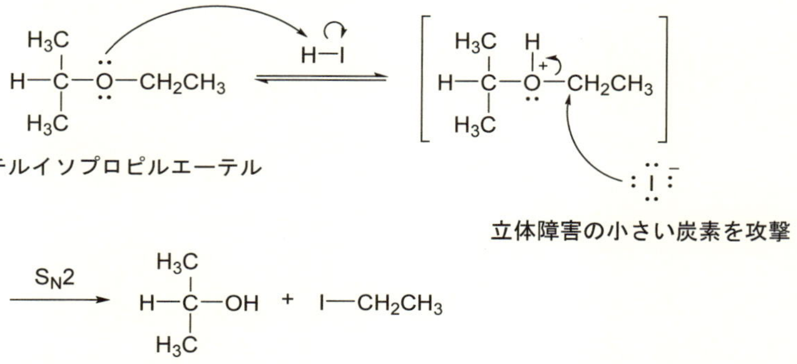

エチルイソプロピルエーテル

立体障害の小さい炭素を攻撃

$S_N2$

(ii)第三級アルキル，ベンジル，アリル基をもつエーテル：安定なカルボカチオンを与えるような炭素原子を含む基質では，炭素-酸素結合の切断による安定なカルボカチオン中間体の生成を経て，$S_N1$ 反応で進行する．このとき，E1 反応も競争して起こる．

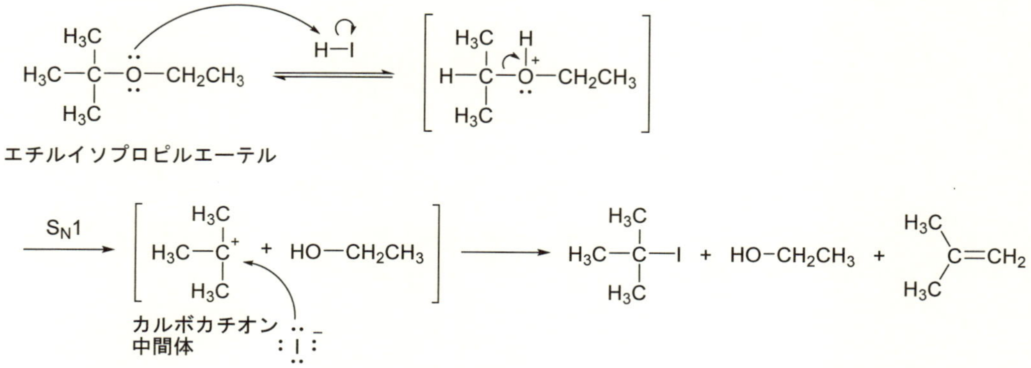

エチルイソプロピルエーテル

$S_N1$

カルボカチオン中間体

### 4.4.4 エポキシド

三員環の環状エーテルであるエポキシドは，$sp^3$ 混成でありながら三員環の結合角が 60° 近くに制約されることで生じる強い歪みのために，鎖状エーテルや THF のような歪みの少ない環状エーテルとは異なった独特の反応性を示す．

#### a. ハロヒドリンを用いたエポキシドの合成

水の存在下，アルケンに臭素またはヨウ素を反応させると，ハロヒドリンとよばれる 1,2-ハロアルコールが生成する（4.3.4b 参照）．この 1,2-ハロアルコールを塩基で処理すると，生成したアルコキシドがハロゲンの結合した炭素を分子内求核攻撃して，エポキシドを生成する．この反応は分子内ウイリアムソンエーテル合成といえる．

シクロヘキセン $\xrightarrow[H_2O]{Cl_2}$ *trans*-2-クロロシクロヘキサノール $\xrightarrow[H_2O]{NaOH}$ [アルコキシド $O^-Na^+$] $\xrightarrow{-\,NaCl}$ 1,2-エポキシシクロヘキサン

#### b. 過酸を用いたエポキシドの合成

アルケンを過酸（$RCO_3H$）で処理するとエポキシドが生成する．過酸としては比較的安定な *m*-クロロ過安息香酸（*m*-chloroperbenzoic acid）がよく使用される．反応はカルボニル基から遠い方の酸素原子を用いて，２つの炭素–酸素結合が同時に形成する１段階機構で進行する．そのためシンの立体化学で酸素原子がアルケンに付加する（発展編 5.4a 参照）．

シクロヘキセン ＋ *m*-クロロ過安息香酸 $\xrightarrow{CH_2Cl_2}$ 1,2-エポキシシクロヘキサン ＋ *m*-クロロ安息香酸

#### c. 酸によるエポキシドの開裂

エポキシドを薄めた酸性水溶液で処理すると開環する．このとき，エポキシドの酸素原子がプロトン化され，$H_2O$ が C－O 結合の背面から $S_N2$ 的に攻撃する．攻撃を受けた炭素の立体化学は反転するので，*trans*-1,2-ジオールが得られる．

1,2-エポキシシクロヘキサン $\underset{}{\overset{H_3O^+}{\rightleftharpoons}}$ [プロトン化エポキシド ＋ $:OH_2$ → オキソニウム中間体] $\xrightarrow{:OH_2}$ *trans*-1,2-ジオール

エポキシドの開環反応は $H_3O^+$ 以外の酸でも起こる．ハロゲン化水素を用いると，エポキシドをトランスのハロヒドリンへ変換することができる．

非対称エポキシドの場合，酸素原子が結合した炭素の級数によって開環の位置選択性が変化する．炭素原子がともに第一級または第二級であれば，反応は $S_N2$ 的に進行し，求核剤は置換基が少ない炭素を主に攻撃する．これに対して，炭素原子の一方が第三級であれば，反応は $S_N1$ 的に進行し，求核剤は第三級の炭素原子を主に攻撃する（図 4.22）．

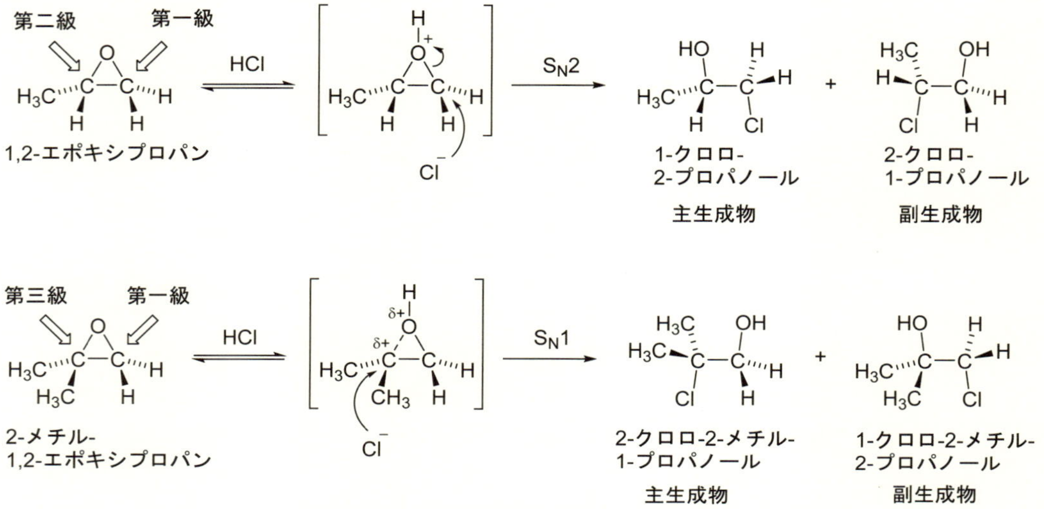

第二級　第一級
1,2-エポキシプロパン
HCl
$S_N2$
1-クロロ-2-プロパノール　主生成物
+
2-クロロ-1-プロパノール　副生成物

第三級　第一級
2-メチル-1,2-エポキシプロパン
HCl
$S_N1$
2-クロロ-2-メチル-1-プロパノール　主生成物
+
1-クロロ-2-メチル-2-プロパノール　副生成物

図 4.22　酸によるエポキシ開裂反応の構造による反応位置の相違

### d. 塩基によるエポキシドの開裂

エポキシドの開環反応は塩基性をもつ強い求核剤でも起こる．反応は $S_N2$ 反応の機構と同様に進行し，C(δ+)－O(δ−)に分極した炭素に求核剤 $Nu^-$ が求核攻撃を起こす．エポキシドが開環して歪みが解消されることが反応の駆動力である．

たとえば，塩基でもあるナトリウムエトキシドを用いると，エトキシドイオンが求核剤として C－O 結合の背面から $S_N2$ 的に攻撃し，ワルデン反転により立体が反転して生成物が得られる．$S_N2$ 反応なので反応部位の立体的混雑の影響を大きく受け，立体障害の小さい（置換基の少ない）炭素が求核攻撃を受けるので，酸性条件での開環反応とは位置選択性が異なる．

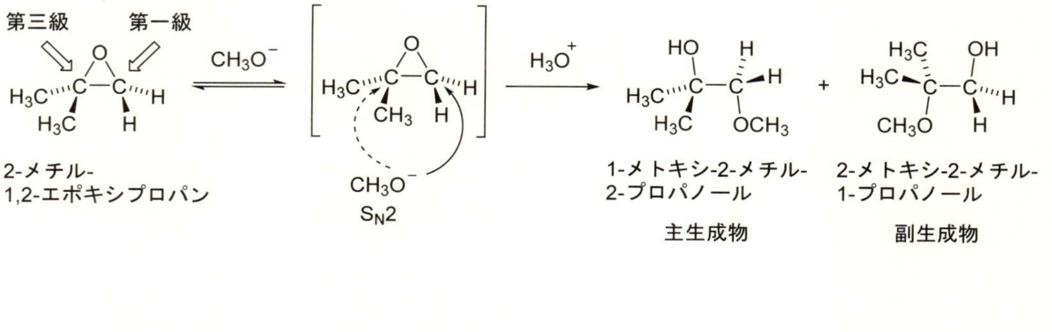

第三級　第一級
2-メチル-1,2-エポキシプロパン
$CH_3O^-$
$CH_3O^-$　$S_N2$
$H_3O^+$
1-メトキシ-2-メチル-2-プロパノール　主生成物
+
2-メトキシ-2-メチル-1-プロパノール　副生成物

## 4.5 芳香族化合物

石炭を熱分解して得られるコールタール中には，ベンゼンやその誘導体など独特の香りをもつ化合物が多く存在する．これらは**芳香族化合物**（aromatic compounds）とよばれ，化学工業における合成原料として重要である．

### 4.5.1 ベンゼンの性質

二重結合もつシクロヘキセンは臭素と付加反応を起こす．ベンゼンも3つの二重結合をもつが，臭素との付加反応を起こさない．

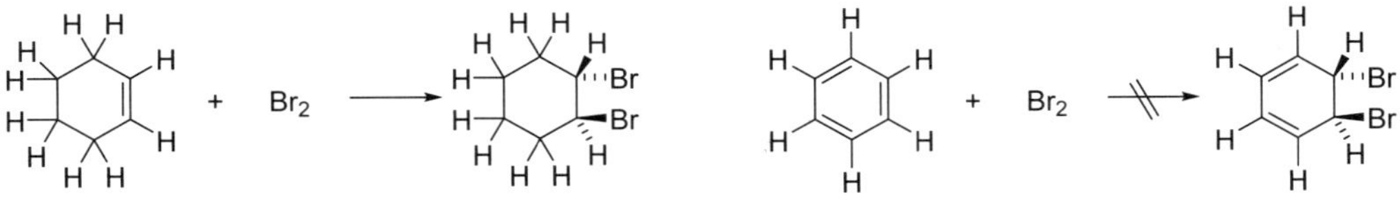

シクロヘキセン + $Br_2$ → (1,2-ジブロモシクロヘキサン)

ベンゼン + $Br_2$ ⇸ 付加反応は起こらない

また，ベンゼンがもつ6つの炭素-炭素結合の長さは，140 pmで等しく，一般的な炭素-炭素の二重結合（133 pm）より長く，単結合（154 pm）より短い．このようにベンゼンの二重結合は通常のアルケンの二重結合とは異なっている．ベンゼンは，3つの二重結合をもつ2つの極限構造式の間の共鳴で表せる．また電子が分子の炭素全体に非局在化した共鳴混成体で表すこともできる．これら共鳴により生じる安定化エネルギーを**共鳴安定化エネルギー**（resonance stabilization energy）という．この共鳴安定化のために，二重結合としての反応性が低い．

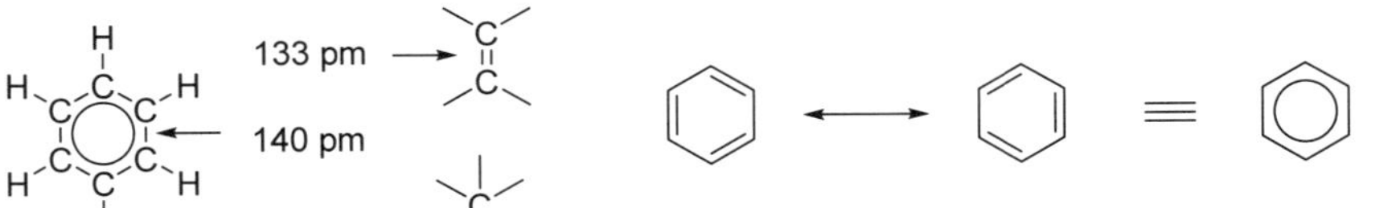

133 pm（C=C）　140 pm（ベンゼン）　154 pm（C–C）

共鳴混成体

水素化熱をもとにベンゼンの共鳴安定化エネルギーを見積もることができる（図4.23）．シクロヘキセンを水素化してシクロヘキサンにすると120 kJ $mol^{-1}$の水素化熱を生じる．シクロヘキサトリエンではその3倍の水素化熱（360 kJ $mol^{-1}$）を生じると予想される．ベンゼンからシクロヘキサンへの水素化熱は208 kJ $mol^{-1}$である．したがって，その差152 kJ $mol^{-1}$がおよその共鳴安定化エネルギーと計算できる．

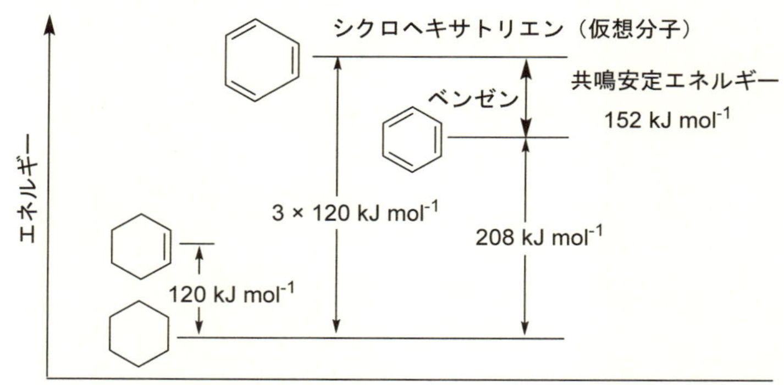


図 4.23　ベンゼンの共鳴安定エネルギーの計算

### 4.5.2 ヒュッケル則

ベンゼンの誘導体などだけでなく酸素や窒素など他の原子を含む化合物においても，ヒュッケルが提案した以下の４つの条件をすべて満たす化合物を芳香族化合物といい，分子が安定化される性質を**芳香族性**（aromaticity）という．

ヒュッケル（Hückel）則

①環状化合物である

②その環状部分が平面構造をとる

③その環状部分の各原子上に平面と直交する p 軌道をもち，隣接する p 軌道が連続して重なり合っている（**完全共役**（fully conjugated）という）

④その環状部分の $\pi$ 電子の数が $4n+2$ 個である

芳香族化合物の例としてベンゼン，トルエン，フェノール，アニリン，ナフタレン，ピリジン，フラン，ピロールなどが挙げられる．

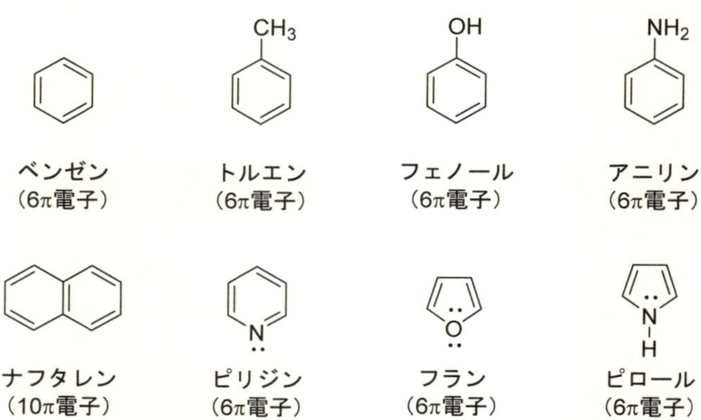


アルケンや共役ジエンなどの不飽和化合物で起こる付加反応とは異なり，芳香族化合物ではエネルギー的に有利な芳香族性を維持するため，芳香環上での置換反応が主に起こる．

### 4.5.3 芳香族求電子置換反応

芳香族化合物の反応の特徴として，求電子剤が芳香環上の水素原子と置換する**芳香族求電子置換反応**（aromatic electrophilic substitution）が挙げられる．求電子剤の付加と水素の脱離の２段階で表される付加–脱離過程を含んだ置換反応である．

#### a. ニトロ化

濃硝酸と濃硫酸との混合物を芳香族化合物と反応させると，芳香環がニトロ化される．硝酸が強酸である硫酸によってプロトン化され，水が脱離することにより，ニトロニウムイオン（$NO_2^+$）が生成する．

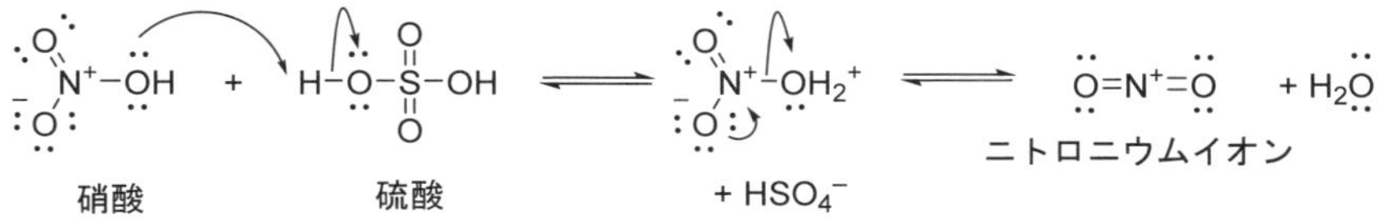

硝酸　硫酸　$+ HSO_4^-$　ニトロニウムイオン　$+ H_2O$

これが芳香環の $\pi$ 結合と反応して付加反応が起こる．この際，芳香族性は一度失われるが，カルボカチオン中間体は３つの共鳴構造で表すことができるため比較的安定である．その後，$HSO_4^-$が塩基として働き，プロトンを引き抜くことで，芳香族性が再生しニトロ化体を与える．この反応はニトロニウムイオンの生成が律速段階となる．

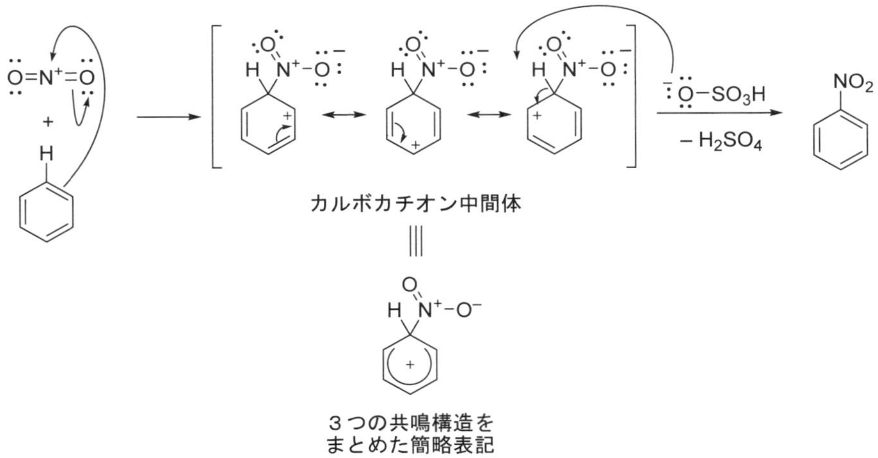

$-O-SO_3H$　$-H_2SO_4$　$NO_2$

カルボカチオン中間体

３つの共鳴構造をまとめた簡略表記

#### b. スルホン化

濃硫酸もしくは発煙硫酸（$H_2SO_4 + SO_3$）を反応させると，芳香環がスルホン化される．求電子剤となるスルホニウムイオン（$HSO_3^+$）は，前者の場合，硫酸２分子から水１分子が取れることで，また後者の場合は $SO_3$ がプロトン化されることで生成する．

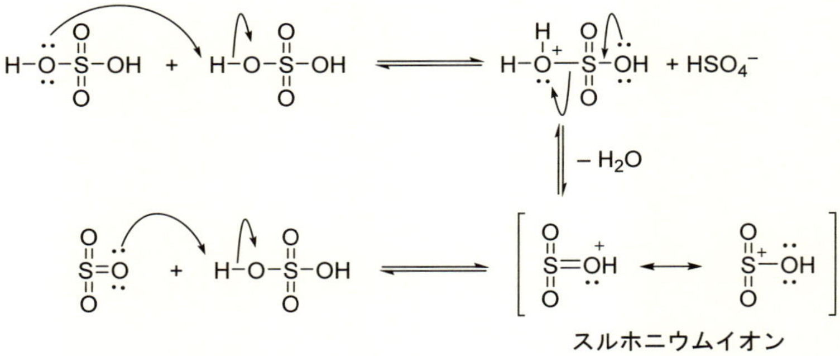

スルホニウムイオン

スルホニウムイオンが芳香環に付加し，ニトロ化と同様に一度芳香族性が失われ，カルボカチオン中間体が形成される．その後，$HSO_4^-$が塩基として働き，脱プロトン化により，芳香族性が再生しスルホン化体を与える．

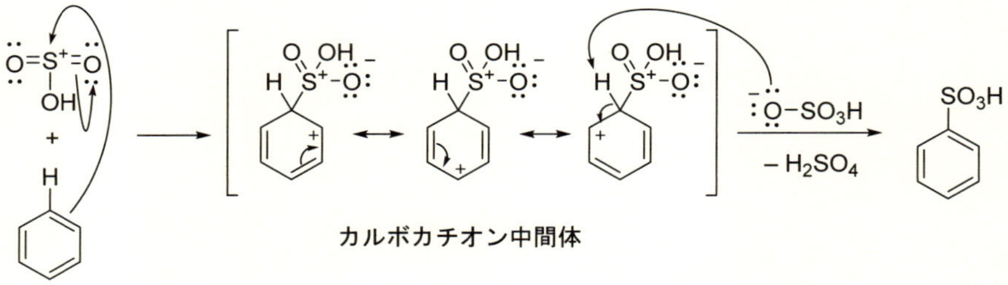

カルボカチオン中間体

他の芳香族求電子置換反応と異なり，スルホン化は可逆反応であり，ベンゼンスルホン酸を希薄酸水溶液中で加熱すると，脱スルホン化が進行し，ベンゼンが生成する．

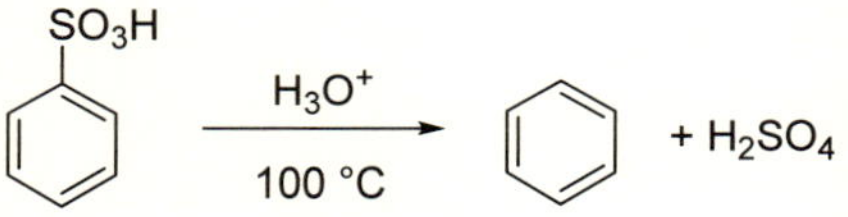

### c. ハロゲン化

通常ベンゼンと臭素を混ぜただけでは反応は起こらない．**ルイス酸**（Lewis acid）（発展編 6.2 参照）として臭化鉄（$FeBr_3$）を用いて臭素を反応させると，芳香環が臭素化される．臭素分子の非共有電子対をルイス酸である臭化鉄が受け取ることにより臭素–臭素結合が活性化される．活性化された臭素分子から $Br^+$ が求電子剤として芳香環に付加し，カルボカチオン中間体を形成する．その後，$FeBr_4^-$ が塩基として働き，プロトンを引き抜くことにより，芳香族性が再生し臭素化体を与える．

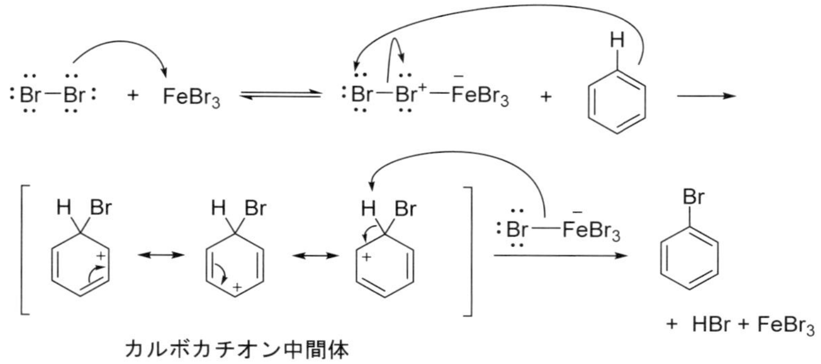

カルボカチオン中間体

+ HBr + $FeBr_3$

また，ルイス酸として塩化鉄（$FeCl_3$）を用いて塩素を反応させると，臭素化と同様の反応機構で芳香環が塩素化される．

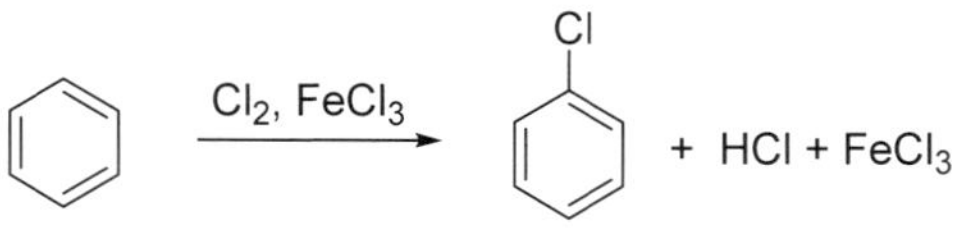

$Cl_2$, $FeCl_3$

+ HCl + $FeCl_3$

### 4.5.4 フリーデル-クラフツ アルキル化とアシル化

求電子置換反応により，芳香環に炭素–炭素結合を形成できるフリーデル-クラフツ反応は，合成反応として価値の高いものである．この反応には，アルキル化とアシル化の２種類があるが，それらの相違点を理解することが大切である．

#### a. フリーデル-クラフツ アルキル化

ルイス酸として塩化アルミニウム（$AlCl_3$）を用いてハロゲン化アルキルを芳香族化合物と反応させると，芳香環がアルキル化される．この反応は**フリーデル-クラフツ アルキル化**（Friedel-Crafts alkylation）とよばれる．

ハロゲン化アルキルとして 2-クロロプロパンを用いると塩化アルミニウムがルイス酸として塩素の非共有電子対と反応してアルキルカルボカチオンが生成す

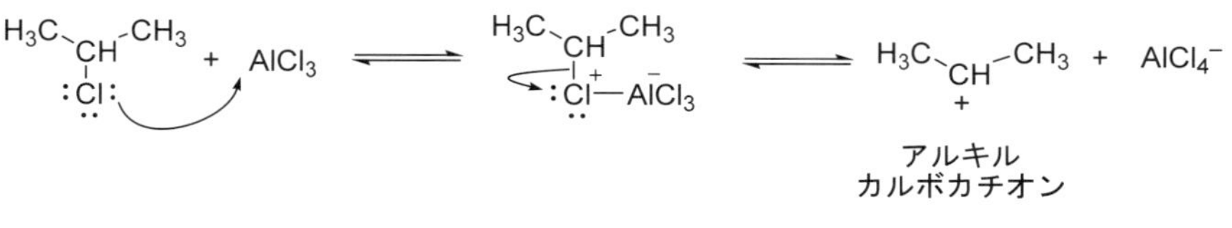

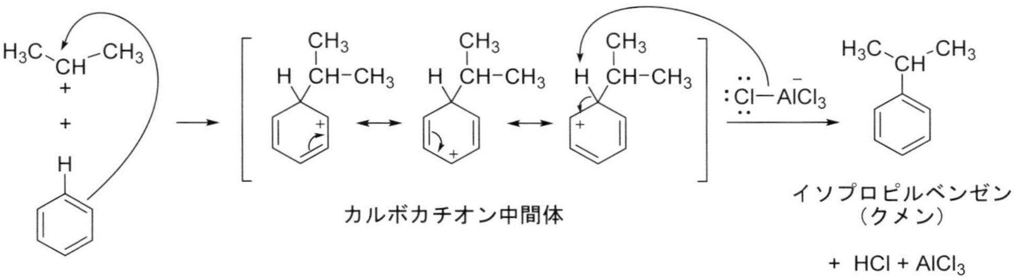

アルキル
カルボカチオン

カルボカチオン中間体

イソプロピルベンゼン
（クメン）

+ HCl + $AlCl_3$

る．第二級および第三級のハロゲン化アルキルの場合は，このようにアルキルカルボカチオンが中間体として生成する．

これが求電子剤となり芳香環に付加してカルボカチオン中間体を形成する．その後，$AlCl_4^-$が塩基として働き，プロトンを引き抜くことで，芳香族性が再生しイソプロピルベンゼンを与える．この化合物はクメンともよばれる．このとき，塩化水素の発生とともに，塩化アルミニウムが再生するため触媒量で反応が進行する．

第一級ハロゲン化アルキルやハロゲン化メチルではカルボカチオンは生成せず，アルキルカルボカチオンのアルミニウム錯体が生成し，これが求電子剤として反応する．

また，ベンゼンと 1-クロロプロパンを反応させるとプロピルベンゼンは 45% しか生成せず，主生成物（55%）はイソプロピルベンゼンとなる．この理由は，1-クロロプロパンのアルミニウム錯体から，1,2-水素移動が起こり，より安定なカルボカチオンが生成する．これによってフリーデル-クラフツ アルキル化が進行するからである（図 4.24）．

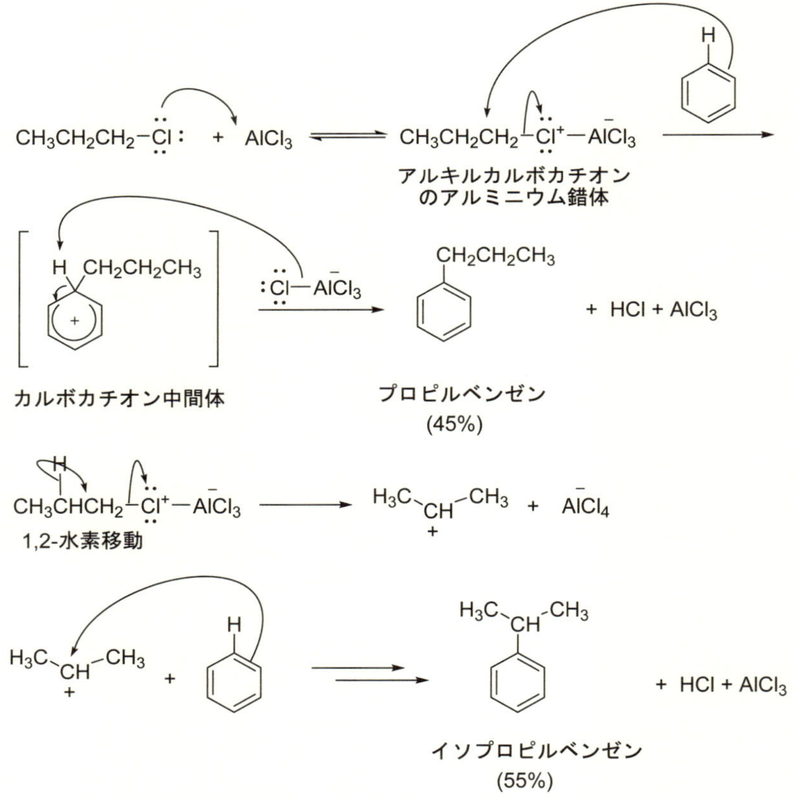


図 4.24 水素移動を伴うフリーデル - クラフツ アルキル化反応

また，アルキル基は電子供与基であるため，生成物のアルキルベンゼンの方がベンゼンよりも求電子剤に対する反応性が高い．このためアルキル化が複数回起こり，多置換ベンゼンが生成してしまう．

### b. フリーデル-クラフツ アシル化

塩化アルミニウムを酸塩化物や酸無水物と反応させると，酸塩化物の塩素や酸無水物の酸素の非共有電子対がルイス酸である塩化アルミニウムと反応し，アシリウムイオンが生成する．これが求電子剤となり芳香環がアシル化される．この反応は**フリーデル-クラフツ アシル化**（Friedel-Crafts acylation）とよばれる．

塩化アセチルを用いたアシル化ではアセトフェノンが生成するが，塩化アルミニウムがそのカルボニル基に配位した錯体を形成する．したがって，塩化アルミニウムは再生されないため等量以上必要となる．この錯体は反応終了後，加水分解されてアセトフェノンを与える．また，電子求引基であるアシル基は求電子反応に対してベンゼン環を不活性化するので，多重アシル化は起こりにくい．

$H_3C-C(=O)-Cl + AlCl_3 \rightleftharpoons H_3C-C(=O)-Cl^+-\overset{-}{Al}Cl_3$

塩化アセチル

$\rightleftharpoons [H_3C-C\equiv O^+ \longleftrightarrow H_3C-C^+=O] + \overset{-}{Al}Cl_4$

アシリウムイオン

$H_3C-C\equiv O^+$ + ベンゼン → [カルボカチオン中間体] $\xrightarrow{:Cl-\overset{-}{Al}Cl_3}$ アセトフェノン + $HCl + AlCl_3$

カルボカチオン中間体

アセトフェノン

アセトフェノン + $AlCl_3 \rightleftharpoons$ $C_6H_5C(CH_3)=O^+-\overset{-}{Al}Cl_3$ $\xrightarrow{H_2O}$ アセトフェノン + $Al(OH)_3 + 3HCl$

### 4.5.5 アシル化反応を経由したアルキルベンゼンの合成

フリーデル-クラフツ アルキル化では，求電子剤であるアルキルカルボカチオンの転位や生成物の多重アルキル化の欠点があることを述べた．その改善法としてアシル化反応を経由してアルキル基に変換する還元法がある．塩基性条件で行う**ウォルフ-キシュナー還元**（Wolf-Kishner reduction）と酸性条件で行う**クレメンゼン還元**（Clemmensen reduction）が用いられる（発展編 5.5.3 参照）．基質の酸性・塩基性条件に対する安定性に応じてそれぞれ選択される．

ウォルフ–キシュナー還元
$H_2NNH_2$, NaOH
クレメンゼン還元
Zn(Hg), HCl
フリーデル–クラフツ アシル化反応

### 4.5.6 芳香族求電子置換反応の配向性

#### a. オルト-パラ配向とメタ配向

ベンゼンの誘導体は置換基の位置を番号で表し，二置換ベンゼンは，1,2-置換体, 1,3-置換体, 1,4-置換体の３つの構造異性体がある．これらはオルト（*o*-）体，メタ（*m*-）体，パラ（*p*-）体ともよばれる．たとえば，ベンゼンに２つメチル基が結合したキシレンは，それぞれ*o*-キシレン，*m*-キシレン，*p*-キシレンとよばれる．

*o*-キシレン　*m*-キシレン　*p*-キシレン

一置換ベンゼンの求電子置換反応を行うと，生成する二置換ベンゼンとしては*o*-体，*m*-体，*p*-体の３つの異性体の生成が可能である．実際には，ある異性体が優先して得られる場合が多い．一置換ベンセンの置換基の性質によって，反応の位置および反応速度が決まる．反応位置や反応速度の違いは，置換基の電子供与性・求引性に由来する．

*o*-体　*m*-体　*p*-体

一置換ベンゼンの置換基（X）が $-NH_2$, $-OH$, $-OCH_3$, $-NHCOCH_3$, $-CH_3$, $-C_6H_5$, ハロゲンなどの場合，*o*-体および*p*-体の二置換ベンゼンが*m*-体よりも優先する．このような傾向を**オルト-パラ配向性**(ortho-para orientation)という．

一方，置換基が $-CHO$, $-COOR$, $-COOH$, $-COR$, $-SO_3H$, $-CN$, $-NO_2$, $-N^+R_3$ などの場合，*m*-体の二置換ベンゼンが*o*-体および*p*-体よりも優先する．このような傾向を**メタ配向性**（meta orientation）という．

オルト-パラ配向性　　　　　　　　　　メタ配向性

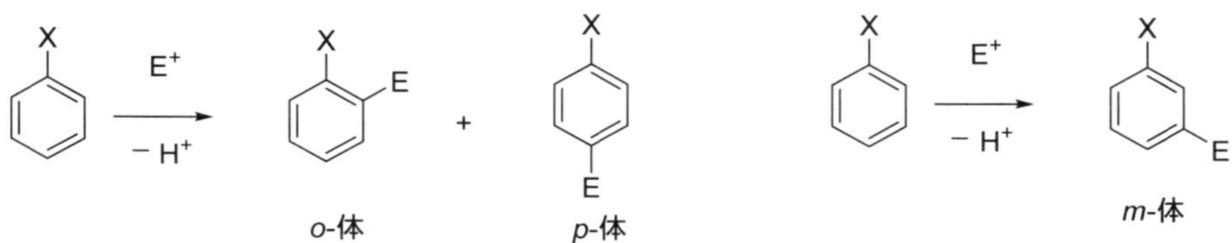


### b. 活性化基と不活性化基

芳香族求電子置換反応の反応性は図 4.25 のように分類される.

反応性（↑）

強い活性化基 $-NH_2$, $-OH$, $-OCH_3$, $-NHCOCH_3$ （オルト-パラ配向性）

弱い活性化基 $-CH_3$, $-C_6H_5$ （オルト-パラ配向性）

$-H$（ベンゼン：基準）

弱い不活性化基 $-F$, $-Cl$, $-Br$, $-I$ （オルト-パラ配向性）

強い不活性化基 $-CHO$, $-COOR$, $-COOH$, $-COR$, $-SO_3H$, $-CN$, $-NO_2$, $-N^+R_3$ （メタ配向性）

図 4.25 芳香族求電子置換反応に及ぼす置換基の効果

活性化基は**電子供与性**（electron donating）置換基であり，反応を促進させるとともに求電子置換反応のカルボカチオン中間体を安定化する．一方，不活性化基は**電子求引性**（electron withdrawing）置換基であるため，反応の進行が遅くなるとともに，カルボカチオン中間体を不安定化する．この場合，置換基が電子供与性であるか，電子求引性であるかは，その置換基の芳香環に対する誘起効果と共鳴効果にもとづいて考える．

誘起効果とは，置換基がベンゼン環に対して $\sigma$ 結合を通して電子を供与または求引する効果である（基礎編 2.3.3a 参照）．電子求引性基（$-COR$, $-SO_3H$, $-CN$, $-NO_2$, ハロゲン基）は置換基の方に電子を引き付けるので，芳香環は電子不足となり求電子攻撃に対して芳香環を不活性化する．一方，アルキル基はベンゼン環へ電子を供与するので，芳香環は電子豊富となりベンゼン環は活性化される．

共鳴効果とは，置換基とベンゼン環との $\pi$ 結合を介した共鳴構造の存在により電子が供与・求引される効果である（基礎編 2.3.3b 参照）．$-COR$, $-CN$, $-NO_2$ などは，置換基に電子が流れ込むため電子求引性であり，ベンゼン環を不活性化する．

電子求引性基の共鳴効果

一方，$-NH_2$，$-OH$，$-OCH_3$ は，ヘテロ原子上の非共有電子対がベンゼン環へ流れ込む共鳴構造をとることから電子供与性である．さらに求電子剤と反応した際に生成するカルボカチオン中間体が安定化される．この２つの効果により，反応が活性化される．

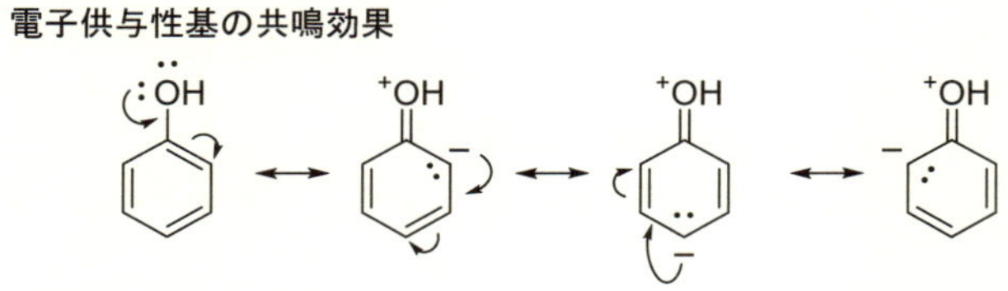

電子供与性基の共鳴効果

### c. フェノールの芳香族求電子置換反応

フェノールはヒドロキシ基の電子供与性により求電子置換反応に対して活性化されており，ベンゼンよりも反応が速い．フェノールのニトロ化では求電子剤であるニトロニウムイオンが付加したカルボカチオン中間体の共鳴構造は図 4.26 のようになる．

*o*-位および *p*-位がニトロ化されたカルボカチオン中間体はヒドロキシ基の酸素原子の非共有電子対がベンゼン環に流れ込んで安定化する共鳴構造が存在する．このような寄与がない *m*-体よりも優先的に得られ，オルト-パラ配向性となる．

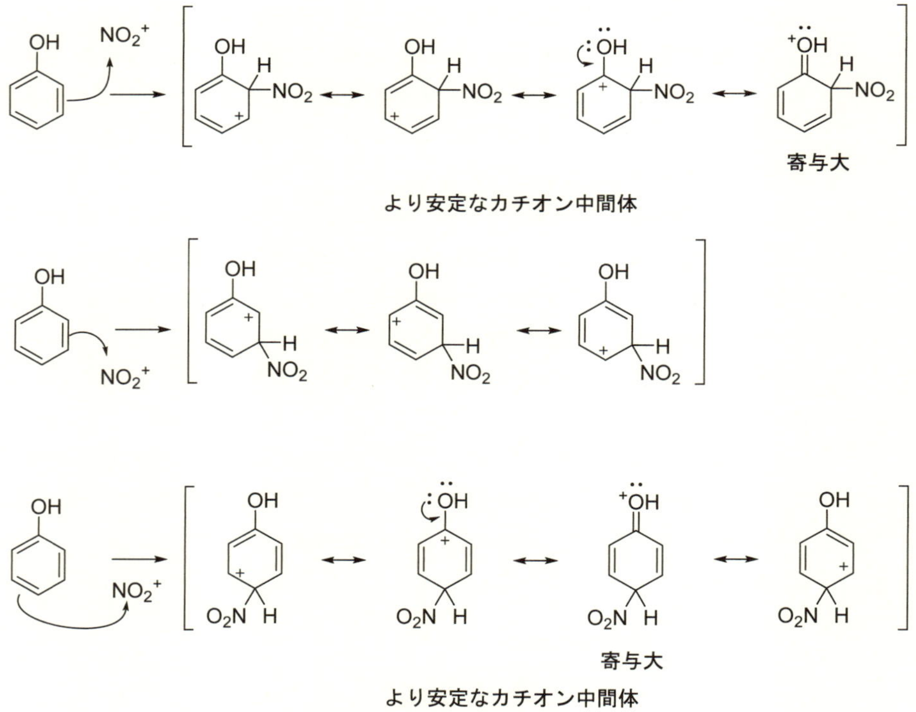

寄与大

より安定なカチオン中間体

寄与大

より安定なカチオン中間体

図 4.26　フェノールのニトロ化反応におけるカルボカチオン中間体の安定性

### d.　アルキルベンゼンの芳香族求電子置換反応

トルエンなどのアルキルベンゼンも，その電子供与性誘起効果により，ベンゼンよりも反応が加速される．たとえばトルエンのニトロ化において，*o*-位および *p*-位がニトロ化されたカルボカチオン中間体はメチル基が結合する環の炭素に正電荷が存在する共鳴構造が存在する．この構造は第三級カルボカチオンであり，メチル基の C−H 結合の σ 結合の電子が空の p 軌道に流れ込む超共役により正電荷を安定化する（図 4.27）．一方，*m*-位のカルボカチオン中間体には，このような寄与がない．よってオルト-パラ配向性をとる．

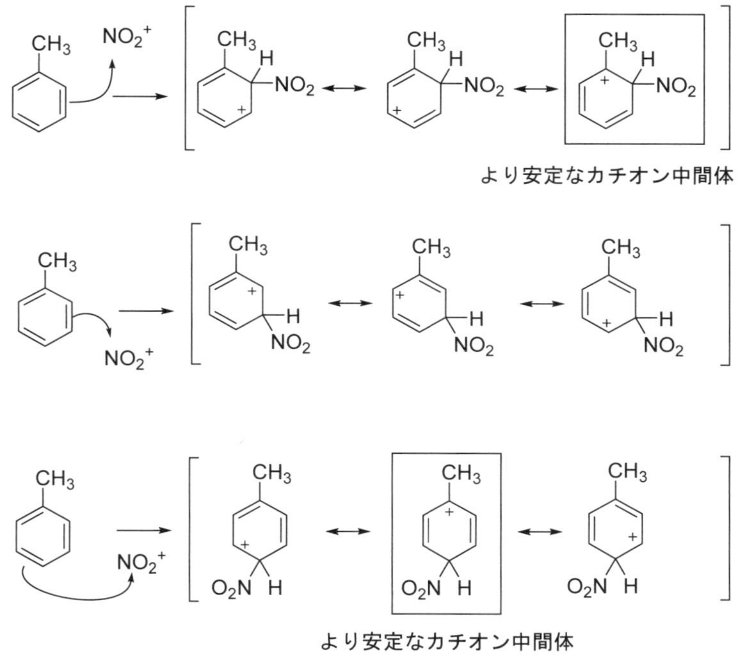

より安定なカチオン中間体

より安定なカチオン中間体

図 4.27　トルエンのニトロ化反応におけるカルボカチオン中間体の安定性

### e.　安息香酸の芳香族求電子置換反応

安息香酸のニトロ化では，電子求引性のカルボキシ基による誘起効果のためカルボカチオン中間体は不安定化され，ベンゼンよりも反応の進行は遅くなる．ニトロニウムイオン（$NO_2^+$）が攻撃して生成するカルボカチオン中間体の共鳴構造は図 4.28 のようになる．*m*-体のカルボカチオン中間体は，不活性化基の存在により不安定化され，反応の進行は遅くなる．これは *o*-位および *p*-位で攻撃が起こった場合も同様であるが，カルボニル炭素の δ+ と芳香環のカルボカチオン中間体の正電荷が隣り合う極限構造は静電反発が生じる不安定な構造となる．したがって，このような不安定化の程度が小さい *m*-体が消去法的に得られ，メタ配向性となる．

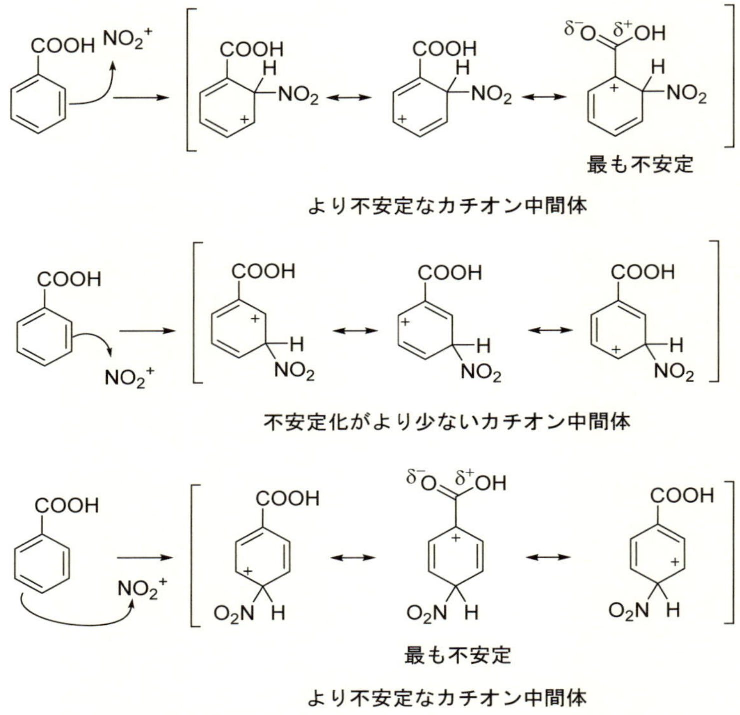

最も不安定

より不安定なカチオン中間体

不安定化がより少ないカチオン中間体

最も不安定

より不安定なカチオン中間体

図 4.28　安息香酸のニトロ化反応におけるカルボカチオン中間体の安定性

### f. ハロゲン化ベンゼンの芳香族求電子置換反応

ハロゲン化ベンゼンでは，電気陰性度の大きなハロゲンの電子求引性誘起効果により，反応はベンゼンよりも遅くなるが，オルト-パラ配向性となる．

たとえばクロロベンゼンのニトロ化は，塩素の非共有電子対が芳香環に流れ込む共鳴効果による安定構造が存在する（図 4.29）．このような寄与がない $m$-体よりも $o$-体および $p$-体が優先する．ハロゲン化ベンゼンは，誘起効果による電子求引性が強いため，反応はベンゼンよりも遅くなるが，共鳴効果によってオルト-パラ配向性を示す．

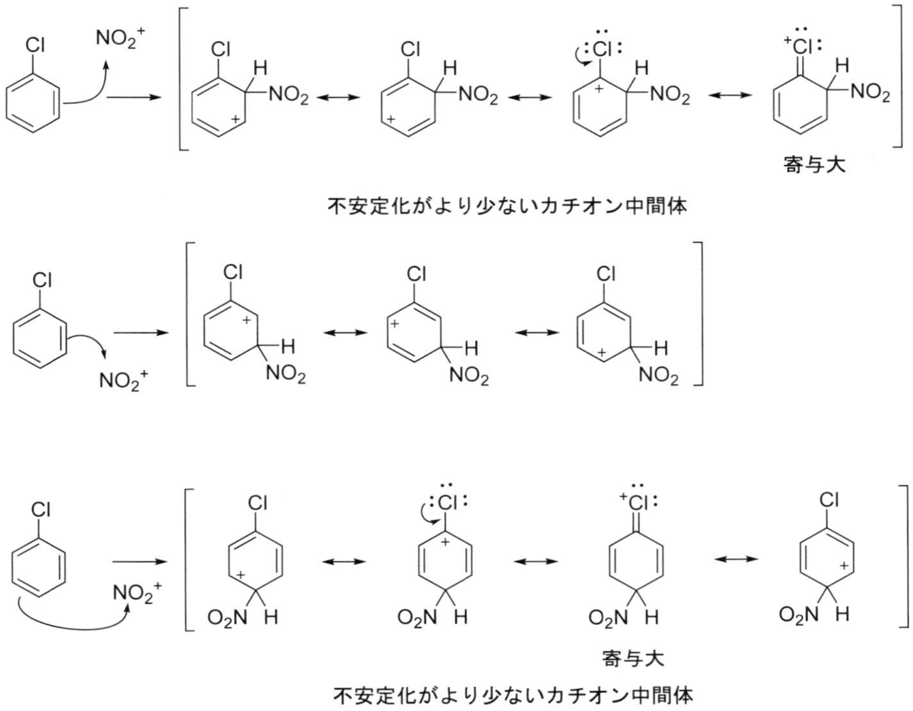

寄与大

不安定化がより少ないカチオン中間体

寄与大

不安定化がより少ないカチオン中間体

図 4.29 クロロベンゼンのニトロ化反応におけるカルボカチオン中間体の安定性

### 4.5.7 芳香族求核置換反応

芳香族化合物は $\pi$ 電子の存在によって電子豊富であるため，一般に求核置換反応は進行しない．しかし，芳香環に電子求引性の高い置換基（$-$F や $-NO_2$）が存在する場合，置換基が結合している炭素原子の $\delta+$ 性が増し，求核剤の付加が起こりやすくなると同時に，付加により生じるアニオン中間体も安定化される．さらに，その置換基が脱離することで芳香族性を再生して生成物を与える．求核剤の付加-脱離による置換反応を**芳香族求核置換反応**（aromatic nucleophilic substitution）という．

この反応は**求核付加**（nucleophilic addition）が律速段階である．*o*-位や *p*-位にニトロ基，シアノ基，カルボニル基などの電子求引性基があると生成するアニオン中間体が共鳴効果により安定化されるので，反応は進行しやすくなる．また，脱離基としては，電気陰性度の大きいフッ素がアニオン中間体を安定化するので反応性が高い．

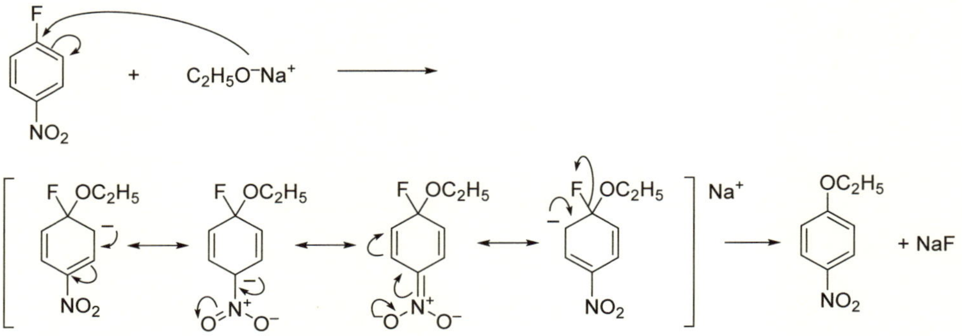

### 4.5.8 塩化ベンゼンジアゾニウム

#### a. 塩化ベンゼンジアゾニウムの生成

塩化ベンゼンジアゾニウム（$C_6H_5N_2^+$）は色素や染料になるアゾ化合物を合成する際に欠かせない化合物である．アルカンの**ジアゾニウム塩**（diazonium salt）はきわめて不安定であるが，ベンゼンジアゾニウム塩は，アゾ基とベンゼン環との共鳴により比較的安定である．

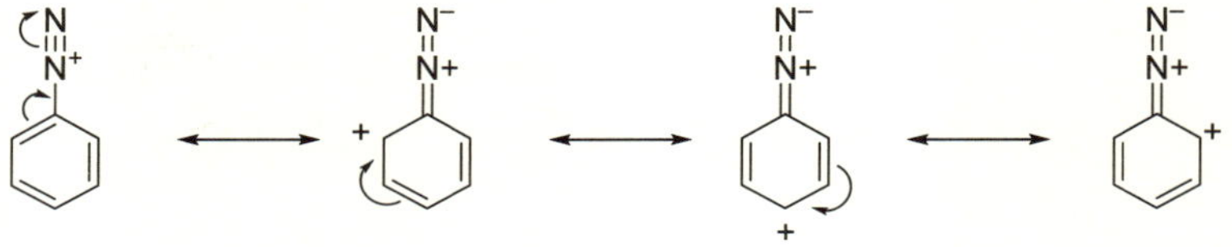

塩化ベンゼンジアゾニウムが生成する反応は次のように進行する．亜硝酸ナトリウムと塩酸から生成した亜硝酸がプロトン化される．これと平衡関係にあるニトロソニウムイオンがアニリンと反応して，中間体として*N*-ニトロソアミン中間体が生成する．さらに水分子が脱離することにより，塩化ベンゼンジアゾニウムが生成する．この化合物は氷冷下では比較的安定である．

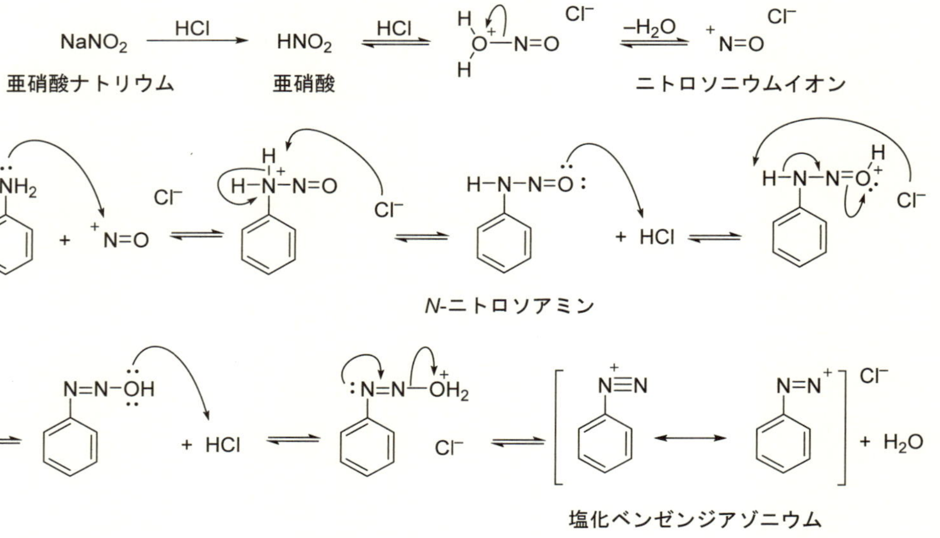

$$NaNO_2 \xrightarrow{HCl} HNO_2 \underset{}{\overset{HCl}{\rightleftharpoons}} H_2O^+{-}N{=}O\ Cl^- \underset{}{\overset{-H_2O}{\rightleftharpoons}} {}^+N{=}O\ Cl^-$$

亜硝酸ナトリウム　亜硝酸　ニトロソニウムイオン

*N*-ニトロソアミン

塩化ベンゼンジアゾニウム

### b. ジアゾカップリング

塩化ベンゼンジアゾニウムなどの芳香族ジアゾニウム塩が電子豊富な芳香族化合物に対して求電子置換反応を行うと，アゾ化合物が生成する．このような反応を**ジアゾカップリング**（diazo coupling）もしくは**アゾカップリング**（azo coupling）という．

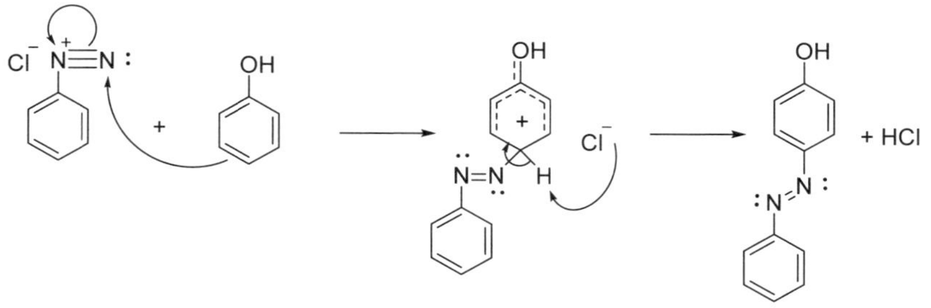

p-ヒドロキシアゾベンゼン
（黄色）

アゾ化合物は色素や染料になるものが多く，アゾ基は重要な**発色団**（chromophore）である．この反応により酸塩基指示薬（pH 指示薬）であるメチルレッドやメチルオレンジなどが合成できる．

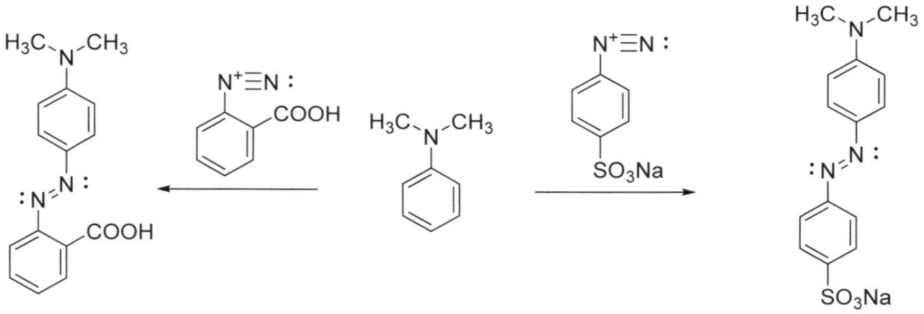

メチルレッド

メチルオレンジ

### c. 塩化ベンゼンジアゾニウムの反応

塩化ベンゼンジアゾニウムなどの芳香族ジアゾニウム塩の水溶液を加熱すると，窒素ガスの発生とともにカチオンが生じ，水が求核反応することでフェノール類が生成する．ベンゼン環と置換基との結合の背面はベンゼン環自身によって塞がれているため，$S_N2$ 的な反応は起こらない．

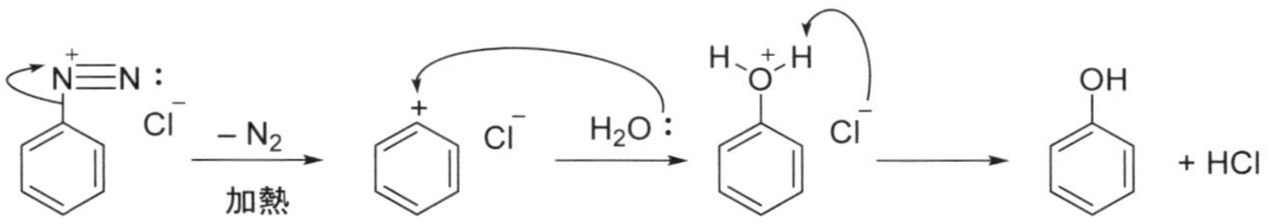

$-N_2$
加熱

その他，次亜リン酸 ($H_3PO_2$) やヨウ化カリウム (KI) を反応させると，窒素ガスの発生とともに水素やヨウ素に置換した生成物が得られる．芳香族ジアゾニウム塩に銅(I)塩である CuCl，CuBr，CuCN を反応させると，対応する塩化物，臭化物，シアン化物が得られる．この銅(I)塩を用いた反応を**ザンドマイヤー反応** (Sandmeyer reaction) という．

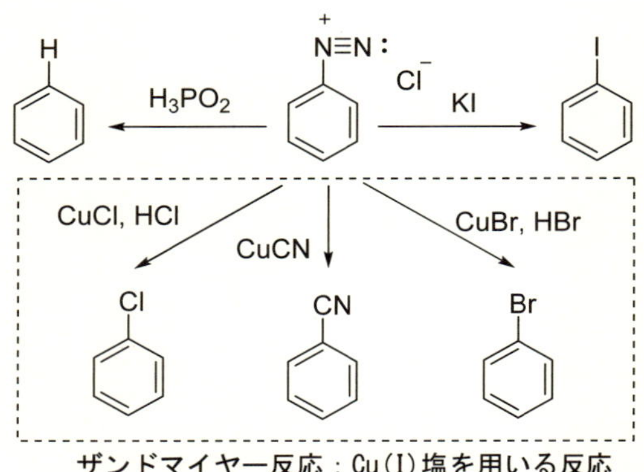


### 4.5.9 フェノールの合成と反応

フェノールは，アニリンから塩化ベンゼンジアゾニウムを経て合成することができる (4.5.8c 参照)．ここでは，さらに工業的に重要なフェノールに関する反応を取り上げる．

#### a. クメン法

ベンゼンとプロペンを酸の存在下で反応させると，プロペンがプロトン化されアルキルカルボカチオンが生成する．これがベンゼンと求電子置換反応し，クメンが生成する．

$H_3C-CH=CH_2$ ⇌ ($H^+$) $H_3C-\overset{+}{C}H-CH_3$ → (ベンゼン) クメン + $H^+$

プロペン　　アルキルカルボカチオン　　クメン

次にクメンを炭酸ナトリウム存在下，空気中で酸素酸化するとクメンヒドロペルオキシドが生成する．さらに硫酸を作用させると 1,2-転位を伴って，フェノールとアセトンが生成する (発展編 5.10c 参照)．本反応によるフェノールの合成は**クメン法** (cumene process) とよばれる．

クメン →($O_2$, $Na_2CO_3$)→ クメンヒドロペルオキシド →($H_2SO_4$)→ フェノール (OH) + アセトン ($H_3C-CO-CH_3$)

クメンヒドロペルオキシド　　アセトン

### b. 芳香族スルホン酸のアルカリ融解法

ベンゼンスルホン酸のナトリウム塩を300℃の高温条件で，水酸化ナトリウムと溶融させながら反応させると，フェノールのナトリウム塩であるナトリウムフェノキシドが得られる．このようなフェノールの合成法をベンゼンスルホン酸のアルカリ融解法という．

ベンゼンスルホン酸ナトリウム →(NaOH, 300 °C) ナトリウムフェノキシド →($H^+$) フェノール

### c. コルベ-シュミット反応

加圧条件下，二酸化炭素とナトリウムフェノキシドとを反応させると，サリチル酸ナトリウムが得られる．この反応を**コルベ-シュミット反応**（Kolbe-Schmitt reaction）という．サリチル酸から医薬品のサリチル酸メチルやアスピリンが製造される．

ナトリウムフェノキシド ＋ O=C=O → サリチル酸ナトリウム

サリチル酸メチル　消炎鎮痛剤

アセチルサリチル酸（アスピリン）　鎮痛・解熱剤

### d. ビスフェノールAおよびフェノールフタレインの合成

ビスフェノールAは，エポキシ樹脂やポリカーボネートの原料となる．酸性条件下，アセトンとフェノール2分子から合成される．

アセトン ＋ 2 フェノール →($H^+$) ビスフェノールA

酸塩基指示薬（pH指示薬）であるフェノールフタレインは，無水フタル酸と2分子のフェノールとを反応させることで得られる．

無水フタル酸 ＋ 2 フェノール →($H^+$) 無色 ⇄($^-OH$ / $H^+$) 赤色

フェノールフタレイン

## 4.6　カルボニル化合物（アルデヒド・ケトン）

炭素–酸素の二重結合（C=O）をもつ基は**カルボニル基**（carbonyl group）とよばれ，**アルデヒド**（aldehyde）や**ケトン**（ketone）のようにカルボニル基をもつ化合物をカルボニル化合物という．カルボニル化合物はホルムアルデヒドやアセトンのような工業的に重要な化合物や日常の化成品から天然物まで幅広く存在する．

### 4.6.1　カルボニル化合物の性質

カルボニル基の二重結合（C=O）は，アルケンの炭素–炭素二重結合（C=C）と大きく異なった反応性を示す．酸素原子は炭素原子より電気陰性度が大きいため，酸素は $\delta-$ に，炭素は $\delta+$ に分極している．

カルボニル化合物の反応は次の２つに大別することができる．

①正電荷をもつカルボニル炭素への求核付加反応（4.6.2）．

②酸性度の高い $\alpha$ 水素の引き抜きで生じるカルボアニオンの反応（4.6.3）．

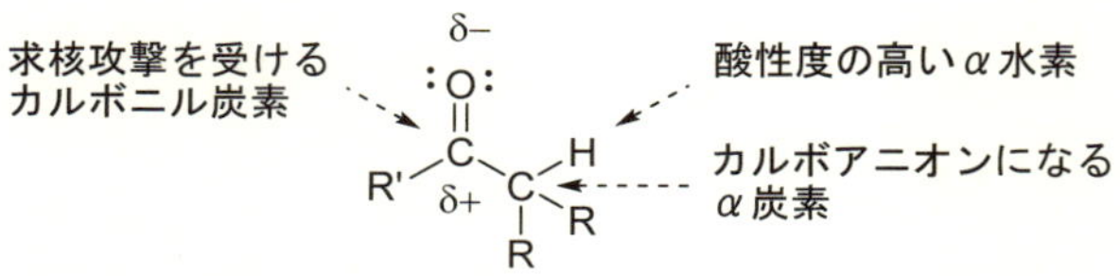

求核攻撃を受ける
カルボニル炭素
δ−
δ+
酸性度の高い $\alpha$ 水素
カルボアニオンになる
$\alpha$ 炭素

### 4.6.2　カルボニルの炭素での反応：求核付加反応

カルボニル基への求核付加反応の反応様式は，求核剤の種類により２つに分けられる．

アニオン性求核剤（$Nu^-$）などの求核性の高い求核剤は，カルボニル炭素へ求核付加してアルコキシドイオンを与える．このとき炭素および酸素原子は $sp^2$ 混成から $sp^3$ 混成に変化する．アルコキシドイオンにプロトンが付加してアルコールが生成する．求核剤としては，水酸化物イオン（$OH^-$），アルコキシドイオン（$RO^-$），シアン化物イオン（$^-CN$），ヒドリドイオン（$H^-$）などが挙げられる．

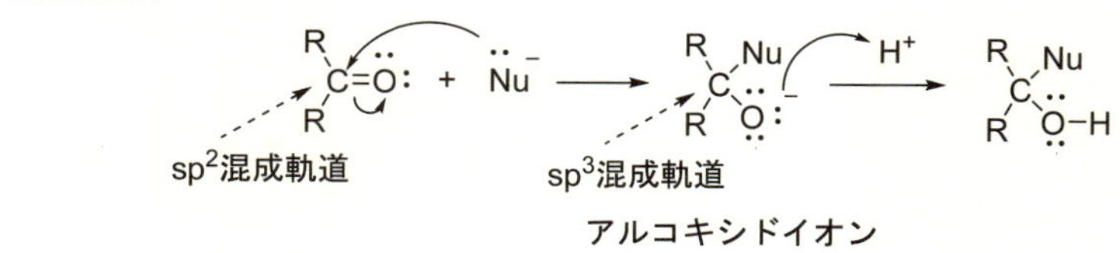

塩基性条件
$sp^2$混成軌道
$sp^3$混成軌道
アルコキシドイオン

一方，求核性の低い中性分子との反応の場合，酸触媒によるカルボニル基の活性化が必要となる．プロトンがカルボニル基に付加したオキソニウム中間体またはその共鳴構造のカルボカチオン中間体へ求核剤が付加する（２つの共鳴構造のいずれのカルボニル炭素に向けて矢印を書いてもよい）．求核剤としては，水（$H_2O$），アルコール（ROH），アミン（$H_2NR$）などが挙げられる．

酸性条件

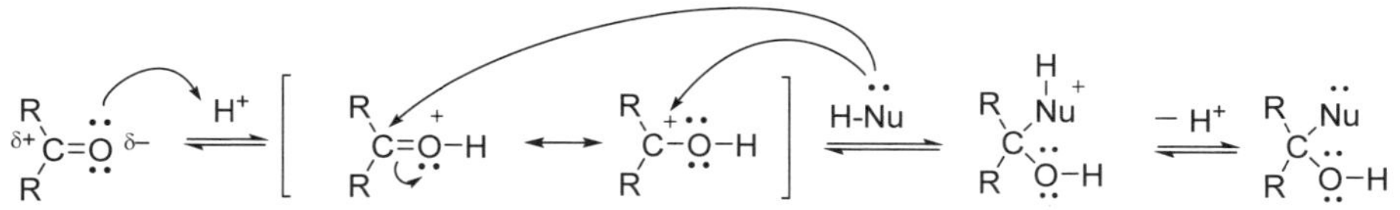

求核付加反応に対するカルボニル化合物の反応性は，カルボニル基の種類によって異なる．

①立体効果：アルキル基よりも水素の方が立体障害が小さいので，ケトンよりもアルデヒドの方が反応性が高くなる．

②電子効果：アルキル基は電子供与性であるため，ケトンの方がカルボニル炭素の正電荷は減少する．さらに，芳香族ケトンではベンゼン環の共鳴効果によりカルボニル炭素原子の正電荷はベンゼン環に分散される．

以上のことより，カルボニル化合物の反応性は以下の順となる．

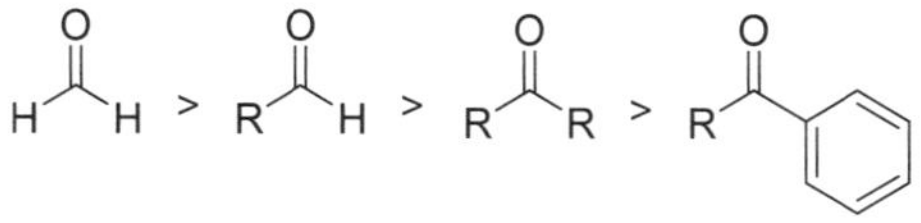

### a.　$H_2O$ の求核付加：水和物の生成

カルボニル化合物は水との求核付加反応により水和物を与える．水和反応は平衡反応であり，その平衡の偏りは，カルボニル化合物の構造に依存する．ホルムアルデヒドの場合はほぼ100%が水和物となるが，アセトアルデヒドでは50%程度，アセトンの水和物はほとんど生成しない．水和によってカルボニル炭素は $sp^2$ 混成（結合角 120°）から $sp^3$ 混成（結合角 109.5°）になり，置換基が互いにより接近するため立体反発が増大する．このため立体的にかさ高い置換基では水和物の形成は不利となる．

| | 平衡定数 $K$ |
|---|---|
| ホルムアルデヒド | $2 \times 10^3$ |
| アセトアルデヒド | 1.1 |
| アセトン | $2 \times 10^{-3}$ |

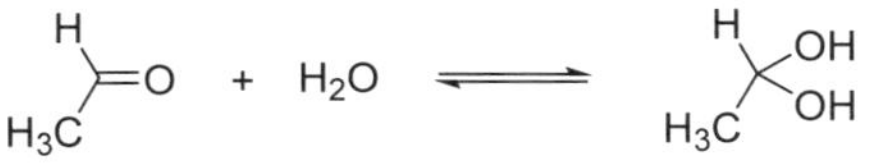

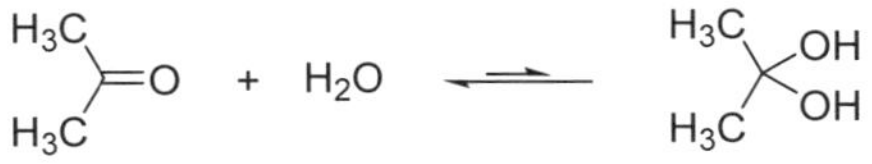

水は弱い求核剤であるため求核付加反応はかなり遅い．酸や塩基触媒が存在すると反応が加速される．

塩基触媒反応では，水酸化物イオン（$OH^-$）がカルボニル炭素に付加し，アルコキシドイオンが生じる．アルコキシドイオンが水からプロトンを引き抜き水和物を生成する．

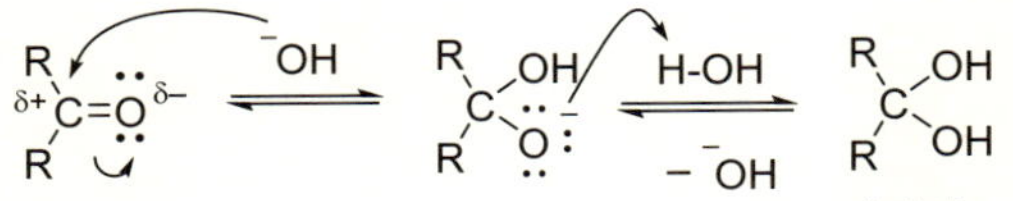

水和物

酸触媒反応では，プロトンがカルボニル酸素に付加してカルボニル基を活性化する．カルボカチオンに水が付加して水和物を生成する．

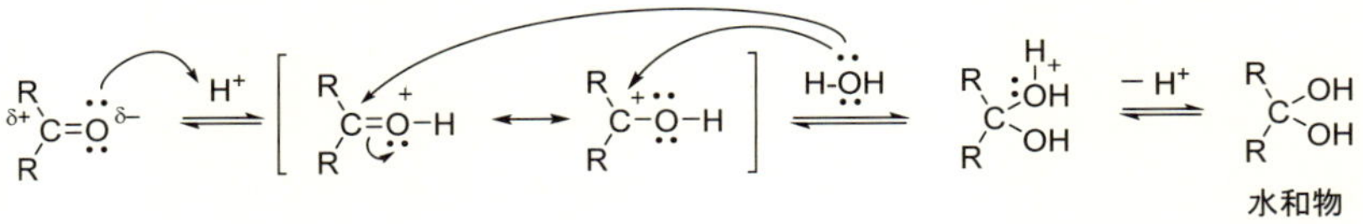

水和物

### b. アルコールの求核付加：ヘミアセタールとアセタールの生成

酸性条件下，プロトン化されたカルボニル基にアルコールが付加すると，ヘミ**アセタール**（hemiacetal）が生じる．さらにヒドロキシ基の酸素にプロトンが付加し，水が脱離するとオキソニウムイオン中間体が生じる．この中間体がもう1分子のアルコールと反応した後，プロトンが脱離して**アセタール**（acetal）を生成する．

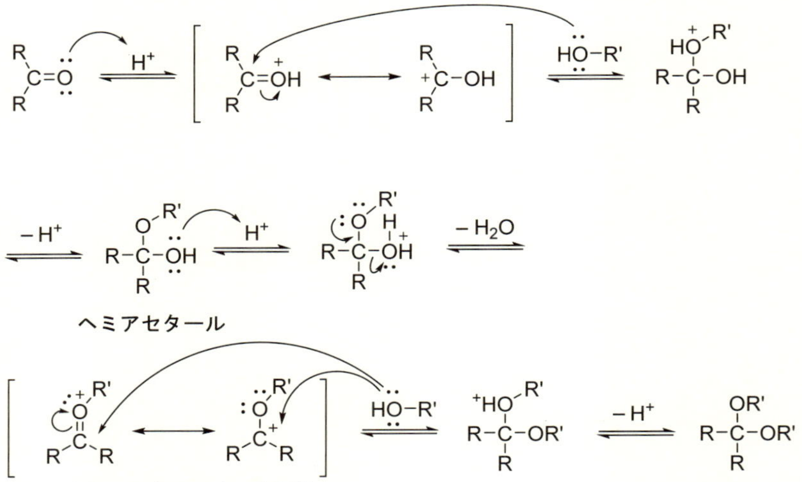

ヘミアセタール

オキソニウムイオン中間体

アセタール

この反応も平衡反応であるが，生成する水を除去しながら行うと平衡が右に偏り，アセタールが得られる．逆に多量の水と反応させると，もとのカルボニル化合物に戻すことができる．

一般にヘミアセタールを単離することは難しいが，五員環や六員環の環状ヘミアセタールは比較的安定に存在する．代表例としてグルコースがある．

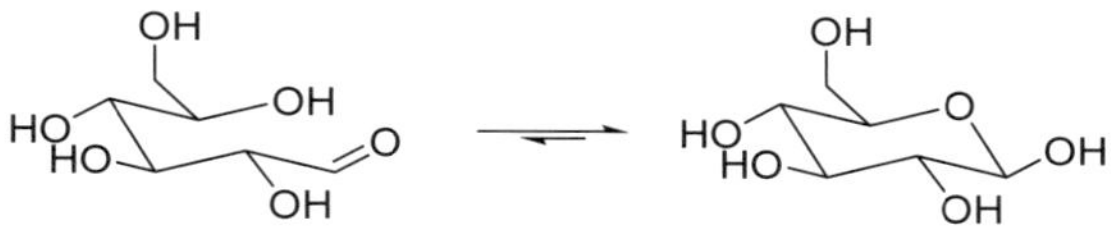

鎖状グルコース　　環状グルコース（ヘミアセタール構造）

アセタールは，カルボニル基の保護基としてしばしば用いられる（図 4.30）．**保護基**（protecting group）とは，化合物の合成過程において，ある反応に耐えられない官能基を一時的にその反応から保護する目的で導入し，反応終了後にもとの官能基に戻すことができる原子団をいう．

たとえば，分子内にケトンとエステルをもつ化合物において，ケトンを残してエステルのみを還元することは難しい．そこでエチレングリコールを使用してケトンをアセタールにして保護すると還元されなくなる．エステルの還元を行い，その後アセタールを加水分解して脱保護すると分子内にケトンとアルコールをもつ化合物を得ることができる．

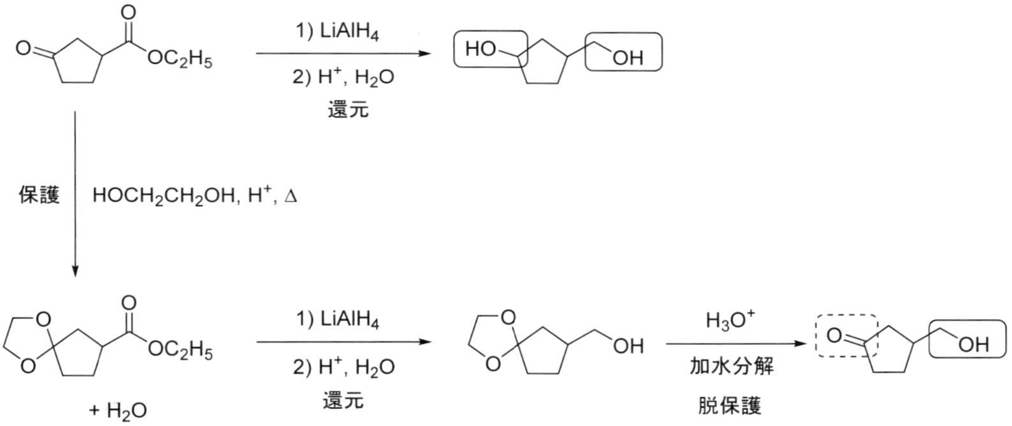

1) $LiAlH_4$ 2) $H^+$, $H_2O$ 還元

保護　$HOCH_2CH_2OH$, $H^+$, Δ

$+ H_2O$　1) $LiAlH_4$ 2) $H^+$, $H_2O$ 還元　$H_3O^+$ 加水分解 脱保護

図 4.30　アセタール保護を利用した，化合物の選択的合成の例

### c.　ウィッティッヒ反応

アルデヒドやケトンのカルボニル基にリンイリドを反応させるとアルケンに変換できる．この反応を**ウィッティッヒ反応**（Wittig reaction）という．リンイリドは，正電荷と負電荷が隣り合っている電気的に中性な分子である．

リンイリドの共鳴構造からわかるようにメチレン（$CH_2$）部分はカルボニル基に対して求核付加反応を起こす．その後，四員環中間体を経て，アルケンとトリフェニルホスフィンオキシド（$(C_6H_5)_3P{=}O$）が生成する．

$H_2\overset{-}{C}-\overset{+}{P}(C_6H_5)_3$ ⟷ $H_2C=P(C_6H_5)_3$

リンイリド

$H_2\overset{-}{C}-\overset{+}{P}(C_6H_5)_3$ + (シクロヘキサノン)=O ⟶ $:\overset{-}{O}:\ \overset{+}{P}(C_6H_5)_3$ / $CH_2$ ⟶ $:O-P(C_6H_5)_3$ / $CH_2$

四員環中間体

⟶ (シクロヘキサン)$=CH_2$ + $(C_6H_5)_3P=O$

反応に用いるリンイリドの調製は，トリフェニルホスフィンのハロゲン化メチルへの求核置換（$S_N2$）反応で生成するホスホニウム塩から，ブチルリチウム（$C_4H_9Li$）を塩基として水素を引き抜くことによって行う．ブチルリチウムは**有機金属化合物**（organometallic compound）であり，後の節で詳しく学ぶ（4.8 参照）．

$\overset{\delta+}{Li}-\overset{\delta-}{C_4H_9}$　ブチルリチウム

$(C_6H_5)_3P:$ + $H_3C-Br$ $\xrightarrow{S_N2}$ $H-H_2C-\overset{+}{P}(C_6H_5)_3$ $Br^-$ ⟶ $H_2\overset{-}{C}-\overset{+}{P}(C_6H_5)_3$ + $C_4H_{10}$ + LiBr

トリフェニルホスフィン　　ホスホニウム塩　　リンイリド

シクロヘキサノンと臭化メチルマグネシウムとの反応生成物である 1-メチルシクロヘキサノールを硫酸で脱水すると 1-メチルシクロヘキセンを主生成物としたメチレンシクロヘキサンとの混合物が生成する（4.2.4 参照）．一方，ウィッティヒ反応では，前駆体のカルボニル基の位置に二重結合を有するアルケンが選択的に得られてくる．

(シクロヘキサノン)=O $\xrightarrow{1)\ CH_3MgBr,\ 2)\ H^+,\ H_2O}$ (1-メチルシクロヘキサノール: $CH_3$, OH) $\xrightarrow{H_2SO_4}$ (1-メチルシクロヘキセン: $-CH_3$) + (シクロヘキサン)$=CH_2$

1-メチルシクロヘキサノール　　1-メチルシクロヘキセン

(シクロヘキサノン)=O $\xrightarrow{H_2\overset{-}{C}-\overset{+}{P}(C_6H_5)_3}$ (シクロヘキサン)$=CH_2$ + $O=P(C_6H_5)_3$

メチレンシクロヘキサン

### 4.6.3　カルボニルの α 炭素での反応

4.6.1 で述べたようにアルデヒドやケトンのカルボニル基の隣の位置を $\alpha$ 位，その隣の位置を $\beta$ 位，さらにその隣の位置を $\gamma$ 位といい，それぞれの炭素原子のことを $\alpha$ 炭素，$\beta$ 炭素，$\gamma$ 炭素という．また $\alpha$ 炭素に結合した水素原子のことを $\alpha$ 水素という．

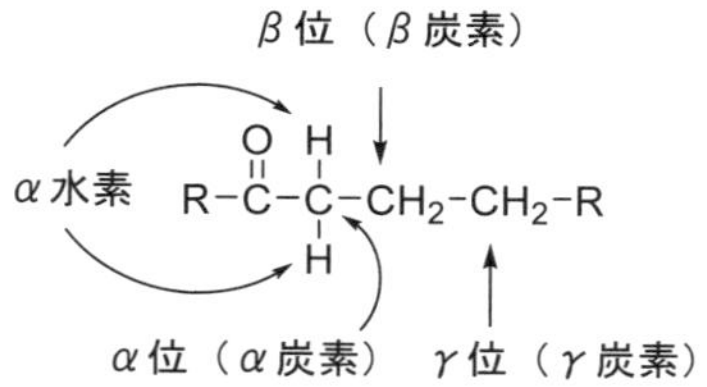

β位（β炭素）
α水素
$R-C(=O)-CH_2-CH_2-CH_2-R$
α位（α炭素） γ位（γ炭素）

## a. エノラートとケト-エノール互変異性

アルデヒドやケトンのα水素の酸性度（p$K_a$ 16～21）は，アセチレンのsp炭素に結合している水素原子（p$K_a$ 約25）のそれより高く，塩基によって抜かれやすい．その結果，**エノラートアニオン**(enolate anion)が生成する．エノラートアニオンの酸素原子にプロトンが付加すると，**エノール**（enol）が生成する．これに対し，カルボニル基をもつ構造をケト形とよぶ．この２つの構造の変化を**ケト-エノール互変異性**（keto-enol tautomerism）という．この異性化は平衡反応である．

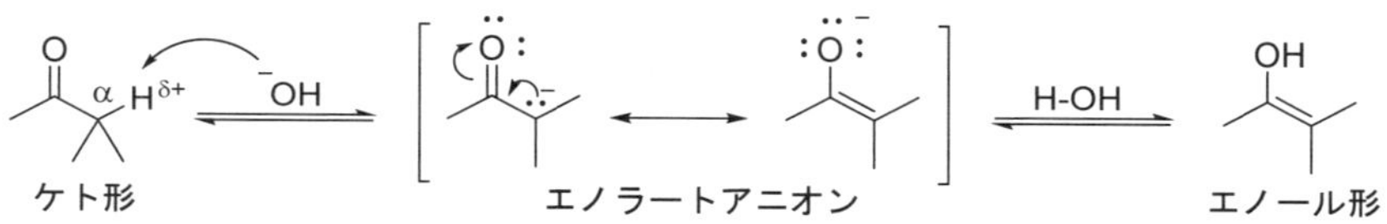

α $H^{\delta+}$ $^-OH$ H-OH OH
ケト形 エノラートアニオン エノール形

ケトンのほとんどがケト形として存在する．これは，炭素–酸素二重結合（結合エネルギー 743 kJ mol$^{-1}$）が，炭素–炭素二重結合（結合エネルギー 619 kJ mol$^{-1}$）よりも強く，ケト形の方がよりエネルギー的に安定だからである．

一方，2,4-ペンタジオンのエノール形は六員環構造をとる分子内水素結合を形成して安定化するので，エノール形の方が多く存在する．また，フェノールのケト形は，芳香族性を失うため不安定であり，ほとんどエノール形として存在する．

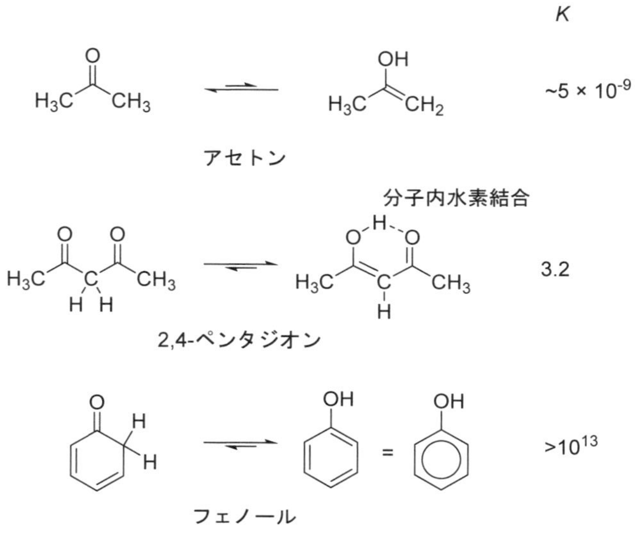

*K*

$H_3C-CO-CH_3 \rightleftharpoons H_3C-C(OH)=CH_2$ ~5 × $10^{-9}$
アセトン

分子内水素結合
$H_3C-CO-CH_2-CO-CH_3 \rightleftharpoons H_3C-C(OH)=CH-CO-CH_3$ 3.2
2,4-ペンタジオン

OH OH = >$10^{13}$
フェノール

### b. 塩基性条件下でのアルドール反応とアルドール縮合

塩基によってカルボニル基の$\alpha$水素が引き抜かれるとエノラートアニオンが生成する．すぐにプロトンが戻ることで，前述したケト-エノール互変異性が起こるが，近くに別のカルボニル化合物が存在すると，エノラートアニオンが，そのカルボニル炭素を攻撃し，新たな炭素–炭素結合が形成される．その後，酸素原子にプロトンが付加すると，$\beta$-ヒドロキシカルボニル化合物が生成し，同時に塩基が再生する．このようなカルボニル化合物の反応を**アルドール反応**（aldol reaction）という．

エノラートアニオン

$\beta$-ヒドロキシカルボニル化合物 + $^{-}OH$

さらにアルドール反応の生成物である$\beta$-ヒドロキシカルボニル化合物から脱水反応が起こると$\alpha,\beta$-不飽和カルボニル化合物が生成する．

塩基性条件では，カルボニル基の$\alpha$水素（p$K_a$ 約 20）が塩基によって引き抜かれ，カルボアニオン中間体を生成する．ヒドロキシ基はよい脱離基ではないが，脱離によって共役二重結合ができることがこの反応の駆動力となる．このように脱水まで含めた反応を**アルドール縮合**（aldol condensation）という．

$R-C(=O)-CH=C(CH_3)R + H_2O$

### c. 酸性条件下でのアルドール反応とアルドール縮合

ケト-エノール互変異性，アルドール反応，脱水反応は塩基触媒だけでなく，酸触媒でも進行する．酸によりカルボニル基の酸素原子がプロトン化され，次に$\alpha$水素が水によって引き抜かれ，エノールが生成する．

$+ H^+ + H_2O$

エノール

このエノールが，プロトン化によって活性化された別のカルボニル基を攻撃することによって，アルドール反応が進行する．

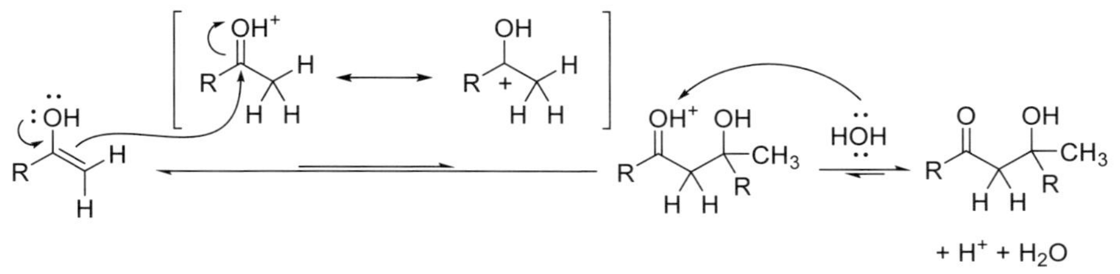

さらに$\beta$位のヒドロキシ基がプロトン化され，$\alpha$水素が水によって引き抜かれると同時に水が脱離することで生成物が得られる．

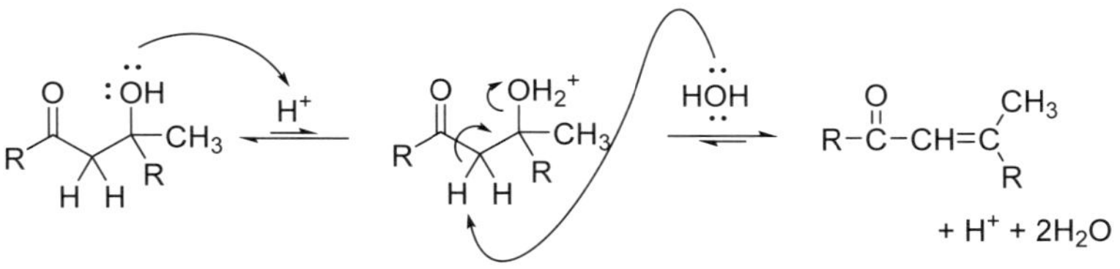

これら一連の反応は平衡反応であり，アルデヒドでは比較的容易に進行する．一方，ケトンからの$\alpha,\beta$-不飽和カルボニル化合物の生成には，系中の水の除去など平衡が右に偏るような工夫が必要である．

### d.　$\alpha$位のアルキル化

塩基によってカルボニル基の$\alpha$水素が引き抜かれたエノラートアニオンは，ハロゲン化アルキル（R−I，R−Br，R−Cl）と求核置換反応（$S_N2$）を起こす．この反応を$\alpha$位のアルキル化という．

塩基として水酸化物イオン（$OH^-$）を用いた場合，$H_2O$が容易にプロトン化を起こしてケト形に戻ってしまう．効率よくエノラートアニオンを生成するためにリチウムジイソプロピルアミド（LDA）を塩基として利用する．LDAは強塩基であるが，2つのイソプロピル基がかさ高く求核攻撃の際の立体障害となるため窒素アニオンの求核性は弱い．これをケトンに作用させると，ケトンの$\alpha$位の水素の引き抜きが起こりエノラートアニオンが生成する．ジイソプロピルアミンの$pK_a$は約38であり，ケトンの$\alpha$位の水素の$pK_a$は約25であることから，逆反応であるアミンからエノラートアニオンへのプロトン化がほとんど起こらないため，エノラートアニオンは，ほぼ定量的に生成する（基礎編2.3.4参照）．

次にエノラートアニオンはハロゲン化アルキルの脱離基となるハロゲン原子のついた炭素を求核攻撃する．この際，酸素原子の攻撃による*O*-アルキル化も考えられるが，そのほとんどは炭素–炭素結合が形成されるように，炭素原子への攻撃が起こり，$\alpha$位のアルキル化が進行する．また，使用する塩基がハロゲン化アルキルと直接$S_N2$反応を起こさないためにも，LDAのような求核性の低いものを使用する必要がある．

反応後，LDAはハロゲン化リチウムとジイソプロピルアミンになるため，出発物質に対して等量以上必要である．

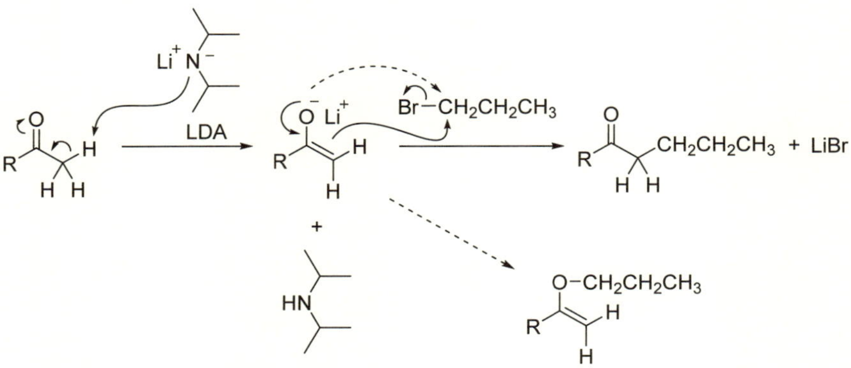

なお，エノール形の方が多く存在する2,4-ペンタジオンでは，NaOHやナトリウムエトキシドなどを用いても，エノラートアニオンがほぼ定量的に生成し，容易に$\alpha$位のアルキル化が起こる．この場合も塩基は等量以上必要である．2つのカルボニル基の間に挟まれ，どちらのカルボニル基の$\alpha$位でもあるメチレン（$-CH_2-$）の水素の酸性度はアセトン（p$K_a$ 20）と比べて著しく高い（p$K_a$ 9）．このことから，このメチレンを**活性メチレン**（active methylene）という．

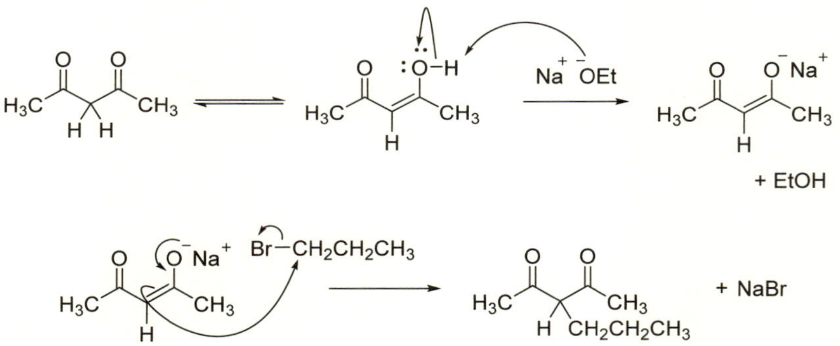

### e. α位のハロゲン化

ハロゲン化アルキルの代わりに臭素（$Br_2$）などのハロゲンを塩基存在下で用いると，$\alpha$位の水素がすべてハロゲンに置き換わる$\alpha$-ハロゲン化が進行し，さらにハロホルム反応が起こる（基礎編3.2.3参照）．これは電気陰性度の大きいハロゲン原子の電子求引性により，さらに$\alpha$水素の酸性度が高められるためである．一方，酸触媒を用いてもエノール形を経由して$\alpha$-ハロゲン化が進行するが，一置換体が生成物となる．これはハロゲン原子の電子求引性によってカルボニル酸素の塩基性が低下し，プロトン化が抑制されることでエノール化しにくくなるからである．

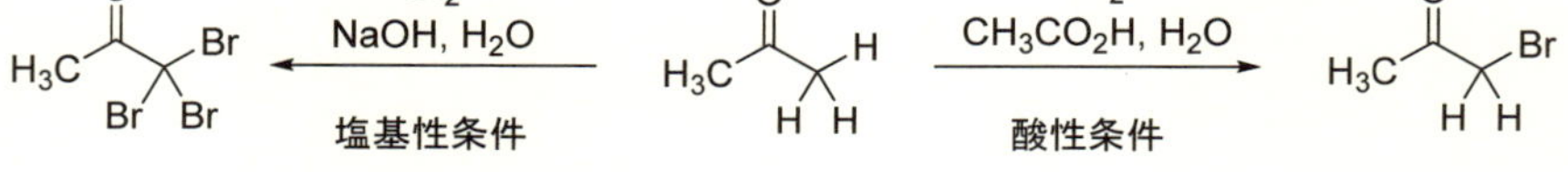

## 4.7　カルボン酸とカルボン酸誘導体

**カルボン酸**（carboxylic acid）である酢酸（$CH_3CO_2H$）や安息香酸（$C_6H_5CO_2H$）は生活の身近なものにも含まれる代表的な有機酸である．カルボキシ基（$-CO_2H$）の水素はプロトンとして解離しやすく酸性を示す．

また，ヒドロキシ基（−OH）が炭素原子以外の原子団と置換したものを**カルボン酸誘導体**（carboxylic acid derivative）という．エステル，酸塩化物（アシルクロリド），アミド，酸無水物などがある．なお，本書では反応様式が類似していることからニトリルもカルボン酸誘導体に含める．

代表的なカルボン酸とその誘導体の構造と名称を示す．

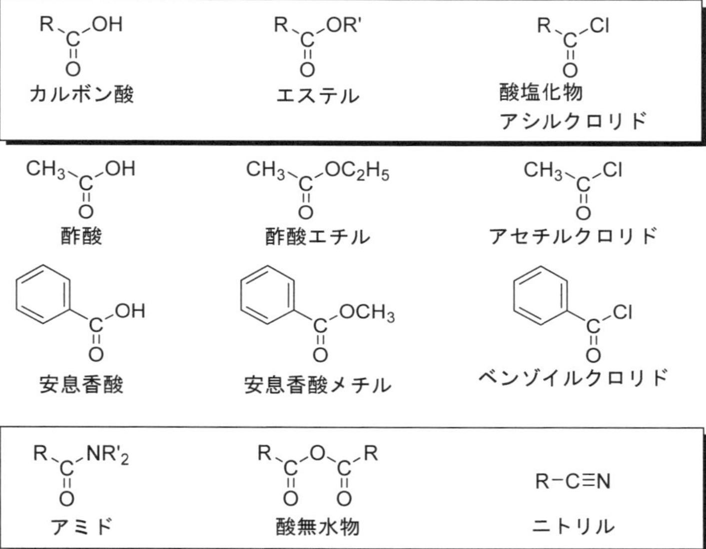


### 4.7.1　カルボン酸とその誘導体の性質と構造

カルボン酸誘導体の反応は次の２つに大別することができる．

① 正電荷をもつカルボニル炭素での求核置換反応（4.7.2）．

② 酸性度の高い$\alpha$水素の引き抜きで生じるカルボアニオンの反応（4.7.3）．

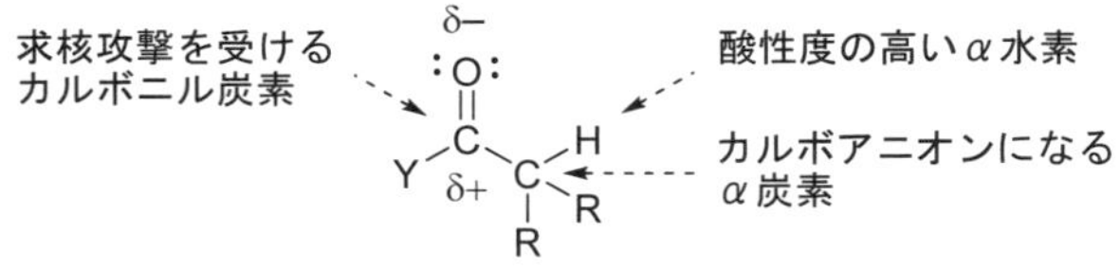


### 4.7.2　カルボキシ基の炭素での求核置換反応

カルボン酸誘導体は，付加−脱離機構による求核置換反応が進行する．カルボン酸誘導体（RCOY）の炭素−酸素間の二重結合（C＝O）は，酸素原子は$\delta-$に，

炭素原子は δ+ に分極している．したがって，アニオン性求核剤（$Nu^-$）がカルボニル基の炭素原子に付加することで炭素および酸素原子は $sp^2$ 混成軌道から $sp^3$ 混成軌道に変化し，アルコキシドイオンが生じる．続いて，電気陰性度の大きい酸素，ハロゲン，窒素原子団（Y）がアニオン（$Y^-$）として脱離し，置換生成物を与える．

付加　脱離　$-:Y^-$

$sp^2$混成軌道　$sp^3$混成軌道　$sp^2$混成軌道

Y = OH, OR', Cl, $NH_2$ など

一方，求核性の低い中性分子（H−Nu）との反応では，カルボニル基の酸素がプロトン化されて活性化された場合に置換反応が進行する．プロトンがカルボニル基に付加することで生成するカルボカチオンへ求核剤（H−Nu）が付加する．非共有電子対をもつ酸素や窒素原子団へプロトンが移動し，水素を伴って（H−Y）脱離して置換反応が進行する．例として，フィッシャーのエステル化反応や酸性条件でのカルボン酸誘導体の加水分解反応などがある．

$H^+$　H-Nu　$-HY$　$-H^+$

Y = OH, OR', Cl, $NH_2$ など

### a. フィッシャーのエステル化

酸触媒存在下，カルボン酸とアルコールとの反応からエステルが生成する．この反応は**フィッシャーのエステル化**（Fischer esterification）とよばれる．はじめにカルボニル基の酸素原子がプロトン化されることでカルボニル基の求電子性が増大し，アルコールが攻撃することにより**四面体中間体**（tetrahedral intermediate）が生成する．さらに，プロトンがアルコールの酸素原子上からヒドロキシ基の酸素原子上に移動し，水が脱離する．最後に脱プロトン化することで，カルボニル基が再生する．

本反応は平衡反応のため，収率よくエステルを得るには，過剰のアルコールを使用することや生成する水を除去するなど，平衡を移動させる必要がある．一方，酸触媒存在下，エステルを大量の水と作用させると左に平衡が偏るため**加水分解**（hydrolysis）したカルボン酸とアルコールが得られる．

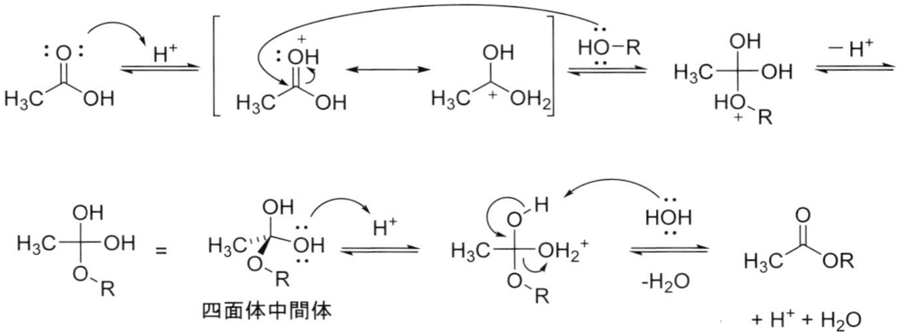

四面体中間体

### b.　求核的アシル置換反応

カルボン酸誘導体は，アニオン性求核剤と反応し，付加–脱離反応を経て新たなカルボニル化合物が生成する．

酸塩化物は，反応性が高く，水，カルボン酸塩，アルコール，アミンなどの求核剤とも反応し，それぞれ対応するカルボン酸，酸無水物，エステル，アミドを与える．酸無水物も，水，アルコール，アミンと反応し，それぞれ対応するカルボン酸，エステル，アミドを与える．

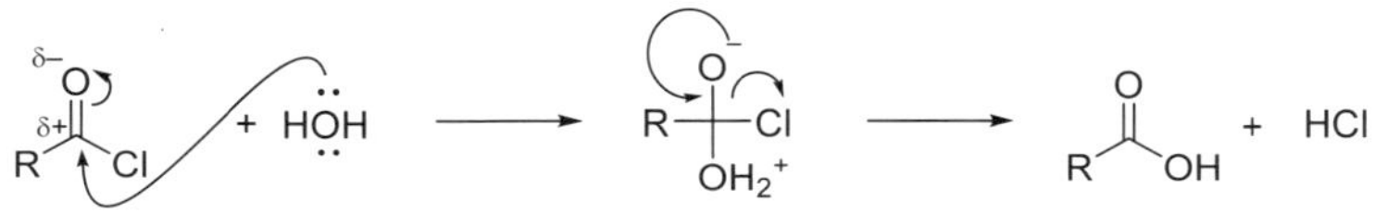

酸塩化物の水による加水分解

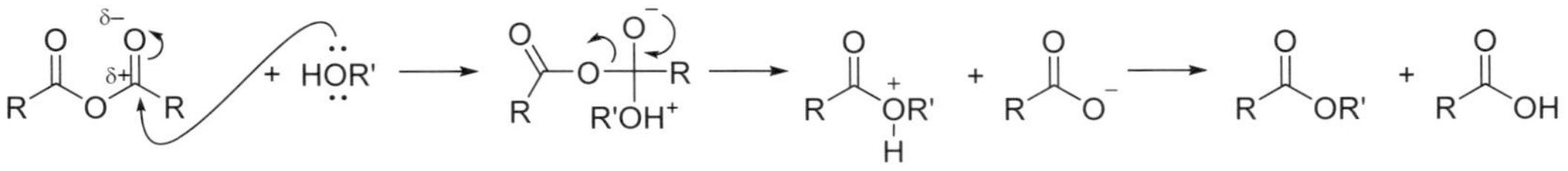

酸無水物とアルコールによるエステル合成

酸塩化物は次のように合成される．カルボン酸に塩化チオニル（$SOCl_2$）を反応させると，$Cl^-$が脱離して，よい脱離基（–OSOCl）をもつカルボン酸誘導体となる．HClが，このカルボニル基の炭素原子に攻撃し，四面体中間体を生成する．その後，この中間体が分解して二酸化硫黄と塩化水素を放出すると酸塩化物が生成する．

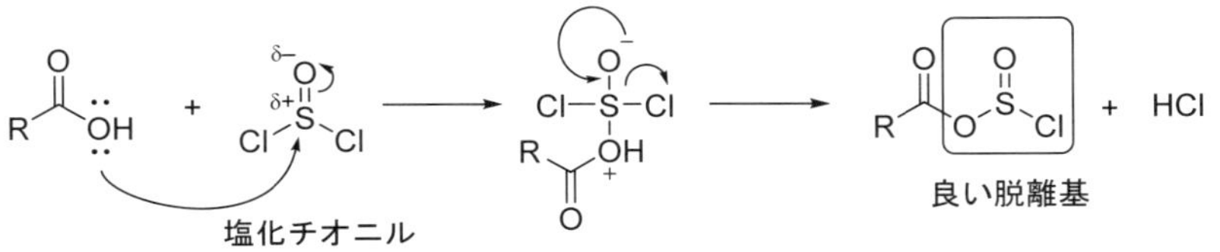

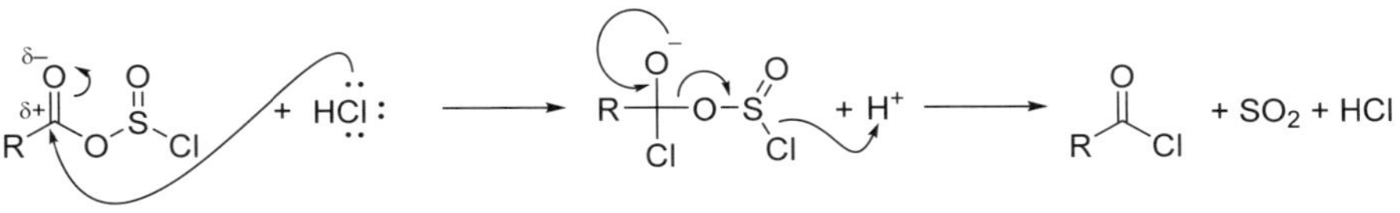

塩化チオニル

良い脱離基

四面体中間体

脱離基としては$Cl^-$が最も脱離しやすく，$^-NR^1R^2$が最も脱離しにくい．すなわち，酸塩化物＞酸無水物＞エステル＞アミドの順に反応性が高く，置換基の脱離のしやすさがX＞Yの場合に反応が進行し，X＜Yのときには一般に反応は進行しない．

$$RCOX + Y^- \longrightarrow R\text{–}C(O^-)(X)(Y) \longrightarrow RCOY + X^-$$

$$X, Y = -Cl > -OCOR' > -OR' > -NR^1R^2 > -OH$$

メチルエステルに対してアニオン性求核剤としてナトリウムエトキシドを作用させると**エステル交換反応**（transesterification）が進行し，エチルエステルが生成する．エトキシドとメトキシドに脱離基としての差がほとんどないため，この反応はゆっくり進行する．

$$RCOOCH_3 + Na^{+\,-}OC_2H_5 \rightleftharpoons R\text{–}C(O^-\,Na^+)(OCH_3)(OC_2H_5) \rightleftharpoons RCOOC_2H_5 + Na^{+\,-}OCH_3$$

塩基性条件下では，カルボン酸はアニオン性求核剤（$Y^-$）へ$H^+$を与えてカルボキシラートとなるため，求核的アシル置換反応は進行しない．

$$RCOOH + Y^- \longrightarrow RCOO^- + HY$$

### c.　エステルの塩基性加水分解反応（非平衡）

エステルは塩基条件下でも求核的アシル置換反応と同様の反応機構で加水分解が進行する．加水分解で生成するカルボン酸は塩基やアルコキシドと中和反応し，カルボキシラートアニオンとなる．塩基が等量以上あればエステルを完全に加水分解できる．ただし，カルボン酸を得るには，反応終了後，酸性にしてカルボン酸を遊離させる必要がある．

$$RCOOR' + Na^{+\,-}OH \rightleftharpoons R\text{–}C(O^-\,Na^+)(OR')(OH) \rightleftharpoons$$

$$RCOOH + Na^{+\,-}OH \xrightarrow{\text{不可逆反応}} RCOO^-\,Na^+ + HOR' \xrightarrow{H^+} RCOOH$$

## 4.7.3　カルボニルのα炭素での反応

### a.　クライゼン縮合

カルボン酸やその誘導体のカルボニルのα水素も塩基によって引き抜かれる．

図 4.31 のように，酢酸エチルに対してナトリウムエトキシドを塩基として作用させるとエステル交換反応が起こる．その一方で，カルボニルの $\alpha$ 水素が引き抜かれ，わずかにエノラートアニオンが生成する（段階①）．これがその近くに存在する別の酢酸エチル分子のカルボニル炭素を攻撃し，新たな炭素–炭素結合が形成され，アルコキシド中間体を生成する（段階②）．エトキシ基が脱離し，$\beta$-ケトエステルであるアセト酢酸エチルが生成する（段階③）．この反応を**クライゼン縮合**（Claisen condensation）という．使用する塩基は，エステル交換反応が起こっても問題がないように通常はエステルのアルコキシ基に合わせて選択する．$\beta$-ケトエステルの 2 つのカルボニル基の間に挟まれた炭素は活性メチレンであり（4.6.3d 参照），$\alpha$ 水素は酸性度が高い（p$K_a$ 11）．このため系中でエトキシドに引き抜かれてエノラートアニオンが生成し六員環構造を形成する（段階④）．したがって，塩基としてのナトリウムエトキシドは等量以上必要である．反応終了後，酸処理することでアセト酢酸エチルが得られる（段階⑤）．

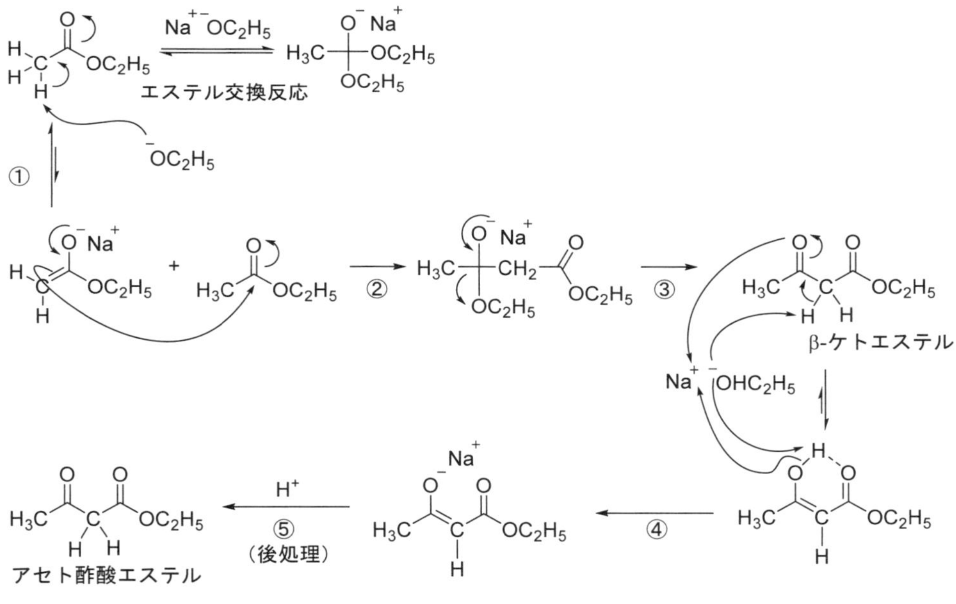

図 4.31　クライゼン縮合反応

## b.　$\alpha$ 位のアルキル化：マロン酸エステル合成

マロン酸ジエチルの 2 つのカルボニル基の間に挟まれた炭素は活性メチレンである（4.6.3d 参照）．このため $\alpha$ 水素は酸性度が高く（p$K_a$ 13），引き抜かれやすいため，等量のナトリウムエトキシドを用いるとエノラートアニオンがほぼ定量的に生成する．ここにハロゲン化アルキルを加えると容易に $\alpha$ 位のアルキル化が起こる．その後，酸もしくは塩基で加水分解を行うと，中間体としてジカルボン酸が得られる．これをさらに加熱すると，**脱炭酸**（decarboxylation）を起こし，エノール形を経て$\alpha$位がアルキル化された生成物が得られる．この合成法を**マロン酸エステル合成**（malonic ester synthesis）という．



同様にアセト酢酸エチルを用いて$\alpha$-アルキル化，加水分解すると$\beta$-ケトカルボン酸が生成し，これも加熱により脱炭酸が進行し，形式上アセトンの$\alpha$位がアルキル化された生成物が得られる．



## 4.8　有機金属試薬と金属水素化物

### 4.8.1　有機金属試薬の性質と構造

金属が炭化水素と共有結合した化合物を**有機金属化合物**（organometallic compound）という．**グリニャール試薬**（Grignard reagent），**有機リチウム試薬**（organolithium reagent），**有機銅試薬**（organocuprate reagent）などがあり，有機金属試薬として有機合成反応に用いられる．一般に金属の電気陰性度は炭素よりも小さいので，金属に結合した炭素は負電荷（$\delta-$）をもつ．

ハロゲン化アルキルやハロゲン化アリールをエーテル溶媒中でマグネシウム（Mg）と反応させるとC－Mg結合をもつグリニャール試薬が得られる．ハロゲンと結合した炭素は正電荷（$\delta+$）に分極しているが，金属と結合することで負電荷（$\delta-$）となり，炭素の極性が転換されている（基礎編2.1参照）．有機金属試薬は電子に富んだ炭素原子をもち，有機反応においてカルボアニオン（$C^-$）として求核剤や塩基として作用する．

ここでは代表的なグリニャール試薬について取り上げる．有機リチウム試薬や有機銅試薬については，グリニャール試薬の反応との共通点や相違点について発展編にまとめた（発展編5.8参照）．

$\overset{\delta-}{-\underset{|}{\overset{|}{C}}}-\overset{\delta+}{M}$ （M：金属原子） 有機金属化合物

R−MgX グリニャール試薬　R−Li 有機リチウム試薬　$[R-Cu-R]^- Li^+$ 有機銅試薬　など

例

$\overset{\delta+}{-\underset{|}{\overset{|}{C}}}-\overset{\delta-}{Br}$ + Mg →(エーテル) $\overset{\delta-}{-\underset{|}{\overset{|}{C}}}-\overset{\delta+}{Mg}-Br$

C: 2.5 Br: 2.8 電気陰性度　　C: 2.5 Mg: 1.2 電気陰性度

### 4.8.2 グリニャール試薬の反応

#### a. プロトン（$H^+$）との反応

グリニャール試薬は非常に強い塩基であり，共役酸である炭化水素より強い酸（プロトン供与体）と容易に反応する．

たとえば，メチルグリニャール試薬やフェニルグリニャール試薬は，水（$H_2O$）やカルボン酸（$RCO_2H$）からすばやく水素を引き抜き炭化水素となる．

$$\underset{\substack{\text{塩基}\\\text{（より強い塩基）}}}{H_3\overset{\delta-}{C}-\overset{\delta+}{MgBr}} + \underset{\substack{pK_a\ 15.7\\\text{酸}\\\text{（より強い酸）}}}{\overset{\delta+}{H}-\overset{\delta-}{OH}} \longrightarrow \underset{\substack{pK_a\ 48\\\text{共役酸}\\\text{（より弱い酸）}}}{H_3C-H} + \underset{\substack{\text{共役塩基}\\\text{（より弱い塩基）}}}{HO-MgBr}$$

$$\underset{\substack{\text{塩基}\\\text{（より強い塩基）}}}{C_6H_5\overset{\delta-}{C}-\overset{\delta+}{MgBr}} + \underset{\substack{pK_a\ 4.8\\\text{酸}\\\text{（より強い酸）}}}{\overset{\delta+}{H}-\overset{\delta-}{O}-C(=O)-CH_3} \longrightarrow \underset{\substack{pK_a\ 43\\\text{共役酸}\\\text{（より弱い酸）}}}{C_6H_5C-H} + \underset{\substack{\text{共役塩基}\\\text{（より弱い塩基）}}}{H_3C-C(=O)-O-MgBr}$$

他にも，炭化水素より酸性度の高い（$pK_a$ 値の小さい）水素を含む化合物と反応して炭化水素を発生して分解する．たとえば，アミン（$pK_a$ 36 ～ 38）やアルコール（$pK_a$ 約 16）などが挙げられる．

#### b. アルデヒド・ケトンへの付加

グリニャール試薬はアルデヒドやケトンのカルボニル炭素へ求核攻撃し，アルコキシド中間体が生成する．このアルコキシド中間体を反応後に酸性水溶液で処理すると対応するアルコールへ変換される．ホルムアルデヒドからは第一級アルコール，アルデヒドからは第二級アルコール，ケトンからは第三級アルコールがそれぞれ得られる．

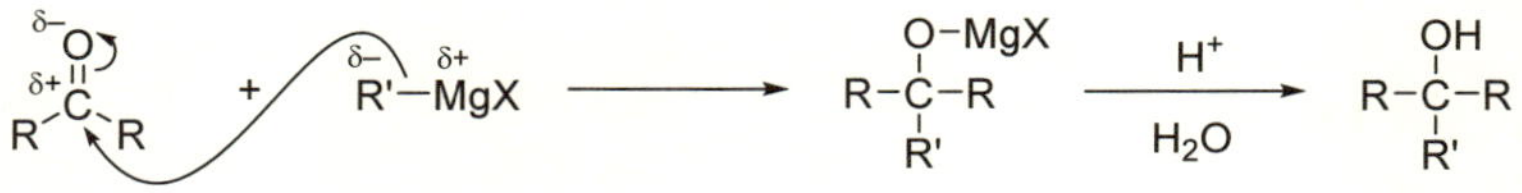

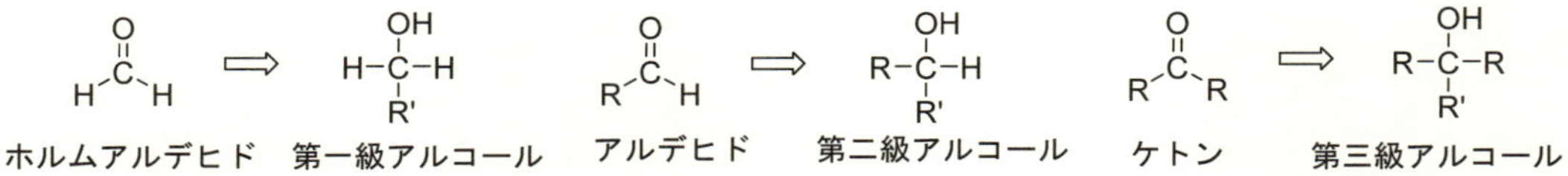

ホルムアルデヒド ⇒ 第一級アルコール　アルデヒド ⇒ 第二級アルコール　ケトン ⇒ 第三級アルコール

### c. エステルへの付加

グリニャール試薬はエステルのカルボニル炭素へ求核攻撃し，アルコキシド中間体が生成する．続いてエステル由来のアルコキシ基（–OR'）が脱離してケトンが生成する．反応系中で発生したケトンは，さらにもう1分子のグリニャール試薬と反応し，第三級アルコールが生成する．

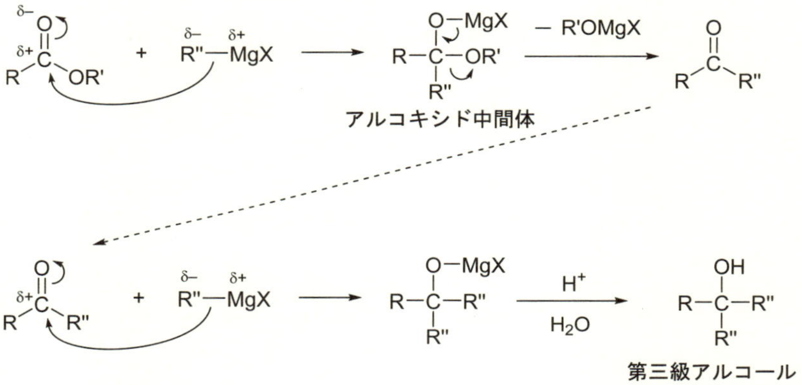

アルコキシド中間体

第三級アルコール

### d. ニトリルへの付加

ニトリルの炭素原子は$\delta+$に，窒素原子は$\delta-$に強く分極している．グリニャール試薬はニトリルの炭素へ求核攻撃し，イミンの金属塩中間体が生成して反応が停止する．その後，酸性水溶液で加水分解することで，イミンを経由して，ケトンが生成する．

イミン

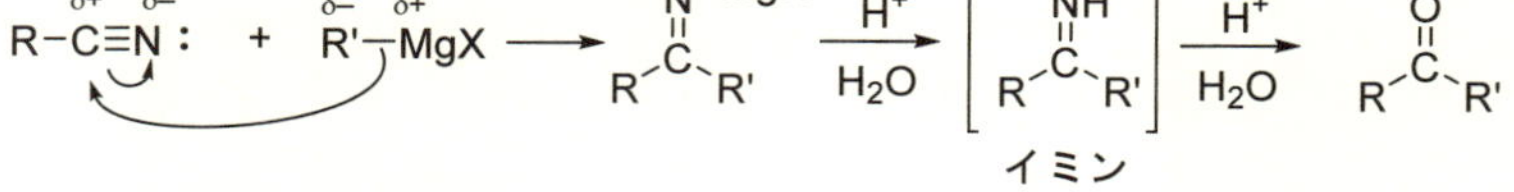

### e. 二酸化炭素への付加

グリニャール試薬は，二酸化炭素と反応しカルボン酸が得られる．カルボン酸合成の1つの手法である．

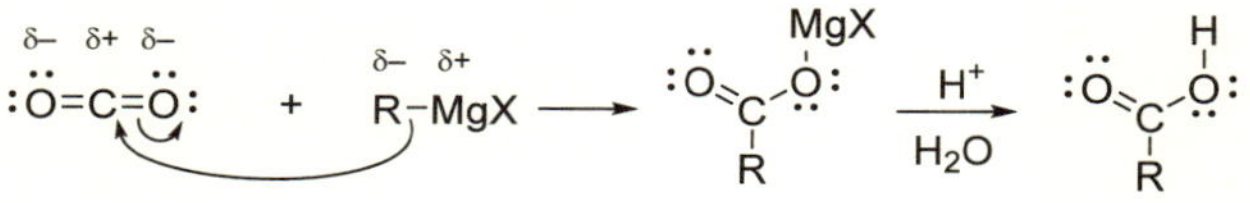

### 4.8.3　金属水素化物による還元

金属に直接水素が結合した化合物を**金属水素化物**（metal hydride）とよび，**水素化アルミニウムリチウム**（$LiAlH_4$）（lithium aluminium hydride）や**水素化ホウ素ナトリウム**（$NaBH_4$）（sodium borohydride）などがある．

一般に金属の電気陰性度は水素よりも小さいので，金属に結合した水素は負電荷（$\delta-$）をもつ．この水素は有機反応においてヒドリド（$H^-$）として反応するため還元剤として働く．

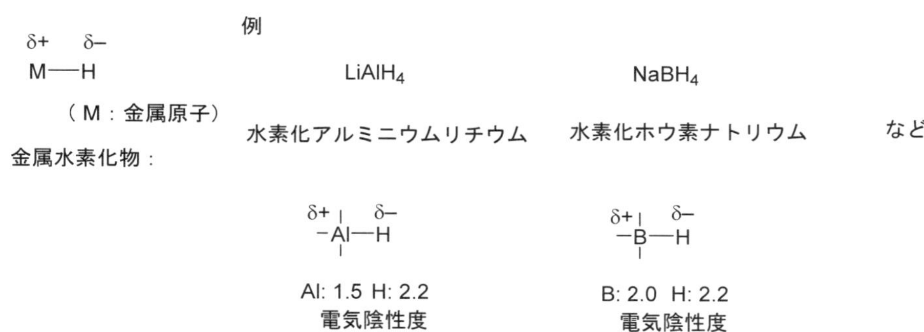


水素化アルミニウムリチウムは還元力が強く，アルコールがあると水素を発生して反応する．一方，水素化ホウ素ナトリウムは，アルコールと反応しないためエタノールなどが溶媒に用いられる．

#### a.　アルデヒド・ケトンの還元

金属水素化物とアルデヒドやケトンを反応させると，ヒドリド（$H^-$）がカルボニル炭素へ求核攻撃することで，アルコキシド中間体が生成する．これを加水分解するとアルコールが生成する．カルボニル化合物のアルコールへの還元反応である．

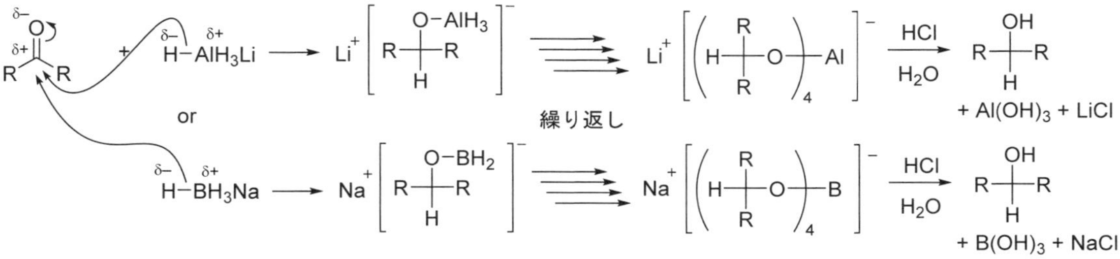

ヒドリドイオンの求核付加

#### b.　カルボン酸とエステルの還元

水素化アルミニウムリチウムは，カルボン酸やエステルもアルコールへ還元する．一方，水素化ホウ素ナトリウムでは，カルボン酸やエステルをアルコールへ還元できない．

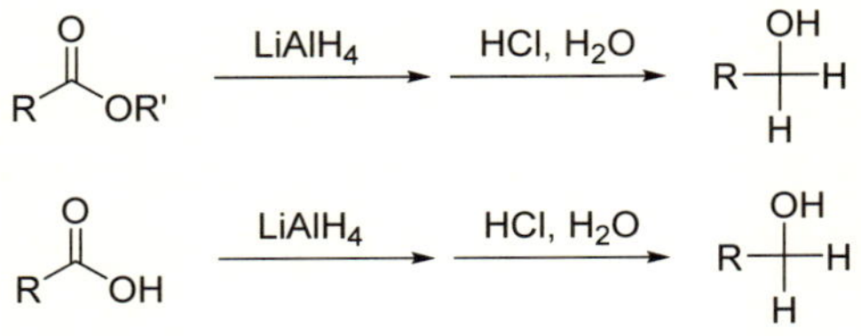

$RCOOR' \xrightarrow{LiAlH_4} \xrightarrow{HCl,\ H_2O} RCH_2OH$

$RCOOH \xrightarrow{LiAlH_4} \xrightarrow{HCl,\ H_2O} RCH_2OH$

## 4.9 アミン

### 4.9.1 アミンの性質

アンモニア（$NH_3$）の水素を炭化水素基で置き換えた化合物を**アミン**（amine）という．1つの炭化水素基が窒素原子に結合している化合物を第一級アミン（$RNH_2$），2つのものを第二級アミン（$R_2NH$），3つのものを第三級アミン（$R_3N$）という．

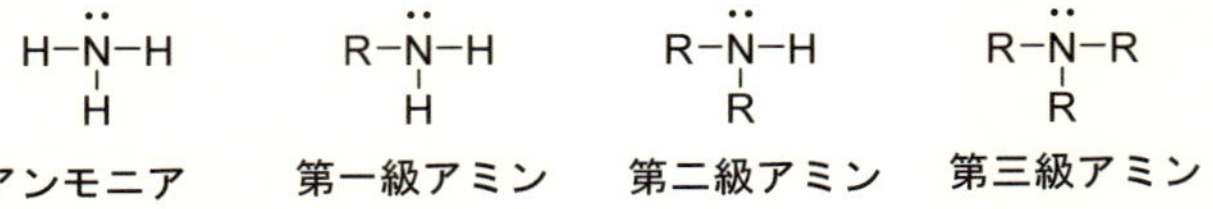

アンモニア　第一級アミン　第二級アミン　第三級アミン

アミンの構造において窒素原子は $sp^3$ 混成をとっており，窒素原子を中心に3つの置換基と，1つの非共有電子対とで，四面体構造の4隅を占めている．

3つの異なる置換基をもつアミン，たとえばエチルメチルアミンでは，キラルな構造を書くことができる．しかしながら，室温でも容易に $sp^2$ 混成軌道のアキラルな平面構造の遷移状態を経て，立体反転した鏡像異性体へ変換する．そのため，通常，不斉な窒素原子をもつアミンの光学活性体を得ることはできない．

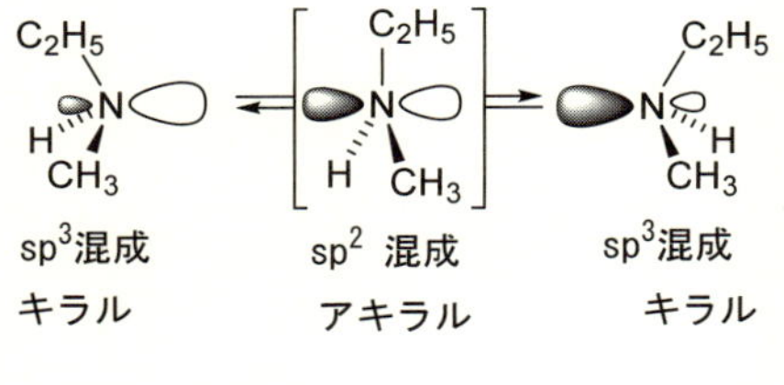

$sp^3$混成 キラル　$sp^2$ 混成 アキラル　$sp^3$混成 キラル

非共有電子対をもつアミンは塩基であり，酸と反応して塩を形成する．酸の強さを $pK_a$（酸性度）で定義した（基礎編 2.3.2 参照）ように，アミンの塩基性の強さは，水溶液中でアミンがプロトン化されたアンモニウムイオンと水酸化物イオンへの塩基解離定数（$K_b$）やその負の常用対数である $pK_b$（塩基性度）を用いて定義できる（図 4.32）．$pK_b$ 値が小さいほど塩基性が強くなり，アミンと水との平衡が右（アンモニウムイオン側）に偏り，共役酸であるアンモニウムイオンと共役塩基である $OH^-$（水酸化物イオン）が多く生成する．

$$R-NH_2 + H-O-H \overset{K}{\rightleftharpoons} R-NH_3^+ + {}^-OH$$

塩基　　酸　　共役酸　　共役塩基

$$K = \frac{[RNH_3^+][OH^-]}{[RNH_2][H_2O]} \qquad K_b = K[H_2O] = \frac{[RNH_3^+][OH^-]}{[RNH_2]}$$

$$pK_b = -\log K_b$$

図 4.32　アミンの塩基解離定数と $pK_b$

メチルアミンは，電子供与性のメチル基が窒素原子に結合するため，共役酸であるアンモニウムイオンはより安定となる．メチルアミンの塩基性はアンモニアと比べて強くなり，$pK_b$ 値は小さくなる．ジメチルアミンでは，さらに塩基性が増す．しかしながらトリメチルアミンでは，3つの置換基の立体反発がアンモニウムイオンにおいて大きくなるため不安定となり，塩基性がわずかに低下する．一方，エチル基が置換基の場合は，ジエチルアミンの塩基性は，エチルアミンよりも弱い．またトリエチルアミンの $pK_b$ 値は 3.0 と塩基性が強く，さまざまな反応の塩基として使用される（表 4.3）．

表 4.3　アミンの $pK_b$ とアミンの共役酸の $pK_a$

| アミン | $pK_b$ | アミンの共役酸 | $pK_a$ $(14-pK_b)$ |
|---|---|---|---|
| $NH_3$ | 4.7 | $N^+H_4$ | 9.3 |
| $CH_3NH_2$ | 3.4 | $CH_3N^+H_3$ | 10.6 |
| $(CH_3)_2NH$ | 3.3 | $(CH_3)_2N^+H_2$ | 10.7 |
| $(CH_3)_3N$ | 4.2 | $(CH_3)_3N^+H$ | 9.8 |
| $CH_3CH_2NH_2$ | 3.3 | $CH_3CH_2N^+H_3$ | 10.7 |
| $(CH_3CH_2)_2NH$ | 3.5 | $(CH_3CH_2)_2N^+H_2$ | 10.5 |
| $(CH_3CH_2)_3N$ | 3.0 | $(CH_3CH_2)_3N^+H$ | 11.0 |
| $C_6H_5NH_2$ | 9.4 | $C_6H_5NH_3^+$ | 3.6 |

芳香族アミンであるアニリンの塩基性は，脂肪族アミンよりも著しく弱い．これは，窒素原子上の非共有電子対がベンゼン環との共鳴により非局在化し，電子密度が大幅に減少するので，プロトンと結合しにくいためである．

アミンの塩基性の強さに $pK_b$ 値を用いたが，もう1つの指標としてアミンの共役酸であるアンモニウムイオンの $pK_a$（酸性度）を用いることもできる（図

4.33). p$K_a$ 値が小さい（酸性度が高い）ほど，容易に $H^+$ を遊離するので強い酸であり，逆にいうと弱い塩基である．また，アンモニウムイオンの p$K_a$ 値が大きいほど，そのアミンは $H^+$ を解離しない強い塩基である．

$$R-NH_3^+ \;(\text{共役酸}) + H_2O \;(\text{塩基}) \underset{}{\overset{K}{\rightleftharpoons}} R-NH_2 \;(\text{塩基}) + H_3O^+ \;(\text{共役酸})$$

$$K = \frac{[RNH_2][H_3O^+]}{[RNH_3^+][H_2O]} \qquad K_a = K[H_2O] = \frac{[RNH_2][H_3O^+]}{[RNH_3^+]}$$

$$pK_a = -\log K_a$$

図 4.33 共役酸としてのアンモニウムイオンの p$K_a$

この $K_a$ と $K_b$ の積は，水のイオン積となる．つまり p$K_a$ + p$K_b$ = 14 の関係が成り立ち，相補的に算出できるのでアミンの共役酸の p$K_a$ を考えれば，p$K_b$ を使わなくても塩基の強さを比較できる．ただし，アミンがそれ自身で酸として $H^+$ を解離して共役塩基（$RNH^-$）となる p$K_a$ と混乱してはいけない．

$$K_a \times K_b = \frac{[RNH_2][H_3O^+]}{[RNH_3^+]} \times \frac{[RNH_3^+][OH^-]}{[RNH_2]} = [H_3O^+][OH^-] = 10^{-14}$$

$$pK_a + pK_b = 14$$

### 4.9.2 アミンの合成

#### a. アミドとニトリルの還元

アミドまたはニトリルに水素化アルミニウムリチウムを作用させると第一級アミンが生成する．なお，水素化アルミニウムリチウムよりも還元力が小さい水素化ホウ素ナトリウムでは，この反応は進行しない．

$$R-C(=O)-NH_2 \xrightarrow{LiAlH_4} \xrightarrow{H_2O} R-CH_2-NH_2$$

$$R-C\equiv N \xrightarrow{LiAlH_4} \xrightarrow{H_2O} R-CH_2-NH_2$$

#### b. ハロゲン化アルキルとアンモニアの反応

アンモニアはハロゲン化アルキルと $S_N2$ 反応を起こし，第一級アミンの塩が生成する．これを水酸化ナトリウムなどの塩基で処理すれば第一級アミンが生成する．

$$H_3N: \;(\text{アンモニア}) + R-X \longrightarrow RNH_3^+X^- \xrightarrow{NaOH} RNH_2 \;(\text{第一級アミン})$$

同様に第一級アミンとハロゲン化アルキルから第二級アミンが，第二級アミンとハロゲン化アルキルから第三級アミンが，それぞれ生成する．

アルキル基は電子供与性のため，窒素原子上にアルキル基が導入されるとアミンの求核性が増加する．したがって，アミンにアルキル基が1つ導入された段階で反応を止めることは難しく，多重アルキル化したアミンの混合物を与える．なお，第三級アミンとハロゲン化アルキルの反応では第四級アンモニウム塩が生成する．この反応を**メンシュトキン反応**（Menshutkin reaction）という．

$$RNH_2 + R{-}X \longrightarrow R_2NH_2^+X^- \xrightarrow{NaOH} R_2NH$$

第一級アミン　　　　第二級アミン

$$R_2NH + R{-}X \longrightarrow R_3NH^+X^- \xrightarrow{NaOH} R_3N$$

第二級アミン　　　　第三級アミン

$$R_3N + R{-}X \longrightarrow R_4N^+X^-$$

第三級アミン　　　　第四級アンモニウム塩

### c. ガブリエル合成

フタルイミドとハロゲン化アルキルとの反応で生成した*N*-アルキルフタルイミドを加水分解することで第一級アミンを合成する方法が**ガブリエル合成**（Gabriel amine synthesis）である．フタルイミドの窒素は2つのカルボニル基に挟まれ，NH 基は $pK_a$ 8.3 であり，炭酸塩などの弱い塩基でも脱プロトン化して求核剤である窒素アニオンに変換できる．

フタルイミド $\xrightarrow{K_2CO_3}$ フタルイミドアニオン $K^+$ + $H{-}CH(H){-}CH_2CH_3$（Br） $\longrightarrow$ N-$CH_2CH_2CH_3$ フタルイミド + KBr

$\xrightarrow[\text{(加水分解)}]{KOH,\ H_2O}$ $H_2N{-}CH_2CH_2CH_3$ + フタル酸二カリウム（COOK, COOK）

アンモニアからハロゲン化アルキルを用いて第一級アミンを合成しようとしても，多重アルキル化が起こり，選択的に第一級アミンを得ることは難しい．したがって，ガブリエル合成は第一級アミンの優れた合成法である．

## 4.9.3 アミンの反応

### a. イミン生成

炭素-窒素の二重結合をもつ化合物をイミンという．求核性のアミンがカルボニル化合物に求核付加し，その付加体から水が脱離して生成する．

イミンの生成は弱酸性条件下（pH 4～5）で速やかに進行する．たとえば，第一級アミン（$RNH_2$）とカルボニル化合物との反応では，プロトン化で求電子性の増したカルボニル基にアミンの窒素原子が求核付加したのちに，プロトンが脱離してアミノアルコール中間体が生成する．次にこの中間体のヒドロキシ基の酸素にプロトンが付加し，水が脱離してイミニウムイオンが生じる．その後，$H^+$ が脱離してイミンが生成する．

この反応は平衡反応であるが，系中の水を除去しながら行うと平衡が右に偏りイミンが生成する．一方，イミンを多量の水と反応させると，もとのカルボニル化合物に戻る．

第一級アミンの他にヒドロキシルアミン（$H_2N-OH$）やヒドラジン（$H_2N-NH_2$）からは，それぞれオキシム，ヒドラゾンを生成する．

$H^+$　$H_2N-R$　第一級アミン

$-H^+$　アミノアルコール中間体（四面体中間体）　$H^+$　$-H_2O$

イミニウムイオン　$-H^+$　イミン　（オキシム　ヒドラゾン）

### b. 還元的アミノ化反応：イミンの還元

第二級アミンを合成する代表的なものとして，アルデヒドやケトンと第一級アミンからイミンを合成し，その二重結合をニッケル触媒の存在下，水素で還元する方法がある．また，第一級アミンの代わりにアンモニアを用いると第一級アミンを合成できる．この方法は**還元的アミノ化反応**（reductive amination）とよばれる．

$H_2N-CH_3$　$-H_2O$　イミン　$H_2$, Ni　第二級アミン

$NH_3$　$-H_2O$　イミン（単離は難しい）　$H_2$, Ni　第一級アミン

### c.　ホフマン脱離

少なくとも1つがエチル基より大きなアルキル基をもつ第四級アンモニウム塩を酸化銀と加熱すると水酸化第四級アンモニウムとなる．さらに$OH^-$の$\beta$水素引き抜きとアミンの脱離が同時に起こるE2反応によりアルケンが生成する．この反応は**ホフマン脱離**（Hofmann elimination）とよばれ，アミンが脱離するには加熱が必要である．

第四級アンモニウム塩 $\xrightarrow[\text{加熱},\ -AgX]{Ag_2O,\ H_2O}$ 水酸化第四級アンモニウム $\xrightarrow{\text{E2反応}}$ $R_2C=CR_2$ + $(CH_3)_3N$ + $H_2O$

2-ペンチルアミンを過剰のヨウ化メチルと反応させてヨウ化（2-ペンチル）トリメチルアンモニウムとした後，水存在下で酸化銀と加熱すると1-ペンテンと2-ペンテンを生成する．末端アルケンが主生成物として生成する場合を，**ホフマン則**（Hofmann rule）に従った反応という．

$H_3CH_2C{-}CH_2{-}CH(NH_2){-}CH_3$ $\xrightarrow[\text{（過剰）}]{CH_3I}$ $H_3CH_2C{-}CH_2{-}CH(\overset{+}{N}(CH_3)_3\ I^-){-}CH_3$ $\xrightarrow[\text{加熱}]{Ag_2O,\ H_2O}$

ヨウ化(2-ペンチル)トリメチルアンモニウム

$H_3CH_2C{-}CH_2{-}CH(\overset{+}{N}(CH_3)_3){-}CH_3$ ⟶ $CH_3CH_2CH_2CH{=}CH_2$ + $CH_3CH_2CH{=}CHCH_3$

立体障害大　$^-OH$　立体障害小

1-ペンテン　96 : 4　2-ペンテン

第四級アンモニウム塩ではホフマン則に従う反応が起こる場合が多い．この理由は，脱離基であるトリメチルアンモニウム基がかさ高いため，内部アルケンを形成するアンチペリプラナー配座が立体反発により取りにくく，立体反発の少ないアンチペリプラナー配座において$\beta$水素が引き抜かれるためである（4.1.5参照）．

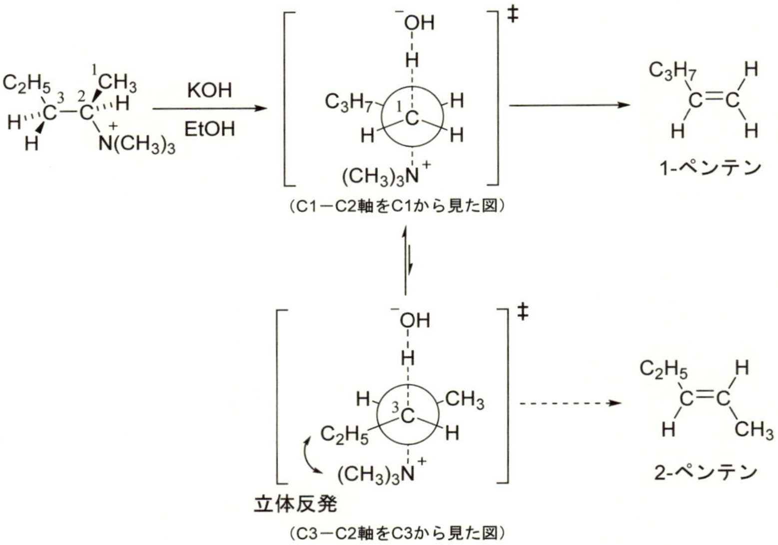

（C1－C2軸をC1から見た図）

1-ペンテン

立体反発

（C3－C2軸をC3から見た図）

2-ペンテン

## 章末問題

【ハロゲン化アルキル】

**4.1**　次の化合物が $S_N2$ 反応に対する反応性が高い順に並べなさい.

$CH_3Br$, $(CH_3)_3CCl$, $(CH_3)_2CHCl$

**4.2**　次の化合物を $S_N1$ 反応に対する反応性が高い順に並べなさい.

$CH_3CH_2Br$　　H−C(H)=C(H)−C(H)(Br)−$CH_3$　　$CH_3CH(Br)CH_3$　　H−C(H)=C(H)−Br

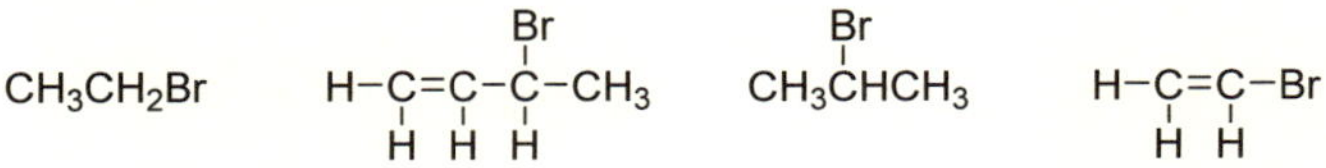

**4.3**　次の脱離反応の主生成物の構造式を書きなさい.

(1) 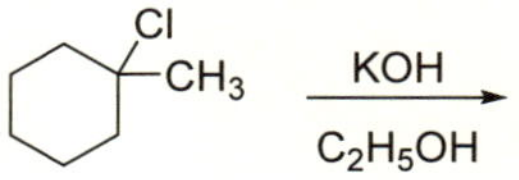　KOH / $C_2H_5OH$　　(2) 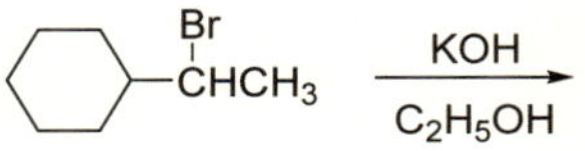　KOH / $C_2H_5OH$

(3) 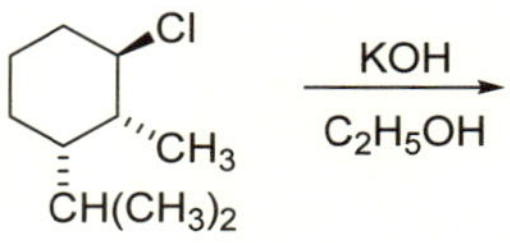　KOH / $C_2H_5OH$

【アルコール】

**4.4**　次の反応の生成物の構造式を立体化学を含めて書きなさい.

(1) 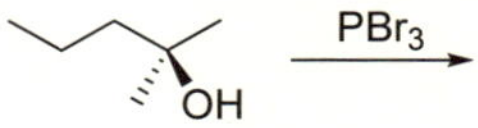　$PBr_3$　　(2) 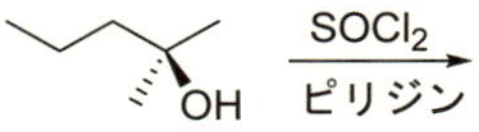　$SOCl_2$ / ピリジン

**4.5**　次のカルボカチオン転位の反応機構を書きなさい.

(1) $H_3C-C(CH_3)_2-CH(OH)-CH_3$ $\xrightarrow{H_2SO_4}$ $(H_3C)_2C=C(CH_3)_2$

(2) $\xrightarrow{H_2SO_4}$ + $H_2O$

4.6　次のアルコールをピリジン中 $POCl_3$ で処理したとき，得られる主生成物の構造式を書きなさい．

(1)　(2)

【アルケンとアルキン】

4.7　次の反応の主生成物の構造式を書きなさい．

(1) $CH_3-C(CH_3)=CHCH_2CH_3$ $\xrightarrow{HBr}$　(2) $=CH_2$ $\xrightarrow{HBr}$

4.8　次の転位反応の反応機構を書きなさい．

(1) $\xrightarrow{HCl}$ Cl　(2) $CH_3$, $CH_3$ $\xrightarrow{HCl}$ $CH_3$, $CH_3$, $CH_3$, Cl

4.9　次の各反応の生成物の構造式を書きなさい．位置選択性と立体化学が問題となる場合は，それらも含めて書きなさい．

(1) $\xrightarrow{Br_2}$　(2) $\xrightarrow{Br_2,\ H_2O}$

(3) $CH_3$ $\xrightarrow[2)\ H_2O_2,\ KOH]{1)\ BH_3}$　(4) $CH_3$ $\xrightarrow[2)\ NaBH_4]{1)\ Hg(OAc)_2,\ H_2O}$

【エーテル】

4.10　次の(1),(2)のエーテルをウィリアムソンエーテル合成法で合成することは可能か．可能ならばその反応経路を書きなさい．

(1) O　(2) O

4.11　4.10の(1),(2)のエーテルをアルケンからのアルコキシ水銀化で合成することは可能か．可能ならばその反応経路を書きなさい．

4.12　次のエーテルまたはエポキシドの開裂反応の生成物の構造式を書きなさい．

(1) シクロヘキシル−O−$CH_2CH_3$ —HI / $H_2O$→ (2) フェニル−O−C($CH_3$)$_3$ —$CF_3CO_2H$→

(3) $H_3C$−C(H)−C(H)−H (エポキシド) —HCl / $(C_2H_5)_2O$→ (4) $H_3C$, $H_3C$−C−C(H)−H (エポキシド) —HCl / $(C_2H_5)_2O$→

【芳香族化合物】

**4.13** 次の化合物のうち芳香族性を示すものはどれか書きなさい.

(1) (2) (3) (4)

(5) (6)

**4.14** 次の反応の主生成物の構造式を書きなさい.

(1) Cl−$C_6H_4$−OH —$HNO_3$, $H_2SO_4$→ (2) $C_6H_5$−$CH_2CH_2CH_2CH_2Cl$ —$AlCl_3$→

(3) $O_2N$−$C_6H_3$($NO_2$)−Cl —$^-OH$→ —$H_3O^+$→

**4.15** 次の変換を行う合成経路を考えなさい.

(1) ベンゼンから 1-フェニルブタン (アシル化＋還元)

(2) ベンゼンから *m*-エチルブロモベンゼン (アシル化＋ブロモ化＋還元)

【カルボニル化合物 (アルデヒド・ケトン)】

**4.16** $D_2O/DO^-$ 中で, 次のカルボニル化合物のどの位置の H が D と交換するか. 考えられるすべての H が D に変換された構造式を示しなさい.

(1) $H_3C$, H H, O, H, H, H (2) O, O

**4.17** アルドール縮合によって次の不飽和カルボニル化合物を合成するには, どのようなカルボニル化合物を用いればよいか. その構造式を書きなさい.

(1) O, H (2) O, $CH_3$ (3) O

**4.18** 次の反応の主生成物を書きなさい.

(1) 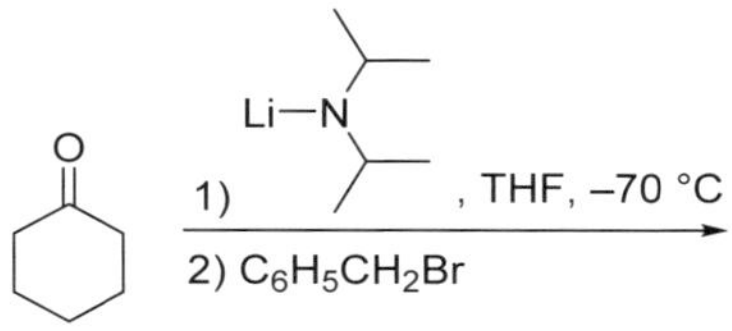 cyclohexanone

1) LDA (Li–N(iPr)$_2$), THF, –70 °C
2) $C_6H_5CH_2Br$

(2) $CH_3CH_2CH_2I$ — 1) $(C_6H_5)_3P$, 2) $n$-BuLi → (3-pentanone) →

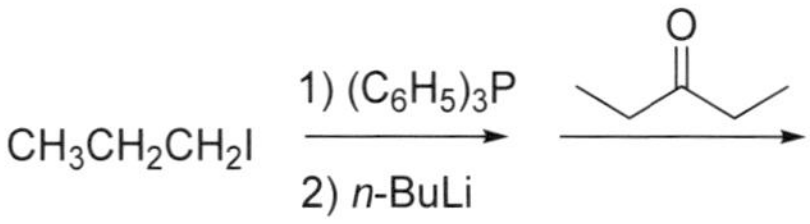

4.19 次の反応式の(A)～(C)に適切な化合物の構造式を書きなさい.

(methyl 3-formylbenzoate: H, O, OCH$_3$)

1) $LiAlH_4$
2) $H^+$, $H_2O$, Δ → (A)

$HOCH_2CH_2OH$
$H^+$, Δ → (B) — 1) $LiAlH_4$, 2) $H^+$, $H_2O$, Δ → (C)

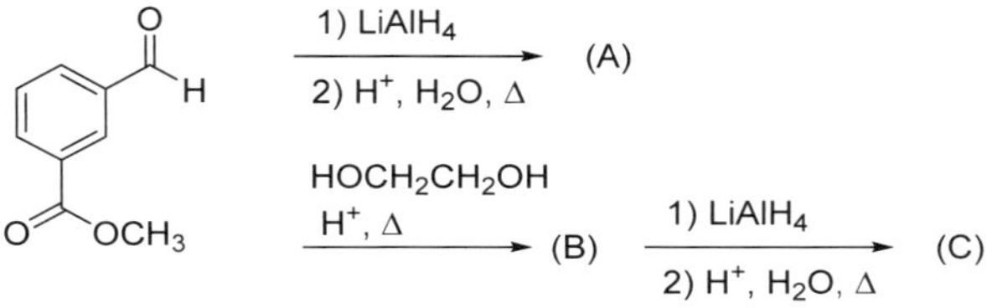

【カルボン酸とカルボン酸誘導体】

4.20 次の反応の主生成物を書きなさい.

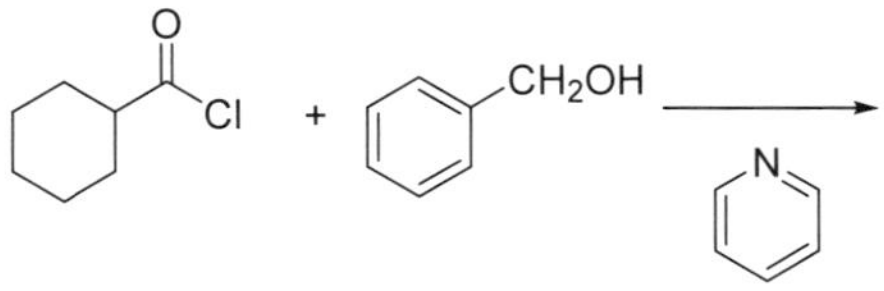

(1) 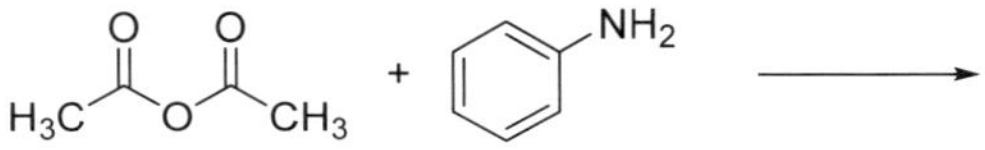 $H_3C$–CO–O–CO–$CH_3$ + $C_6H_5NH_2$ ⟶

(2) cyclohexyl–COCl + $C_6H_5CH_2OH$ ⟶ (pyridine)

(3) $C_6H_5COOC_2H_5$ + $H_3C$–CO–$OC_2H_5$ — 1) $NaOC_2H_5$, 2) $H^+$ ⟶

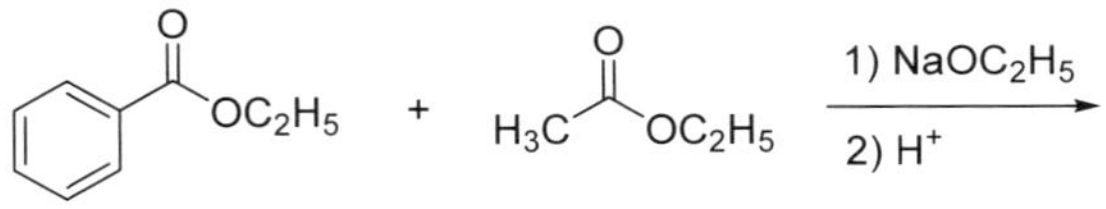

4.21 次の反応式の(A)～(C)に適切な化合物の構造式を書きなさい.

2 $CH_3CH_2$–CO–$OC_2H_5$ — 1) $NaOC_2H_5$, 2) $H^+$ → (A) — 1) $NaOC_2H_5$, 2) $C_6H_5CH_2Br$, 3) $H^+$ → (B) — $H^+$, 加水分解 → 加熱 → (C)

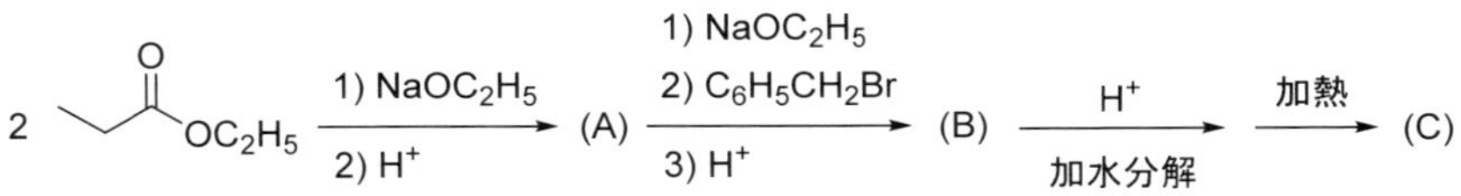

4.22 次式で示されるジエステルの分子内クライゼン縮合は，ディークマン縮合(Dieckmann condensation)とよばれる．電子の流れ矢印を用いて反応機構を書きなさい.

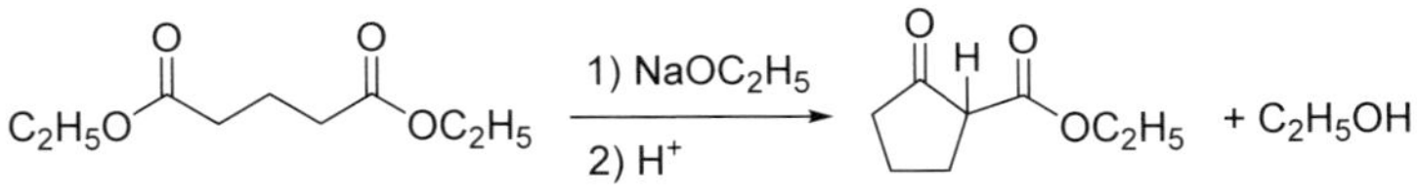

$C_2H_5O$–CO–$(CH_2)_4$–CO–$OC_2H_5$ — 1) $NaOC_2H_5$, 2) $H^+$ ⟶ 2-oxocyclopentane–CH(H)–CO–$OC_2H_5$ + $C_2H_5OH$

【有機金属試薬と金属水素化物】

**4.23**　次のグリニャール反応の主生成物の構造式を書きなさい．ただし，グリニャール試薬は過剰量加えるものとする．

(1) 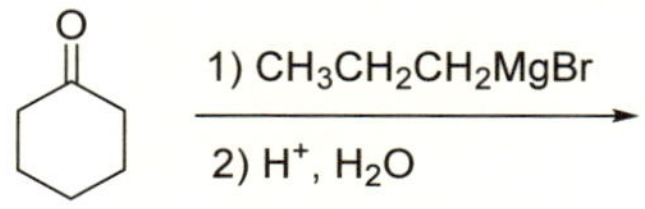　O (シクロヘキサノン)　1) $CH_3CH_2CH_2MgBr$　2) 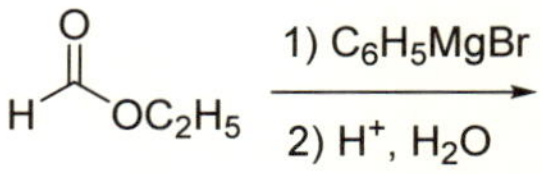 $H^+$, $H_2O$ →

(2)　O, H, $OC_2H_5$　1) $C_6H_5MgBr$　2) $H^+$, $H_2O$ →

(3) 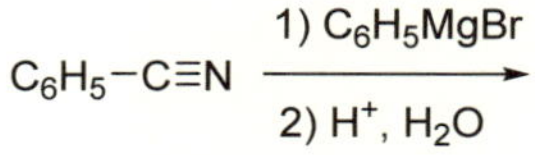　$C_6H_5-C{\equiv}N$　1) $C_6H_5MgBr$　2) $H^+$, $H_2O$ →

(4) 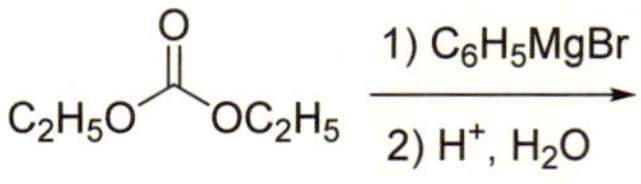　O, $C_2H_5O$, $OC_2H_5$　1) $C_6H_5MgBr$　2) $H^+$, $H_2O$ →

**4.24**　次のカルボニル化合物をメタノール中 $NaBH_4$ で還元したときに得られる生成物の構造式を書きなさい．

(1) 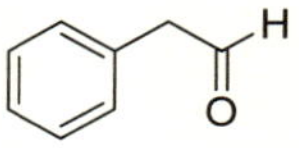　H, O　(2) 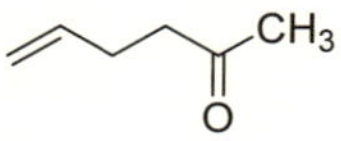　$CH_3$, O　(3)　O, $H_3C$, $OC_2H_5$, O

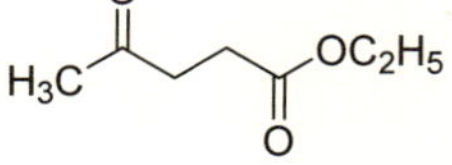

【アミン】

**4.25**　次の各組の化合物では，どちらが塩基性が強いか示しなさい．

(1) $CH_3CH_2NH_2$ と $CH_3CH_2CONH_2$

(2) $CH_3NHCH_3$ と $CH_3NHC_6H_5$

**4.26**　次の反応の主生成物の構造式を書きなさい．

(1) 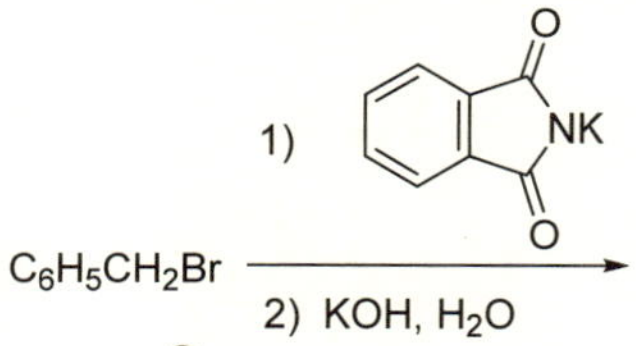　$C_6H_5CH_2Br$　1) O, NK, O　2) 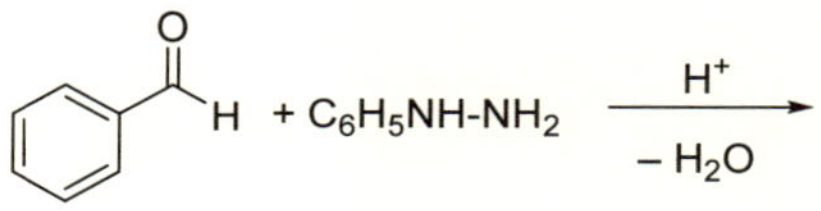 KOH, $H_2O$ →

(2)　O, H　+ $C_6H_5NH\text{-}NH_2$　$H^+$　$-\,H_2O$ →

(3) 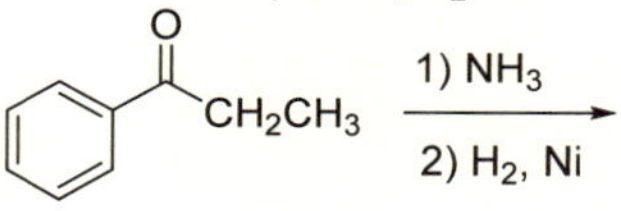　O, $CH_2CH_3$　1) $NH_3$　2) $H_2$, Ni →

(4) 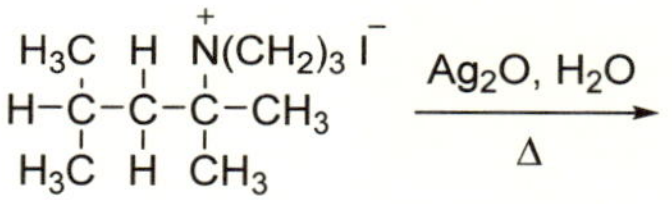　$H_3C$　H　$\overset{+}{N}(CH_3)_3$ $I^-$
H－C－C－C－$CH_3$
$H_3C$　H　$CH_3$
$Ag_2O$, $H_2O$　Δ →

# Ⅲ．発展編

応用編では，基礎編で学んだ概念をもとに，官能基に特徴的な有機化合物やその反応を扱った．発展編では，応用編から少し踏み込んだ内容を取り上げる．

「5．発展的な反応」と「4．官能基の化学」の相関は以下のようになっている．

「5. 発展的な反応」と「4. 官能基の化学」の内容の相関

5.1　ラジカル反応によるハロゲン化アルキルの合成
【4.1　ハロゲン化アルキルの発展として】
5.2　アルコールの酸化
【4.2　アルコールの発展として】
5.3　アルケンとアルキンの酸化と還元
【4.3　アルケンとアルキンの発展として】
5.4　エーテルの合成と反応
【4.4　エーテルの発展として】
5.5　芳香族化合物の反応
【4.5　芳香族化合物の発展として】
5.6　カルボニル化合物の反応
【4.6　カルボニル化合物（アルデヒド・ケトン）の発展として】
5.7　カルボン酸誘導体の合成と反応
【4.7　カルボン酸とカルボン酸誘導体の発展として】
5.8　有機金属試薬の反応
【4.8　有機金属試薬と金属水素化物の発展として】
5.9　アミンの反応とエナミンを用いる反応
【4.9　アミンの発展として】
5.10　転位反応

発展編の項目を学ぶにあたり，応用編の項目も再確認してほしい．

また，発展編の内容は専門科目の有機化学でも扱う内容なので，詳しく知りたいときは，専門科目で使われる有機化学の教科書を見てほしい．本書を専門科目の有機化学のカリキュラムと組み合わせることで，さらにスパイラルな学習ができる．

# 5. 発展的な反応

## 5.1 ラジカル反応によるハロゲン化アルキルの合成

有機反応の多くが2電子の移動が関与する反応である．これに対して，ラジカル反応は1電子移動反応の代表的なものである．ハロゲン化アルキルは，アルカンのラジカル反応によるハロゲン化やアルケンへの臭化水素のラジカル付加反応からも合成できる．

### a. アルカンのハロゲン化

炭素ラジカルの関与する例として，光照射下（$h\nu$）でメタンを塩素と作用させる反応を示す．この反応には，いくつかの素反応過程が含まれる．(1)を開始過程，(2)と(3)を連鎖過程，(4)を停止過程という．

$$CH_4 + Cl_2 \xrightarrow{h\nu} CH_3Cl + HCl$$

(1) ラジカルの生成反応（開始過程）

$$Cl_2 \xrightarrow{h\nu} 2Cl\cdot$$

(2) 水素引き抜き反応（連鎖過程）

$$Cl\cdot + CH_4 \longrightarrow HCl + \cdot CH_3$$

(3) 付加反応（連鎖過程）

$$CH_3\cdot + Cl_2 \longrightarrow CH_3Cl + Cl\cdot$$

(4) 再結合反応（停止過程）

$$CH_3\cdot + Cl\cdot \longrightarrow CH_3Cl$$

$$CH_3\cdot + \cdot CH_3 \longrightarrow CH_3CH_3$$

ここで注目すべきは，塩素ラジカルが一度発生すれば(2)と(3)の反応を繰り返すことで反応が進行する点である．(2)と(3)の繰り返し反応を**連鎖反応**（chain reaction）とよび，ラジカル反応の特徴である．連鎖過程はサイクルで表すことができる．

HCl　$CH_3\cdot$　$Cl_2$

$CH_4$　$Cl\cdot$　$CH_3Cl$

メタンやエタン以外のアルカンのハロゲン化反応では，生成するラジカルの安定性から（基礎編 3.2.2 参照），第一級のハロゲン化物よりも第二級や第三級のハロゲン化物が優先して得られる．たとえば，プロパンからは 1-クロロプロパンよりも 2-クロロプロパンが多く生成する．

### b.　アルケンへの臭化水素のラジカル付加反応

アルケンへのハロゲン化水素の付加反応はマルコウニコフ則に従うが（基礎編 3.2.1，応用編 4.3.3 参照），過酸化物などのラジカル開始剤の存在下での臭化水素との反応は，水素原子が少ないほうに H が付加した逆マルコウニコフ型の生成物を与える．過酸化物との反応により生じた臭素ラジカルがアルケンの末端に付加し，安定な第三級ラジカルを生じることが，逆マルコウニコフ型となる理由である．

$(H_3C)_2C{=}CH_2$ + HBr $\xrightarrow[\text{加熱}]{\text{ROOR}}$ $H_3C{-}CH(CH_3){-}CH_2{-}Br$

［反応機構］

開始反応

RO−OR $\xrightarrow{\text{加熱}}$ 2 RO・

RO・ + H−Br ⟶ ROH + Br・

連鎖反応

(1) $(H_3C)_2C{=}CH_2$ + Br・ ⟶ $H_3C{-}\dot{C}(CH_3){-}CH_2{-}Br$（第三級炭素ラジカル）

(2) $H_3C{-}\dot{C}(CH_3){-}CH_2{-}Br$ + HBr ⟶ $H_3C{-}CH(CH_3){-}CH_2{-}Br$ + Br・

(1)の反応

$(H_3C)_2C{=}CH_2$ + ・Br ⟶ 第三級炭素ラジカル

$(H_3C)_2C{=}CH_2$ + ・Br - - -→ $H_3C{-}CBr(CH_3){-}\dot{C}H_2$（第一級炭素ラジカル）

また，この反応は HBr に限られる．なぜなら HI では(1)の反応が吸熱反応であり，HCl では(2)の反応が吸熱反応であるため連鎖反応が起こらない．連鎖反応を構成する 2 つの反応がともに発熱反応である HBr でのみ起こる．

## 5.2　アルコールの酸化

第一級および第二級アルコールは酸化剤と反応させることでアルデヒドやケトンになる．アルデヒドは，さらに酸化されてカルボン酸になる．また，多重結合も酸化剤による酸化を受け，カルボニル化合物やカルボキシ化合物を与える．

### 5.2.1　アルコールからアルデヒド・ケトンへの酸化

### a.　スワン酸化（Swern oxidation）

ジメチルスルホキシド（DMSO）を求電子剤によって活性化した試薬を用いると，第一級アルコールをアルデヒドに，第二級アルコールをケトンにすることができる．塩基存在下，活性化剤として塩化オキサリル（Cl－CO－CO－Cl）を用いた際の反応機構を以下に示す．この反応によって，硫黄原子が3価から2価に還元される．



### b. PCC酸化

クロロクロム酸ピリジニウム（pyridinium chlorochromate，PCCと略す）を用いて，第一級アルコールをアルデヒドに，第二級アルコールをケトンにすることができる．反応の第1段階は，アルコールとクロム酸とのエステル化であり，系中の水やピリジン，またはCr＝O結合の酸素による脱プロトン化を伴ってカルボニル基が生成する．エステル化した状態での混み具合を避けるように進行するため，第二級アルコールでより速やかに反応が進行する．この反応によって，Cr原子は6価から4価に還元される．



## 5.2.2 アルコールからカルボン酸への酸化

### a. ジョーンズ酸化

ジョーンズ（Jones）試薬は$CrO_3$の硫酸水溶液で，第二級アルコールをケトンにする．第一級アルコールは酸化によってアルデヒドとなるが，酸性水溶液では水和物との平衡混合物となる．この水和物がアルコールと同様に反応することで，第一級アルコールはカルボン酸まで酸化される．ジョーンズ試薬による反応では，Cr原子は6価から4価に還元される．

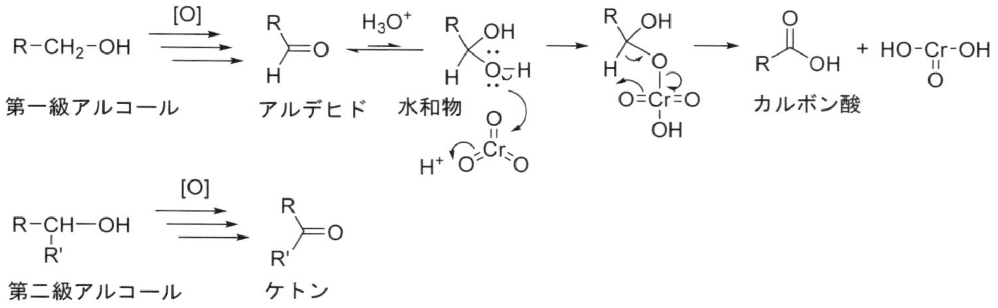

第一級アルコール　アルデヒド　水和物　カルボン酸

第二級アルコール　ケトン

**b.　ハロホルム反応**

ハロホルム反応は，アセチル基（$-CO-CH_3$）をカルボン酸にする反応である（基礎編3.2.3参照）．この反応で使うハロゲン分子はアルコールも酸化するので，酸化によりアセチル基を生じるアルコールは，ハロホルム反応でカルボン酸にすることができる．

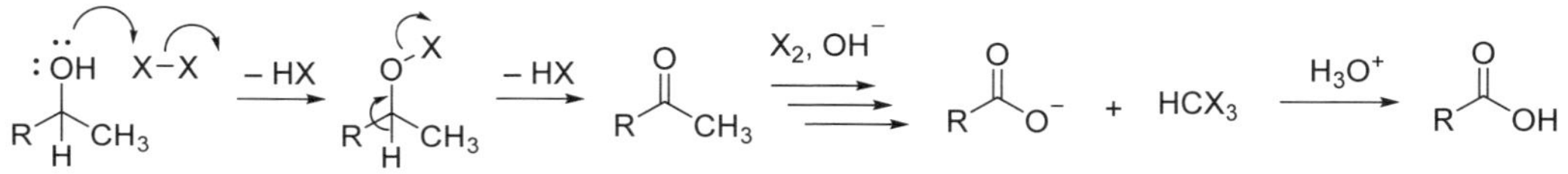

## 5.3　アルケンとアルキンの酸化と還元

不飽和結合をもつアルケンやアルキンは工業原料として重要である．アルケンやアルキンを酸化や還元することで，多様な化合物に変換できる．

### 5.3.1　アルケンの酸化

**a.　過マンガン酸カリウム酸化**

過マンガン酸カリウムの硫酸水溶液をアルケンに作用させると，アルケンの二重結合が切断されて，ケトンやアルデヒドを生じる．アルデヒドはさらに酸化されてカルボン酸になる．一方，塩基性条件下では1,2-ジオールが得られる．

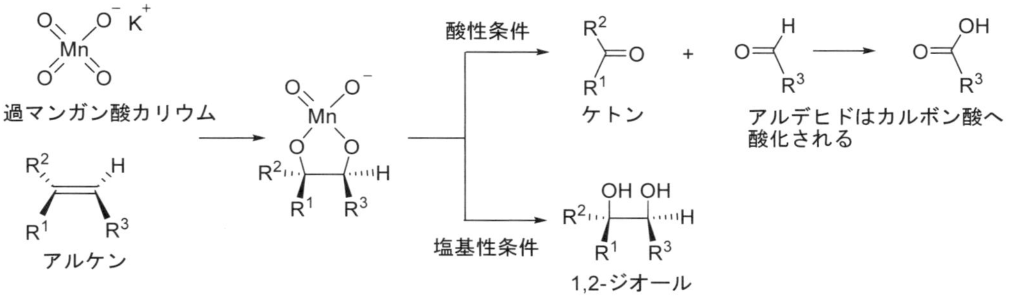

過マンガン酸カリウム　アルケン　酸性条件　ケトン　アルデヒドはカルボン酸へ酸化される　塩基性条件　1,2-ジオール

**b.　オゾン酸化**

オゾン（$O_3$）は，アルケンに付加することでアルデヒドやケトン，カルボン酸を生じる．オゾンの共鳴構造中の双性イオン構造でアルケンへ付加する．得ら

れた中間体は不安定で，開環–閉環によってオゾニドを形成する．このオゾニドが分解することで酸化が進行するが，還元条件下（$(CH_3)_2S$ 存在下など）で行うとアルデヒドが，酸化条件下（$H_2O_2$ 存在下など）で行うとカルボン酸が得られる．

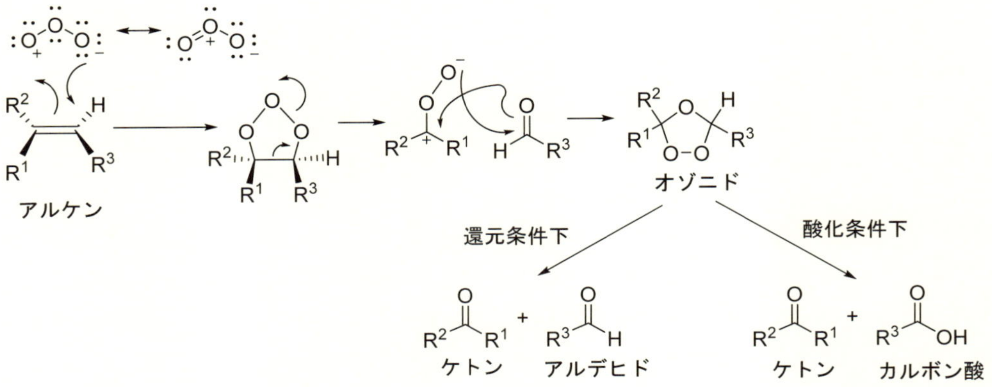

### 5.3.2　アルキンやアルケンの還元

パラジウム (Pd) 金属を触媒として用いて水素存在下でアルキンを還元すると，アルケンを経由してアルカンまで還元される．

還元をアルケンで止めるために**リンドラー触媒**（Lindlar catalyst）や Na-$NH_3$ 条件の還元がある．リンドラー触媒と Na-$NH_3$ 条件の還元は，それぞれ得られるアルケンが *cis* 体と *trans* 体と異なることから，相補的な関係にある．

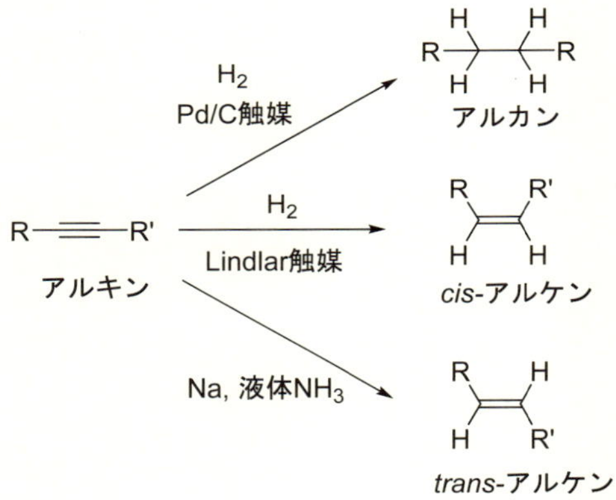

#### a.　リンドラー触媒による還元

パラジウム（Pd）は鉛（Pb）で被毒して活性を下げることができる．鉛塩を含む炭酸カルシウム固体（$CaCO_3$）にパラジウム微粒子を担持した触媒はリンドラー触媒とよばれる．アルケンへの水素還元と同様に，π 結合の同じ面から 2 つの水素原子が付加するため，アルキンから *cis* 体のアルケンが得られる．パラジウムの活性が下げられているため，アルケンの還元は起こらない．

R—≡—R'　アルキン　$\xrightarrow[\text{Pd/CaCO}_3\text{/Pb (Lindlar触媒)}]{H_2}$　[R—≡—R'　H　H　Pd]　→　cis-アルケン

### b. $Na$-$NH_3$ 還元

液体アンモニア中でアルキンに金属ナトリウム（Na）を反応させると，アルケンに変換することができる．この反応は，アンモニアで溶媒和された電子がアルキンに付加してアニオンラジカルを生成し，アンモニアからのプロトンの引き抜きと，溶媒和された電子からのさらなる1電子移動を経て進行する．途中で生じる $sp^2$ 混成の炭素ラジカルは立体が変換して *cis* 体にもなれるが，立体反発の少ない *trans* 体が有利となる．この *trans* 体に1電子移動した後，プロトン化して *trans* 体のアルケンが得られる．末端アルキンでは，酸性度の高い末端プロトンが反応してアセチリド（$C{\equiv}C^-$）が生成するため，還元反応は進行しない．

$Na + NH_3 \rightarrow Na^+ + e^-[NH_3]_n$（溶媒和電子）

R—≡—R'　アルキン　→　$Na^+$　(H$_2$N–H)　$\xrightarrow{-\text{NaNH}_2}$　$Na^+\ e^-[NH_3]_n$　*trans*体（⇅ *cis*体）　→　$Na^+$　H–$NH_2$　$\xrightarrow{-\text{NaNH}_2}$　*trans*-アルケン

## 5.4　エーテルの合成と反応

### a. 過酸による酸化

過酸を用いることで，アルケンをエポキシドに変換することができる（応用編4.4.4b参照）．この反応は協奏的に進行するため，アルケンの置換基の配置が保持されたエポキシドが得られる．アルケンが過酸へ電子を与える反応であるため，電子豊富なアルケンほど反応は容易に進行する．

アルケン（$R^1$, $R^2$, $R^3$, $R^4$）＋ RCO–O–OH　$\xrightarrow{-\text{RCOOH}}$　エポキシド

### b. グリニャール試薬との反応

エポキシドは三員環のエーテルであり，歪んだ構造をもつため，酸や塩基性条

件下で開環反応を起こすことを学んだ(応用編 4.4.4c, 4.4.4d 参照). グリニャール試薬はエポキシドの炭素に求核攻撃して開環する. そのため, 炭素原子 2 個増加したアルコールが生成する.

$$\text{H}_2\text{C}\overset{\text{O}}{-}\text{CH}_2 + \overset{\delta-}{\text{R}}-\overset{\delta+}{\text{MgX}} \longrightarrow \text{R}-\text{CH}_2-\text{CH}_2-\text{OMgX} \xrightarrow[\text{H}_2\text{O}]{\text{H}^+} \text{R}-\text{CH}_2-\text{CH}_2-\text{OH}$$

**c. ルイス酸による C−O 結合切断**

エーテルの C−O 結合はブレンステッド酸（HBr や HI）で切断することができる（応用編 4.4.3 参照）. ルイス酸である三臭化ホウ素（$BBr_3$）でも C−O 結合の切断は起こる. ルイス酸については後述する（6.2 参照）.

$$\text{C}_6\text{H}_5\text{OCH}_3 + \text{BBr}_3 \longrightarrow \text{C}_6\text{H}_5\overset{+}{\text{O}}(\text{CH}_3)\overset{-}{\text{B}}\text{Br}_3 \longrightarrow \text{C}_6\text{H}_5\overset{+}{\text{O}}(\text{CH}_3)\text{BBr}_2 + \text{Br}^- \xrightarrow[-\,\text{CH}_3\text{Br}]{\text{S}_\text{N}2} \text{C}_6\text{H}_5\text{OBBr}_2 \xrightarrow[\text{後処理}]{\text{H}_2\text{O}} \text{C}_6\text{H}_5\text{OH}$$

## 5.5 芳香族化合物の反応

### 5.5.1 反応エネルギー図から見た芳香族求電子置換反応

応用編では芳香族求電子置換反応について, フェノール, トルエン, 安息香酸, クロロベンゼンなどのニトロ化を例に取り上げて説明した. その中で一置換ベンゼンの反応速度がベンゼンより速くなる, つまり活性化されているのかどうか, また生成物はオルト-パラ配向性かメタ配向性のどちらなのかをベンゼン環に対する置換基の誘起効果と共鳴効果から考察した（応用編 4.5.6 参照）.

本来, 反応速度は活性化エネルギーの大小で決まる. しかし, これまで反応の起こりやすさを中間体の安定性で議論してきた. ここでは, 芳香族求電子置換反応の反応エネルギー図を用いて, 反応の起こりやすさ（活性化エネルギーの大小）を中間体の安定性で考えてみよう.

オルト-パラ配向性を示すフェノールとクロロベンゼンについて, それぞれの中間体への反応曲線を示す（図 5.1）. ただし, 原系のエネルギーを同じとし, *o*-置換体と *p*-置換体は同じエネルギー曲線で示している. ここで活性化エネルギーの差は, おおむね中間体の安定性（エネルギー差）で比較してよいとする仮説（ハモンドの仮説）を導入する. ハモンドの仮説は反応速度と安定性を関係づけるものである.

置換基によるベンゼン環の活性化については, ヒドロキシ基の非共有電子対による共鳴効果が強く, *o*-位と *p*-位での反応では中間体が安定化される. そのため, ニトロニウムイオン（$NO_2^+$）の付加段階の活性化エネルギーは, ベンゼンとの反応に比べて相対的に小さくなる（応用編 4.5.6c 参照）. 一方, ハロゲンやカルボニル基などの不活性化基では誘起効果が強く，中間体は不安定化されて活性化エネルギーは大きくなる．

$m$-位での反応では，ハロゲンやヒドロキシ基は非共有電子対による共鳴効果が得られず誘起効果のみが働き，ベンゼンに比べて中間体が不安定化される．そのため，どちらも活性化エネルギーは大きくなる．ハロゲン置換体では $o$-位および $p$-位での反応の中間体で共鳴効果が得られるため $m$-位での反応の中間体よりも安定であり，活性化エネルギーも小さくなる．そのため，ベンゼンよりも反応性は劣るもののオルト-パラ配向性を示す．

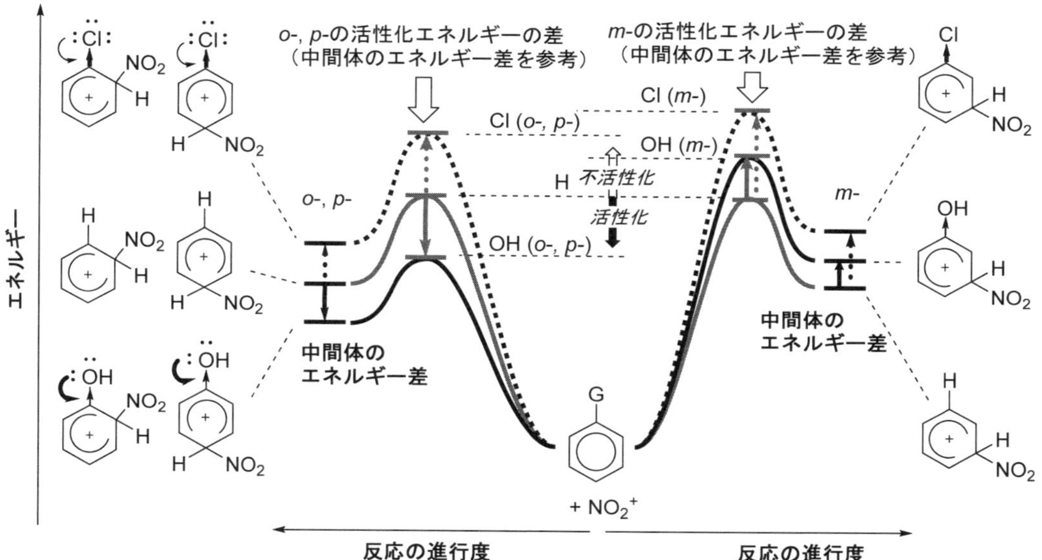


図 5.1　ベンゼンの求電子置換反応における反応エネルギー図

## 5.5.2　ガッターマン-コッホ反応

フリーデル-クラフツ アシル化により芳香族ケトンが合成できる（応用編 4.5.4b 参照）．しかし，塩化ホルミル（HCOCl）は非常に不安定なため，ベンズアルデヒドなどの芳香族アルデヒドは同様の方法では合成できない．芳香族アルデヒドを合成するフリーデル-クラフツ アシル化の改良法が**ガッターマン-コッホ反応**（Gatterman-Koch reaction）である．塩化アルミニウム-塩化銅を触媒として用い，高圧下一酸化炭素と塩化水素を作用させると，ホルミルカチオン（$H-C\equiv O^+$）が系中で生成し，これが求電子剤となりベンゼンからベンズアルデヒドが得られる．

$$HCl + {}^{-}C\equiv O^{+}: + AlCl_3 \overset{CuCl}{\rightleftharpoons} H-C\equiv O^{+}: + {}^{-}AlCl_4$$

一酸化炭素

$$C_6H_6 + H-C\equiv O^{+}: \longrightarrow [C_6H_6-CHO]^{+}\ (Cl^{-}) \longrightarrow C_6H_5CHO$$

### 5.5.3 芳香族ケトンの還元

#### a. ウォルフ-キシュナー還元（塩基性条件）

カルボニル化合物をヒドラジンと反応させ，強塩基性水溶液中で加熱すると，窒素ガスが脱離して，カルボニル基が$-CH_2-$に変換される．本反応は，塩基性条件下で進行することから，酸性条件下で分解しやすい化合物に有効である（応用編 4.5.5 参照）．

$$C_6H_5COCH_3 + H_2N{-}NH_2 \xrightarrow[\text{加熱}]{NaOH,\ -N_2} C_6H_5CH_2CH_3$$

ヒドラジン

#### b. クレメンゼン還元（酸性条件）

ケトンを濃塩酸中で亜鉛のアマルガム（Zn(Hg)）と反応させると，カルボニル基が$-CH_2-$に変換される．本反応は，酸性条件下で進行することから，塩基性条件下で分解しやすい化合物に有効である（応用編 4.5.5 参照）．

$$C_6H_5COCH_3 \xrightarrow[\text{加熱}]{Zn(Hg),\ HCl} C_6H_5CH_2CH_3$$

## 5.6 カルボニル化合物の反応

ケトンの$\alpha$炭素に関連する反応を紹介する．

### 5.6.1 マイケル付加反応

アセト酢酸エチルなどから得られるエノラートアニオンが，$\alpha,\beta$-不飽和カルボニル化合物へ1,4-付加（共役付加）すると，対応する1,5-ジカルボニル化合物が得られる．この反応を**マイケル付加反応**（Michael addition）という．

$$CH_3COCH_2COOC_2H_5 \xrightarrow{Na^+\ {}^-OC_2H_5} CH_3COCH{=}C(O^-Na^+)OC_2H_5 + C_2H_5OH$$

$$CH_3COCH{=}C(O^-Na^+)OC_2H_5 + CH_2{=}CHCOCH_3 \longrightarrow CH_3COCH(COOC_2H_5)CH_2CH{=}C(O^-Na^+)CH_3$$

$$\xrightarrow{C_2H_5OH} CH_3COCH(COOC_2H_5)CH_2CH_2COCH_3 + NaOC_2H_5$$

### 5.6.2　ロビンソン環化

ケトンが$\alpha,\beta$-不飽和ケトンへマイケル付加（5.6.1 参照）した後，さらに分子内アルドール縮合（応用編 4.6.3b 参照）が進行すると新たな環が形成される．この連続的な反応を**ロビンソン環化**（Robinson annulation）という．

$NaOC_2H_5$　+ $H_2O$

2-メチルシクロヘキサノンには２つの$\alpha$位があるが，熱力学的に安定な多置換アルケンを与えるようにエノラート中間体が生成する反応が進行する．

2-メチル シクロヘキサノン　3-ブテン-2-オン　マイケル付加反応

分子内アルドール縮合　主生成物

分子内アルドール縮合では，他にも２箇所の$\alpha$水素から生じるエノラートアニオンが考えられるが，生成物の環構造の歪みが大きくなるため生成しない．一般に歪みの少ない五員環や六員環を生成するように反応が進行する．

２つの六員環で歪みが生じる　大きな歪みのある四員環を含む

## 5.7　カルボン酸誘導体の合成と反応

フィッシャーのエステル化などカルボキシ基の炭素上での求核置換反応について説明した（応用編 4.7.2 参照）．カルボキシ基の炭素原子が，付加–脱離の過程で炭素の四面体中間体を経由することが特徴であった．ここではカルボキシ基の酸素原子上での置換反応を取り上げる．これは $S_N1$ 反応または $S_N2$ 反応で進行する．

$S_N$1反応

$$\mathrm{(CH_3)_3C{-}X} \xrightarrow{-X^-} \mathrm{(CH_3)_3C^+} + \mathrm{RCOOH} \xrightarrow{-H^+} \mathrm{(CH_3)_3C{-}O{-}C(=O){-}R}$$

$S_N$2反応

$$\mathrm{RCOO^-} + \mathrm{H(R)(R')C{-}X} \longrightarrow \mathrm{RCOO{-}C(R)(R')H} + \mathrm{X^-}$$

### 5.7.1 カルボキシ基の酸素原子上での反応

#### a. $S_N$1 反応を経由する *tert*-ブチルエステル化と加水分解反応

*tert*-ブチルアルコールを用いる酸性条件下でのエステル化では，四面体中間体を経由しない $S_N$1 反応で進行する．*tert*-ブチルアルコールのヒドロキシ基がプロトン化されてオキソニウムイオンが生成し，$H_2O$ が脱離することで第三級カルボカチオンである *tert*-ブチルカチオンが生成する．このカチオンへカルボキシ基の酸素が求核付加することで，*tert*-ブチルエステルが生成する．イソブテン（$(CH_3)_2C{=}CH_2$）のプロトン化によっても *tert*-ブチルカチオンを発生させることができる．これを用いてもエステル化を行うことができる．

$$\mathrm{(CH_3)_3C{-}OH} \underset{}{\overset{H^+}{\rightleftharpoons}} \mathrm{(CH_3)_3C{-}OH_2^+} \rightleftharpoons \mathrm{(CH_3)_3C^+} + \mathrm{H_2O}$$

*tert*-ブチルカチオン
第三級カルボカチオン

$$\mathrm{(CH_3)_3C^+} + \mathrm{C_6H_5COOH} \rightleftharpoons \left[\mathrm{C_6H_5C(OH){=}O^+{-}C(CH_3)_3} \longleftrightarrow \mathrm{C_6H_5C(=O^+H){-}O{-}C(CH_3)_3}\right] \overset{-H^+}{\rightleftharpoons} \mathrm{C_6H_5COO{-}C(CH_3)_3}$$

$$\mathrm{(CH_3)_2C{=}CH_2} \overset{H^+}{\rightleftharpoons} \mathrm{(CH_3)_3C^+}$$

*tert*-ブチルカチオン
第三級カルボカチオン

エステルの加水分解反応は，プロトン化されたエステルからカルボン酸が脱離し，生成した安定な第三級カルボカチオンに水が付加してアルコールが生じることで進行する．*tert*-ブチル基に注目するとカルボキシ基がヒドロキシ基にかわる $S_N$1 反応である．

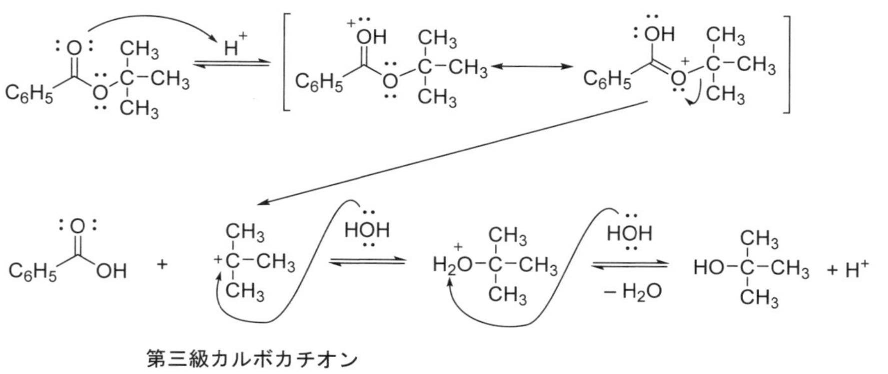

第三級カルボカチオン

### b. カルボン酸塩を用いるエステル化

カルボン酸を NaOH のような塩基と作用させるとカルボン酸塩を与える．この塩は求核性をもつためハロゲン化アルキルと求核置換（$S_N2$）反応を起こし，エステルを生成する．

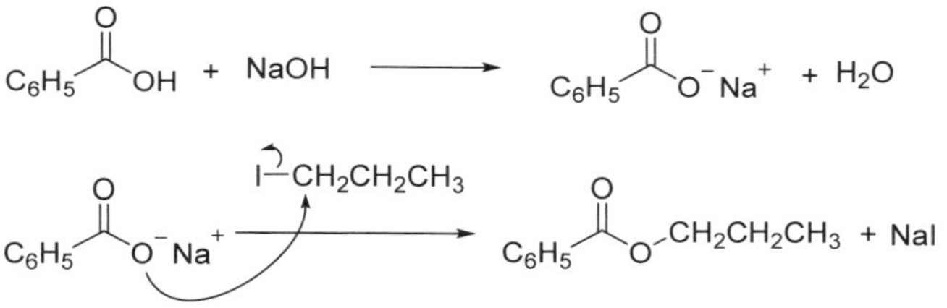

### c. ジアゾメタンを用いるエステル化

カルボン酸からメチルエステルを合成する便利な方法としてジアゾメタン（$CH_2N_2$）を用いるエステル化がある．ジアゾメタンによってカルボン酸のプロトンが引き抜かれ，次に，カルボキシラートアニオンがジアゾメタンの炭素原子を攻撃し，メチルエステルと窒素ガスが生成する．反応は室温で速やかに進行し，副生成物も窒素ガスのみなので精製も容易で，実験室レベルでの簡便なメチルエステル化法の 1 つである．

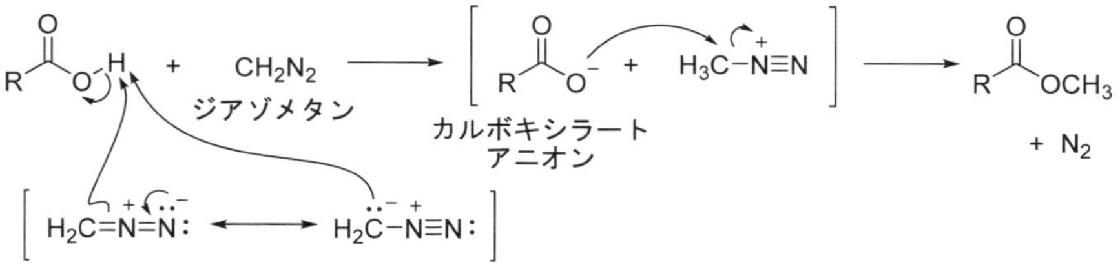

ジアゾメタン

カルボキシラートアニオン

## 5.8 有機金属試薬の反応

有機金属試薬としてグリニャール試薬について述べた（応用編 4.8.2 参照）．有機リチウム試薬や有機銅試薬も有機金属試薬として利用される．有機金属試薬としての共通の性質と特徴的な反応を取り上げる．

### 5.8.1 有機リチウム試薬と有機銅試薬の調製

ハロゲン化アルキルと金属リチウムを反応させると C−Li 結合をもつ有機リチウム試薬が得られる．ハロゲンと結合した炭素は正電荷($\delta$+)を帯びているが，金属と結合することで負電荷（$\delta$−）を帯び，炭素の極性が転換されている（基礎編 2.1 参照）．２当量の有機リチウム試薬とヨウ化銅（I）を反応させると有機銅試薬が得られる．有機金属試薬は電子に富んだ炭素原子をもち，有機反応においてカルボアニオンとして求核剤や塩基として作用する．

**例　有機リチウム試薬の調製**

$$\overset{\delta+}{-\mathrm{C}}-\overset{\delta-}{\mathrm{Br}} \; + \; 2\,\mathrm{Li} \longrightarrow \overset{\delta-}{-\mathrm{C}}-\overset{\delta+}{\mathrm{Li}} \; + \; \mathrm{Li-Br}$$

C: 2.5　Br: 2.8
電気陰性度

C: 2.5　Li: 1.0
電気陰性度

**例　有機銅試薬の調製**

$$2\,\overset{\delta-}{-\mathrm{C}}-\overset{\delta+}{\mathrm{Li}} \; + \; \mathrm{Cu-I} \longrightarrow \left[-\mathrm{C}-\mathrm{Cu}-\mathrm{C}-\right]^{-}\mathrm{Li}^{+} \; + \; \mathrm{Li-I}$$

### 5.8.2 有機リチウム試薬の反応

有機リチウム試薬はグリニャール試薬と類似の反応性を示すものが多い．

#### a. プロトン（$H^+$）との反応

有機リチウム試薬は非常に強い塩基であり，共役酸である炭化水素より強い酸（プロトン供与体）と容易に反応する．水（$H_2O$），アルコール（HOR'），やカルボン酸（R'COOH），アミン（$HNR'_2$）からすばやく水素を引き抜き，炭化水素となる．

$$\overset{\delta-}{\mathrm{R}}-\overset{\delta+}{\mathrm{Li}} \; + \; \overset{\delta+}{\mathrm{H}}-\overset{\delta-}{\mathrm{OH}} \longrightarrow \mathrm{R-H} \; + \; \mathrm{Li-OH}$$

| 塩基 | 酸 | 共役酸 | 共役塩基 |
|---|---|---|---|
| | p$K_a$ 15.7 | p$K_a$ 48 | |
| （より強い塩基） | （より強い酸） | （より弱い酸） | （より弱い塩基） |

$$\overset{\delta-}{\mathrm{R}}-\overset{\delta+}{\mathrm{Li}} \; + \; \overset{\delta+}{\mathrm{H}}-\overset{\delta-}{\mathrm{OR'}} \longrightarrow \mathrm{R-H} \; + \; \mathrm{Li-OR'}$$

$$\overset{\delta-}{\mathrm{R}}-\overset{\delta+}{\mathrm{Li}} \; + \; \overset{\delta+}{\mathrm{H}}-\overset{\delta-}{\mathrm{O}}-\mathrm{C}(=\mathrm{O})-\mathrm{R'} \longrightarrow \mathrm{R-H} \; + \; \mathrm{Li-O}-\mathrm{C}(=\mathrm{O})-\mathrm{R'}$$

$$\overset{\delta-}{\mathrm{R}}-\overset{\delta+}{\mathrm{Li}} \; + \; \overset{\delta+}{\mathrm{H}}-\overset{\delta-}{\mathrm{NR'_2}} \longrightarrow \mathrm{R-H} \; + \; \mathrm{Li-NR'_2}$$

#### b. アルデヒドやケトンへの付加

有機リチウム試薬をアルデヒドやケトンと反応させると，カルボニル炭素への求核攻撃が起こり，アルコキシドが生成する．このアルコキシドは，反応後に酸性水溶液で処理することによりプロトン化され，対応するアルコールへ変換される．ホルムアルデヒドからは第一級アルコール，アルデヒドからは第二級アルコール，ケトンからは第三級アルコールがそれぞれ得られる．

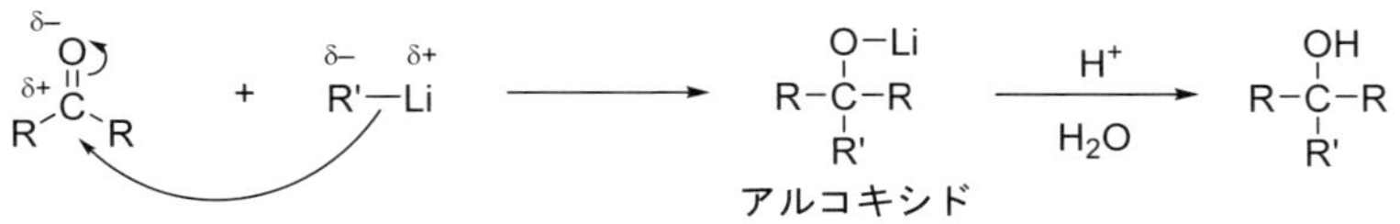

アルコキシド

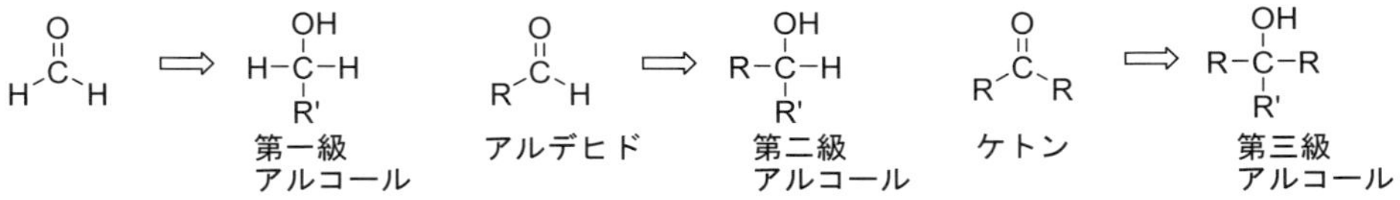

第一級アルコール　アルデヒド　第二級アルコール　ケトン　第三級アルコール

### c.　エステルやカルボン酸への付加

有機リチウム試薬をエステルと反応させると，カルボニル炭素への求核攻撃が起こり，１段階目のアルコキシド中間体が生成する．このアルコキシド中間体から，エステル由来のアルコキシ基（–OR'）が脱離してケトンが生成する．反応系中で発生したケトンに，さらにもう１分子の有機リチウム試薬が付加反応して２段階目のアルコキシド中間体が生成する．反応後に酸性水溶液で処理することによりアルコキシドがプロトン化され，第三級アルコールが生成する．この反応機構は，グリニャール試薬とエステルの反応と同様である（応用編 4.8.2c 参照）．

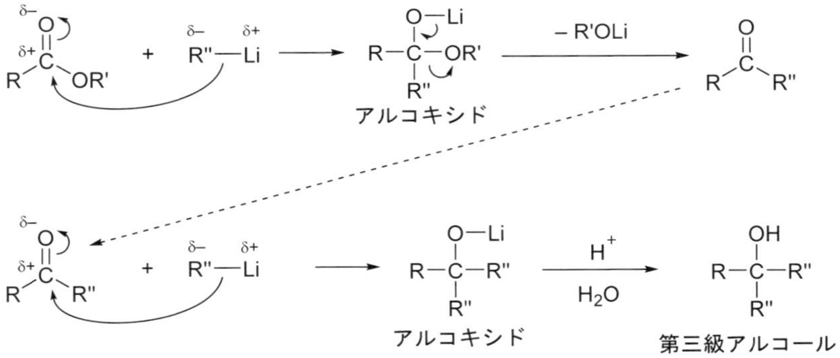

アルコキシド　– R'OLi

アルコキシド　第三級アルコール

カルボン酸と有機リチウム試薬との反応では，有機リチウム試薬がカルボン酸のプロトンを引き抜くことで，カルボン酸のリチウム塩とアルカンが生じる．さらに有機リチウム試薬が存在すれば，カルボン酸のリチウム塩のカルボニル炭素へ求核攻撃し，ジアルコキシドが生成する．有機リチウム試薬では OLi の脱離は起こらず，系中でジアルコキシドとして存在して，これ以上に反応は進まない．酸性水溶液で反応の後処理をすると水和物を経由してケトンが得られる．

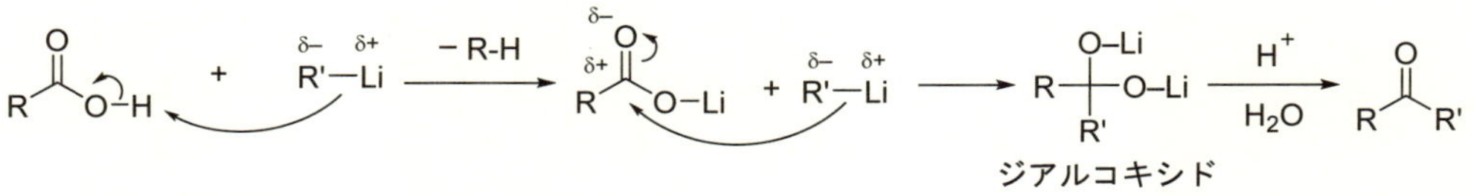

#### d. $\alpha,\beta$-不飽和カルボニル化合物への付加

有機金属反応剤（R－M）を$\alpha,\beta$-不飽和カルボニル化合物と反応させると，カルボニル炭素へ求核攻撃した生成物と不飽和結合へ求核攻撃した生成物の２種類が得られる．前者は，カルボニル基への求核付加反応であり，1,2-付加反応とよび，得られるアルコール生成物を 1,2-付加体という．一方，カルボニル基と不飽和結合は共役しているため，共鳴により$\beta$炭素も電子不足となり，不飽和結合へも求核付加反応が起こる．これを 1,4-付加もしくは共役付加という．その結果，エノラートアニオンが生成する．酸性水溶液で反応の後処理をすると新たなカルボニル化合物が得られる．この化合物を 1,4-付加体という．

有機リチウム試薬を用いた場合は，一般に 1,2-付加反応が優先する．一方，求核剤としてグリニャール試薬を用いると 1,2-付加体と 1,4-付加体の両方が得られる．有機銅試薬($R_2CuLi$)を用いると 1,4-付加反応が優先する．

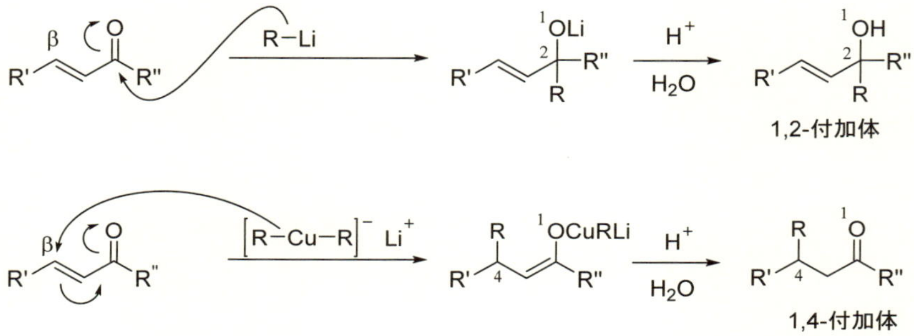

1,2-付加体

1,4-付加体

## 5.9 アミンの反応とエナミンを用いる反応

### 5.9.1 コープ脱離

第三級アミンを過酸化水素などで酸化すると第三級アミンオキシドが得られる．第三級アミンオキシドを加熱するとヒドロキシルアミンが脱離し，ホフマン脱離と同様に末端アルケンが主生成物として得られる．この反応を**コープ脱離**(Cope elimination）という．アルケンとなる炭素–炭素結合について重なり型となるシンペリプラナー配座（6.6.1 参照）からアミンオキシドが塩基として分子内の$\beta$水素を引き抜き，シン脱離で進行する（図 5.2)．

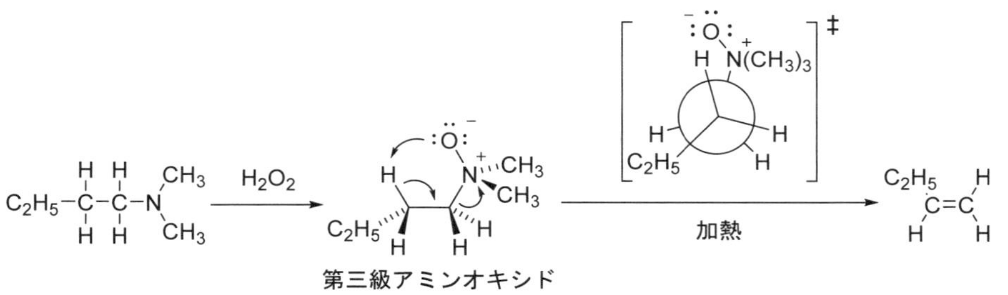

図 5.2 コープ脱離におけるシンペリプラナー配座とシン脱離

ホフマン脱離は，水酸化第四級アンモニウムを加熱してアルケンを得る反応である（応用編 4.9.3c 参照）．ホフマン脱離は，アンチペリプラナーの配座から E2 反応で進行するので，コープ脱離と区別して理解する．

### 5.9.2 エナミン合成と α 位のアルキル化

#### a. エナミン合成

酸性条件下，第一級アミンをカルボニル化合物と反応させるとイミンが生成する（応用編 4.9.3a 参照）．一方，第一級アミンの代わりに第二級アミンをカルボニル化合物と反応させると，第一級アミンの場合と同様に四面体中間体のアミノアルコール中間体が生成する．さらに脱水してイミニウムイオンが生じた後，イミニウムイオンの α 位の水素原子が $H^+$ として脱離してエナミンが生成する．この反応も平衡反応であるが，系中の水を除去しながら行うと平衡移動の原理により平衡が右に偏る．第二級アミンとしてピロリジンがよく用いられる．

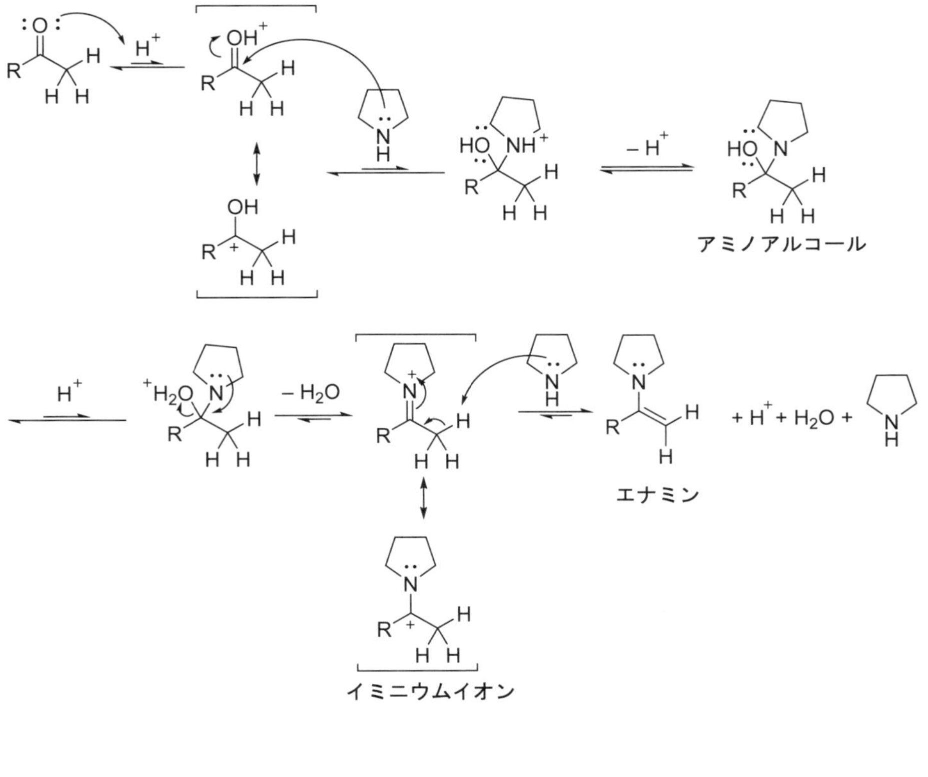

### b. α位のアルキル化

エナミンはハロゲン化アルキルと $S_N2$ 反応を起こしてイミニウム塩を与え，さらに酸で処理することにより対応するカルボニル化合物の α-アルキル化生成物を与える．カルボニル化合物から生じるエノラートアニオンの α-アルキル化反応と同様である．一般に，エノラートアニオンの代わりにエナミンを用いる合成法は，**ストークのエナミン法**（Stork enamine reaction）とよばれる．

カルボニル化合物の α-アルキル化反応において，エナミンがエノラートアニオン（応用編 4.6.3d 参照）より優れている点を以下に挙げる．

①エナミンはエノラートアニオンより塩基性が弱いので，ハロゲン化アルキルの E2 反応による副反応を抑えることができる．
②エノラートアニオンは，酸素原子上でアルキル化が起こることもあるが，窒素上の求核性が低いエナミンでは，より選択的に炭素上でアルキル化が起こる．
③ エノラートアニオンでは，複数のアルキル化の進行や，アルドール反応との競合といった問題が起こるが，エナミンではそうした副反応が抑えられる．これは，イミニウム塩が比較的安定に存在できることや，エナミン自体にエナミンへの求核反応が起こらないためである．



エナミンが $\alpha,\beta$-不飽和カルボニル化合物へ 1,4-付加（マイケル付加反応）を起こすことにより，対応する 1,5-ジカルボニル化合物を得ることができる．



## 5.10 転位反応

分子内で原子や原子団が移動する反応を**転位反応**（rearrangement reaction）とよぶ．転位に関与する結合が開裂した状態は安定な中間体として存在せず，結合の開裂と再結合は連続的あるいは同時に起こる．ここでは転位反応の中で，結合の開裂と再結合する位置が隣り合う 1,2-転位について紹介する．

1,2-転位

$$ {}^{1}\text{A}(-\text{G})-{}^{2}\text{B}(-\text{X}) \longrightarrow \overset{+}{\text{A}}-\text{B}(-\text{G}) \;\; \text{X}^- \quad \left( \text{G}^{-}\;\; \overset{+}{\text{A}}-\text{B}(-\text{X}) \right) $$

こうした中間構造はとらない

ワグナー-メーヤワイン転位，1,2-水素移動などのカルボカチオン転位は 1,2-転位である（応用編 4.2.5 参照）．

### a. ピナコール転位

1,2-ジオールに酸触媒を作用させると，水の脱離とともにカルボニル化合物に変換される．この反応を**ピナコール転位**という．

$$ \text{H}_3\text{C}-\text{C}(\text{OH})(\text{CH}_3)-\text{C}(\text{OH})(\text{CH}_3)-\text{CH}_3 \xrightarrow[-\,\text{H}_2\text{O}]{\text{H}^+} \text{H}_3\text{C}-\text{C}(=\text{O})-\text{C}(\text{CH}_3)_2-\text{CH}_3 $$

ピナコール　　ピナコロン

ピナコール（2,3-ジメチル-2,3-ブタンジオール）を酸水溶液中で加熱すると，ヒドロキシ基のプロトン化により水が脱離して第三級カルボカチオン中間体が生成する．このカチオン中間体でアルキル基が 1,2-転位することでヒドロキシ基の根本にカチオンが移動する．転位前後でともに第三級のカルボカチオンに見えるが，ヒドロキシ基のついたカルボカチオンは共鳴構造をもち，この共鳴安定化を駆動力として反応が進行して，ピナコロン（3,3-ジメチル-2-ブタノン）が得られる．

$$ \text{H}_3\text{C}-\text{C}(\text{OH})(\text{CH}_3)-\text{C}(\text{OH})(\text{CH}_3)-\text{CH}_3 \xrightarrow{\text{H}^+} \text{H}_3\text{C}-\text{C}(\text{OH})(\text{CH}_3)-\text{C}(\overset{+}{\text{O}}\text{H}_2)(\text{CH}_3)-\text{CH}_3 \xrightarrow{-\,\text{H}_2\text{O}} \text{H}_3\text{C}-\text{C}(\text{OH})(\text{CH}_3)-\overset{+}{\text{C}}(\text{CH}_3)-\text{CH}_3 $$

第三級カルボカチオン

$$ \longrightarrow \left[ \text{H}_3\text{C}-\overset{+}{\text{C}}(\text{OH})-\text{C}(\text{CH}_3)_2-\text{CH}_3 \longleftrightarrow \text{H}_3\text{C}-\text{C}(=\overset{+}{\text{O}}\text{H})-\text{C}(\text{CH}_3)_2-\text{CH}_3 \right] \xrightarrow{-\,\text{H}^+} \text{H}_3\text{C}-\text{C}(=\text{O})-\text{C}(\text{CH}_3)_2-\text{CH}_3 $$

共鳴構造をもったカチオン

### b. アルキルボランの酸化によるアルコール生成

アルケンへのボラン（$BH_3$）の付加（ヒドロホウ素化）により生成するトリアルキルボランを，アルカリ性過酸化水素で処理するとアルコールが生成する（応用編 4.3.5 参照）．

$$ \text{BR}_3 \xrightarrow[\text{OH}^-]{\text{H}_2\text{O}_2} \left[ \text{B(OR)}_3 \right] \xrightarrow{\text{OH}^-} \text{BO}_3^{3-} + 3\text{ROH} $$

トリアルキルボランのアルキル基は 1,2-転位を経てトリアルキルホウ酸エステルへ変換される．引き続きトリアルキルホウ酸エステルはアルカリ加水分解によりアルコールを生じる．1,2-転位では，炭素–ホウ素結合の間に酸素原子が導入されるので，炭素原子上の立体化学はアルコールにおいて保持される．

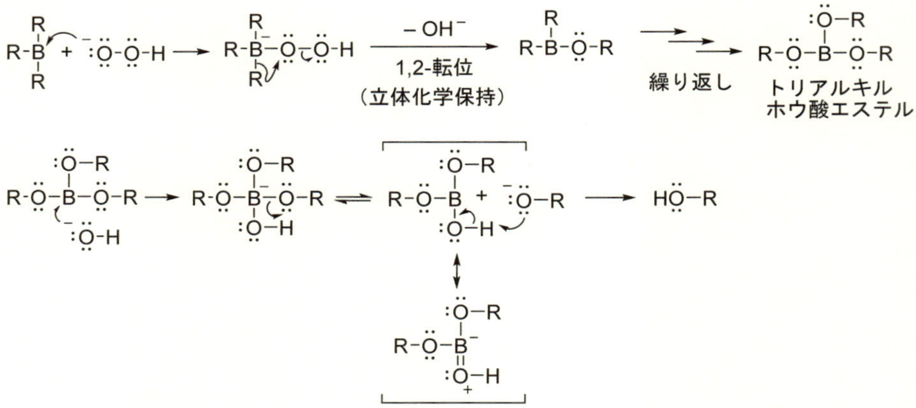

$-OH^-$
1,2-転位
（立体化学保持）
繰り返し
トリアルキルホウ酸エステル

### c. クメン法（フェノールの製法）

ベンゼンとプロペンから触媒を用いてクメンを合成できる（ベンゼンの求電子置換反応）．クメンを酸化したのち，硫酸で分解すると，フェノールとアセトンが生成する（応用編 4.5.9a 参照）．

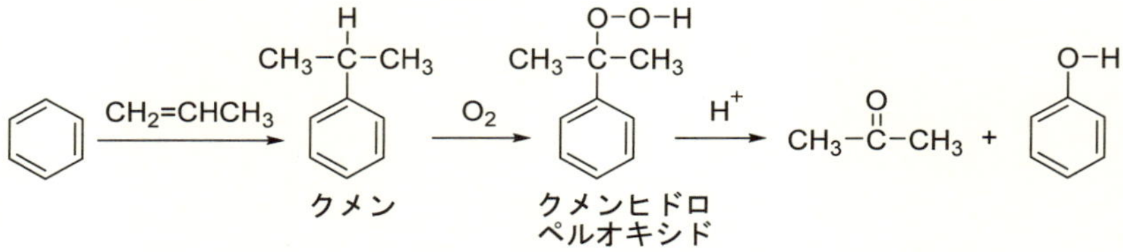

$CH_2{=}CHCH_3$　$O_2$　$H^+$
$CH_3{-}CO{-}CH_3$ ＋ フェノール
クメン
クメンヒドロペルオキシド

クメンの酸化で生成したクメンヒドロペルオキシドが，酸性条件下で 1,2-転位をし，ヘミアセタールを経由して，アセトンとフェノールへ分解する．

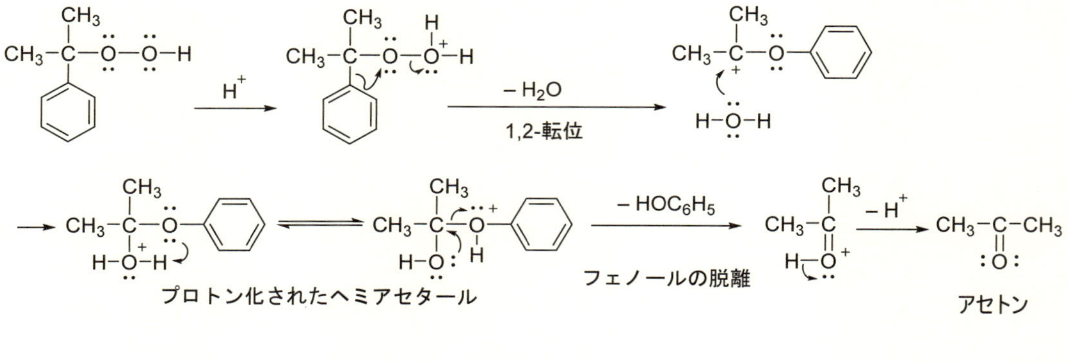

$H^+$　$-H_2O$　1,2-転位
$-HOC_6H_5$　$-H^+$
プロトン化されたヘミアセタール
フェノールの脱離
アセトン

### d. ベックマン転位（アミドの製法）

酸触媒によるオキシムのアミドへの転位は**ベックマン転位**（Beckmann

rearrangement）とよばれる．シクロヘキサンとNOClの光反応で工業的に得られるオキシムのベックマン転位により，ε-カプロラクタムが得られる．ε-カプロラクタムは6-ナイロンの原料として重要である．オキシムは実験室的にはケトンとヒドロキシルアミンから得られる（応用編4.9.3a参照）．

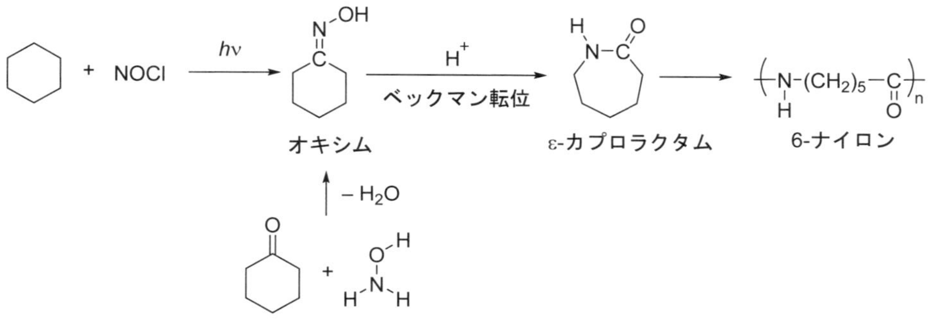

酸性条件下，水の脱離を伴う1,2-転位により，ニトリリウムイオンが生じる．ニトリリウムイオンへの水付加の後，プロトンの移動と脱離によりアミドが得られる．

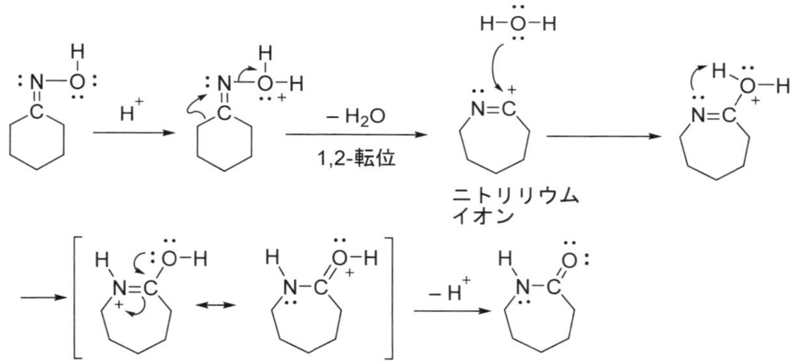

### e. バイヤー-ビリガー酸化

過酸でケトンをエステルにする酸化反応を**バイヤー-ビリガー酸化**（Baeyer-Villiger oxidation）という．

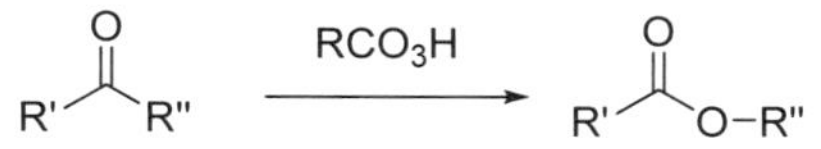

過酸がケトンのカルボニル基に付加し，カルボキシラートが脱離する際に1,2-転位を伴いエステルが生成する．非対称のケトンの場合にはより正電荷を安定化する能力が高い方の置換基が転位する．また転位の際に置換基上の立体化学は保持される．

: O : H+ R' R" ケトン ⇌ [ +ÖH R' R" ↔ :ÖH R' + R" ] H-Ö-O-C(=O)-R → HÖ :Ö: O-C(=O)-R H+ R' R" — − RCOOH / 1,2-転位 → [ +ÖH R' O−R" ↔ :ÖH R' + O−R" ] — − H+ → R'-C(=O)-O−R" エステル

転位のしやすさ：
第三級＞第二級＞フェニル＞第一級＞メチル

# 6.　発展的な事項や概念

## 6.1　官能基をもつ化合物の命名法

有機化合物の命名法としてIUPACが定めたアルカンの命名法について学んだ（基礎編 1.7.1 参照）．アルケンやアルキンは，母体化合物名の接尾語（-ane）を -ene もしくは -yne に変えて命名する．多重結合が入っても母体化合物は変わらない．多重結合の位置番号が最小となるように母体化合物の番号は振り直され，位置は多重結合が始まる炭素の番号で表す．複数の多重結合がある場合は倍数詞で表す．幾何異性体は化合物名の最初に括弧をつけてその位置と構造（*E* または *Z*）を表す．側鎖に多重結合がある場合は，側鎖内で規則に従って側鎖の名称を決め，側鎖が複雑な場合は側鎖構造の名称を括弧でくくる．

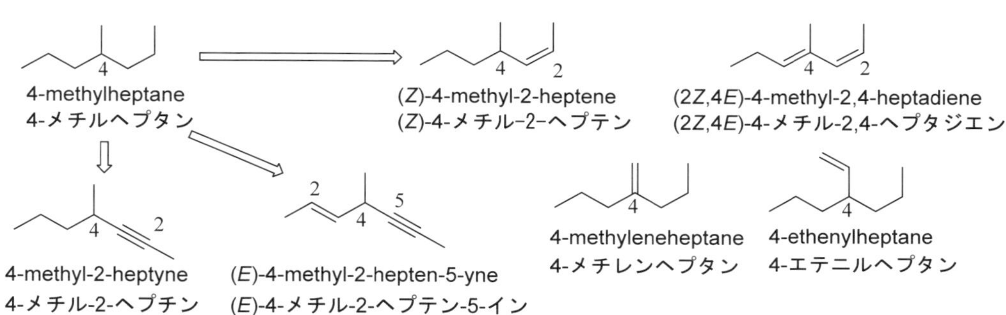


官能基をもつ化合物にもIUPACが定めた命名法（置換命名法）がある．母体化合物の水素原子を置換した官能基について，その位置とともに接頭語または接尾語として名称に付け加える方法であり，母体化合物は接尾語となる官能基を基にして考える．表 6.1 の上位にくる官能基が接尾語として使われ，それ以外の官能基は位置番号とともに接頭語として名称に加える．並び順はアルキル基のときと同じくアルファベット順に並べる．カルボン酸やアルデヒドのように炭素を含む官能基が接尾語となる場合，官能基の炭素が 1 番となる．ハロゲンおよびニトロ基はIUPACでは接頭語としてのみ利用され，それぞれ F（fluoro，フルオロ），Cl（chloro，クロロ），Br（bromo，ブロモ），I（iodo，ヨード），$NO_2$（nitro，ニトロ）を用いる．

5-hydroxy-3-propyl-2-hexanone
5-ヒドロキシ-3-プロピル-2-ヘキサノン
（X 2-hydroxy-4-(1-oxoethyl)heptane
X 2-ヒドロキ-4-(1-オキソエチル)ヘプタン）

methyl (*Z*)-2-amino-3-(1-propenyl) heptanoate
(Z)-2-アミノ-3-(1-プロペニル)ヘプタン酸メチル

1-chloro-3-nitropropane
1-クロロ-3-ニトロプロパン

**表 6.1　置換命名法で用いられる接頭語と接尾語**

| 化合物の種類 | 官能基の式 | 接頭語 | 接尾語（上位を接尾語として利用） |
|---|---|---|---|
| カルボン酸 | –COOH | carboxy-（カルボキシ） | -oic acid（酸） |
| スルホン酸 | $-SO_3H$ | sulfo-（スルホ） | -sulfonic acid（スルホン酸） |
| 酸無水物 | $(-CO)_2O$ | – | -oic anhydride または -ic anhydride（ - 酸無水物） |
| エステル | –COOR | R-oxycarbonyl-（R- オキシカルボニル） | R-carboxylate（カルボン酸 R） |
| 酸ハロゲン化物 | –COX | haloformyl-（ハロホルミル） | -oxy halide（ハロゲン化 - オイル） |
| アミド | $-CONH_2$ | carbamoyl-（カルバモイル） | -amide（アミド） |
| ニトリル | –CN | cyano-（シアノ） | -nitrile（ニトリル） |
| アルデヒド | –CHO | fomyl-（ホルミル）<br>oxo-（オキソ） | -al（アール） |
| ケトン | –CO– | oxo-（オキソ） | -one（オン） |
| アルコール | –OH | hydroxy（ヒドロキシ） | -ol（オール） |
| アミン | $-NH_2$ | amino-（アミノ） | -amine（アミン） |
| エーテル | –OR | R-oxy-（R オキシ） | – |

環状化合物のうち，脂肪族炭化水素については同数の炭素原子をもつ直鎖炭化水素に接頭語の“cyclo”（シクロ）をつけて命名する．芳香族化合物は，それぞれの化合物に特徴的な名称が与えられているが，ベンゼン誘導体についてはすべての置換基を接頭語として表す．位置番号は環の炭素に順番に番号をつけていく．二置換のベンゼンはとくに *o*-（ortho，オルト），*m*-（meta，メタ），*p*-（para，パラ）を先頭につけて位置を表すこともある（応用編 4.5.6 参照）．

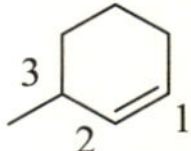

3-methyl-1-cyclohexene
3-メチル-1-シクロヘキセン

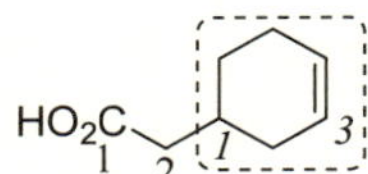

2-(3-cyclohexenyl)etanoic acid
2-(3-シクロヘキセニル)エタン酸
（2-(3-cyclohexenyl)acetic acid
2-(3-シクロヘキセニル)酢酸）

1-ethyl-2-nitrobenzene
1-エチル-2-ニトロベンゼン

*o*-ethylnitorobenzene
*o*-エチルニトロベンゼン

1-amino-3-formyl-4-methylbenzene
1-アミノ-3-ホルミル-4-メチルベンゼン

(5-amino-2-methylbenzaldehyde
5-アミノ-2-メチルベンズアルデヒド)

IUPAC 命名法が採用される以前から使用されていた化合物名のいくつかは慣用名として使用が認められている．括弧内に記した名称では「酢酸（acetic acid）」「ベンズアルデヒド（benzaldehyde）」が慣用名である．そのため，慣用名も随時覚えるように心がけるとよい．

## 6.2　ルイスの酸・塩基

ブレンステッドの酸・塩基は，プロトン（$H^+$）の授受を用いて定義したが，さらに拡張した概念として**ルイス**（Lewis）**の酸・塩基**の定義がある．

ルイス酸：非共有電子対を受け取る分子・イオン．
ルイス塩基：非共有電子対を与える分子・イオン．

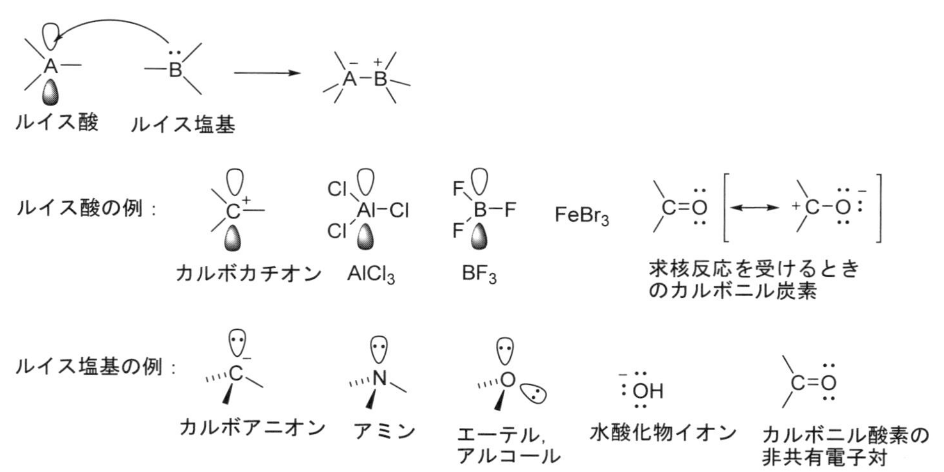


有機反応は，有機溶媒中で行うことが多いため，プロトン（$H^+$）を介しない，ルイス酸やルイス塩基による反応も多い．たとえば，ルイス酸として働く試薬としては，エーテル C−O 結合切断に用いる臭化ホウ素（5.4c 参照），ベンゼンの臭素化における臭化鉄（応用編 4.5.3 参照），フリーデル-クラフツ反応における塩化アルミニウム（応用編 4.5.4a 参照）などが挙げられる．

## 6.3　化学平衡とエネルギー

A から B を正反応として A と B の間に化学平衡が成り立つ場合，A と B のそれぞれの濃度を[A]と[B]，基底状態のエネルギー差を$\Delta G^{\circ}$と表すと，$\Delta G^{\circ}$と平衡定数$K$（= [B]/[A]）は次の式で関係付けられる．

$$\Delta G^{\circ} = -RT\ln K = -RT\ln([\mathrm{B}]/[\mathrm{A}]) \quad \Leftrightarrow \quad K = [\mathrm{B}]/[\mathrm{A}] = \exp(-\Delta G^{\circ}/RT)$$

ここで，$R$は気体定数（8.314 J $\mathrm{K^{-1}}$ $\mathrm{mol^{-1}}$），$T$は絶対温度である．なお，常用対数 log が 10 を底にするのに対して自然対数 ln は e を底にする対数である．なお，$\exp(-\Delta G^{\circ}/RT)$は「e の（$-\Delta G^{\circ}/RT$）乗」を意味している．

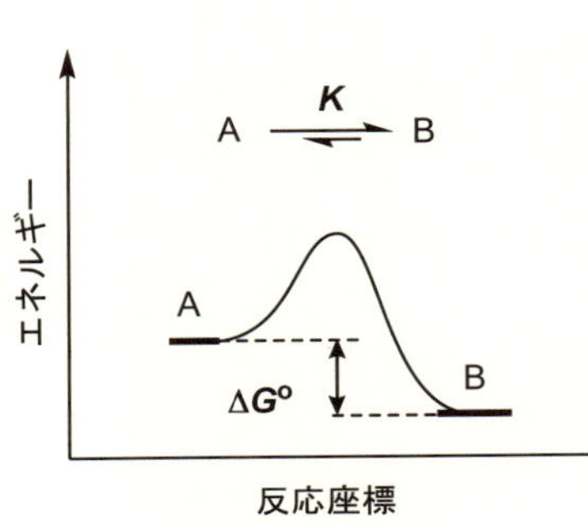


| $T$ = 298.15 K | | |
|---|---|---|
| [A] : [B] | $K$ | $\Delta G^{\circ}$ (kJ $\mathrm{mol^{-1}}$) |
| 1 : 99 | 99 | -11.39 |
| 5 : 95 | 19 | -7.30 |
| 10 : 90 | 9.00 | -5.45 |
| 30 : 70 | 2.33 | -2.10 |
| 50 : 50 | 1.00 | 0 |
| 70 : 30 | 0.43 | 2.10 |
| 90 : 10 | 0.11 | 5.45 |
| 95 : 5 | 0.05 | 7.30 |
| 99 : 1 | 0.01 | 11.39 |

図 6.1　化学平衡と$\Delta G^{\circ}$

25℃($T$ = 298.15 K)での A と B の比および$K$と$\Delta G^{\circ}$の関係を表にまとめた（図 6.1）．このように, A と B の正反応の$\Delta G^{\circ}$（A から B となる際のエネルギー変化）が負の値をとれば平衡は B に偏り（$K > 1$), 正の値となれば平衡は A に偏る（$K < 1$）．$\Delta G^{\circ}$が大きいほど A と B 間の偏りも大きくなる．

### 6.3.1　配座の比

化合物の配座変換の平衡についても$\Delta G^{\circ}$と平衡定数$K$の関係式を用いることができる．存在比が測定できれば，２つの配座の基底状態のエネルギー差（$\Delta G^{\circ}$）を計算することができる．逆にエネルギー差（$\Delta G^{\circ}$）がわかれば存在比が計算できる．

たとえば，メチルシクロヘキサンの２つのいす形配座のうちエクアトリアル位にメチル基があるいす形配座がより安定で, 室温ではその比は 95:5 であった（基礎編 1.7.4 参照）．この場合$\Delta G^{\circ}$は 7.3 kJ $\mathrm{mol^{-1}}$と計算される．

配座は固定されたものでなく，分子の熱運動で変化する．したがって，ここでいう存在比とは，非常に多数の分子が存在する状態で，スナップ写真をとったときに，その写真に写っている配座の数の比を表していると考えるとよい．

### 6.3.2　平衡反応における生成物比

化学平衡が成り立っている反応において，主生成物 A と副生成物 B の比は $\Delta G^{\mathrm{o}}$ で決まる．

6.4 で取り上げる 1,3-ブタジエンへの臭化水素の付加は，40℃では平衡が成り立ち，1,2-付加体と 1,4-付加体の生成比は 15：85 となる．

HBr
40 °C
+

1,2-付加体　:　1,4-付加体
15　:　85

この場合，1,2-付加体と 1,4-付加体の 40℃でのエネルギー差は，$\Delta G^{\mathrm{o}}$ と平衡定数 $K$ の関係式から 4.5 kJ mol$^{-1}$ となる．

$$\Delta G^{\mathrm{o}} = -RT\ln([\mathrm{B}]/[\mathrm{A}]) = -8.314\ \mathrm{J\ K^{-1}\ mol^{-1}} \times (273.15\ \mathrm{K} + 40\ \mathrm{K}) \times \ln(15/85)$$
$$= 4500\ \mathrm{J\ mol^{-1}} = 4.5\ \mathrm{kJ\ mol^{-1}}$$

また，図 6.1 の表から，化学平衡が成り立っている反応であれば，主生成物と副生成物のエネルギー差が約 12 kJ mol$^{-1}$ 以上になれば 99：1 以上の比で主生成物が得られると予測できる．

## 6.4　速度論支配と熱力学支配

1,3-ブタジエンへの臭化水素の付加は，1,2-付加体と 1,4-付加体の 2 種類の生成物を与える（応用編 4.3.7b 参照）．その生成物の比は反応条件によって大きく異なり，低温（−78℃）で短時間の反応では 1,2-付加体が主生成物になるが，高温（40℃）で長時間の反応では 1,4-付加体が主生成物になる．

HBr
+

| 反応温度 | 1,2-付加体 | | 1,4-付加体 |
|---|---|---|---|
| -78 °C | 80 | : | 20 |
| 40 °C | 15 | : | 85 |

この反応は，反応エネルギー図（図 6.2）に示したように最初にアリルカチオン中間体が生じる．反応温度が低い場合，1 位の炭素にプロトン化した直後は $\mathrm{Br^-}$ は 2 位の炭素の近くにいるため（活性化エネルギーが低く反応速度が速い），1,2-付加体が 1,4-付加体よりも多く生成する．こうした条件での反応を**速度論支**

配（kinetic contorl）での反応という．一方，反応温度が高いと，生成物から臭化物イオン $Br^-$ が脱離してアリルカチオン中間体に戻る．このようにして付加と脱離を繰り返して最終的に，より安定な多置換アルケンである 1,4-付加体が多く生成する．こうした条件での反応を**熱力学支配**（thermodynamic control）での反応という．

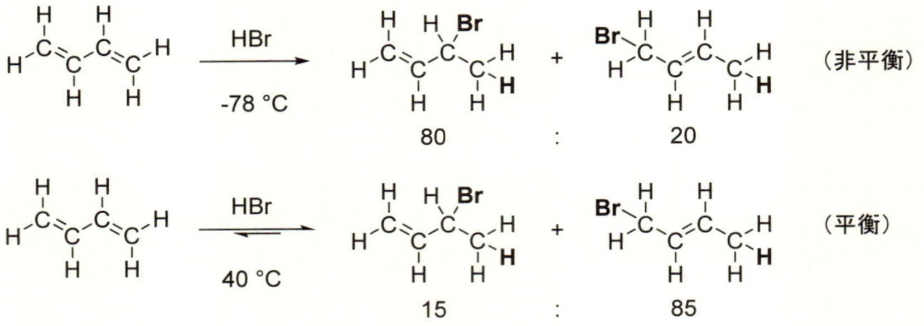

HBr, -78 °C → 80 : 20（非平衡）

HBr, 40 °C ⇌ 15 : 85（平衡）

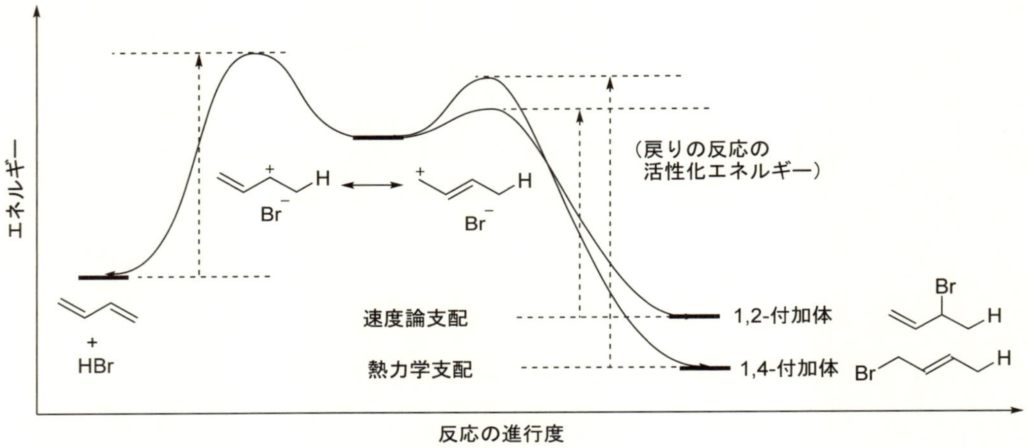

エネルギー
（戻りの反応の活性化エネルギー）
+ HBr
速度論支配
熱力学支配
1,2-付加体
1,4-付加体
反応の進行度

図 6.2　1,3-ブタジエンの 1,2-付加と 1,4-付加の反応エネルギー図

他にも，ナフタレンのスルホン化による生成物の選択性が，温度と反応時間によって変化する例は速度論支配と熱力学支配の好例である．低温（40℃）で反応を行うと 1-ナフタレンスルホン酸が主生成物として得られる．一方，高温（160℃）で長時間反応させると，1-ナフタレンスルホン酸の収率が減少し，2-ナフタレンスルホン酸が主生成物となる．

$+ H_2SO_4 \xrightarrow{40\ ^\circ C}$ 1-ナフタレンスルホン酸 ($SO_3H$)

**1-ナフタレンスルホン酸**

$+ H_2SO_4 \xrightarrow{160\ ^\circ C}$ 2-ナフタレンスルホン酸 ($SO_3H$)

**2-ナフタレンスルホン酸**

これらの反応を反応エネルギー図で考察する（図 6.3）と，ナフタレンは 1 位のほうが 2 位よりも反応性が高く（活性化エネルギーが低く），速やかに 1 位がスルホン化される．この経路は，反応速度に支配された速度論支配である．しかし，1-ナフタレンスルホン酸は，1 位の $SO_3H$ 基と 8 位の水素との間に立体反発をもつ．スルホン化は可逆反応であるため，高温では原料のナフタレンに戻ることができる（平衡反応になる）．高温では 1 位に加え，2 位でも反応が起こる．2-ナフタレンスルホン酸は，1 位置換体のような立体反発がないのでエネルギー的（熱力学的）により安定である．したがって，生成した 1 位置換体が優先的に原料に戻るため，反応時間の増加とともに 2 位置換体が主生成物となる（熱力学支配）．

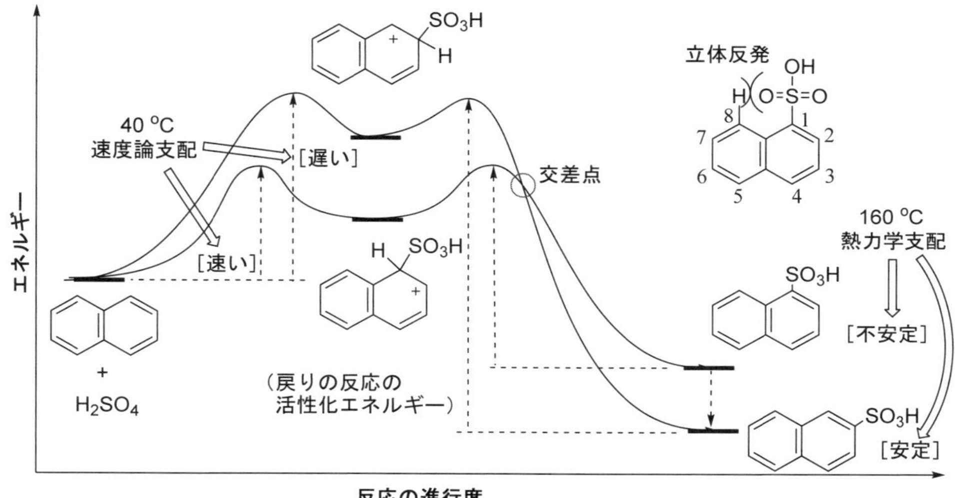


図 6.3　ナフタレンのスルホン化反応の反応エネルギー図

ある反応が条件によって速度論支配と熱力学支配の状態になり，異なる主生成物を与える場合には，次の 2 つの要因が必要である．

①反応が可逆反応であること．可逆性がなければ，つねに速度論支配の生成物が主となる．

②速度論支配の生成物より活性化エネルギーは大きいが，エネルギー的に安定な熱力学支配の別の生成物が存在する．そのため 2 本の反応エネルギー曲線

が交差点をもつ.

## 6.5　軌道と反応

反応を考えるに当たって，これまでは電子の流れで反応機構を理解してきた. しかし，有機化合物の反応をより正確に理解するためには，結合や反応の本質を理解することが必要である. 共有結合は原子軌道が重なって形成される（基礎編 1.4 参照）. そのため，軌道論に基づいて理解するために，結合性軌道や反結合性軌道といった考えについて説明する.

### 6.5.1　結合性軌道と反結合性軌道

結合は，２つの原子軌道が重なってできた軌道に２つの電子を共有することで形成される. このとき，２つの原子軌道が２つの軌道，すなわち**結合性軌道**（bonding orbital）と**反結合性軌道**（antibonding orbital）になる. 結合性軌道は同じ符号（位相）の原子軌道が重なって形成される安定な軌道であり，反結合性軌道は符号が異なり不安定な軌道である. このようにしてできた結合性・反結合性軌道に，原子軌道と同じ規則に従ってエネルギーの低い軌道から電子が収納される（基礎編 1.4.1 参照）.

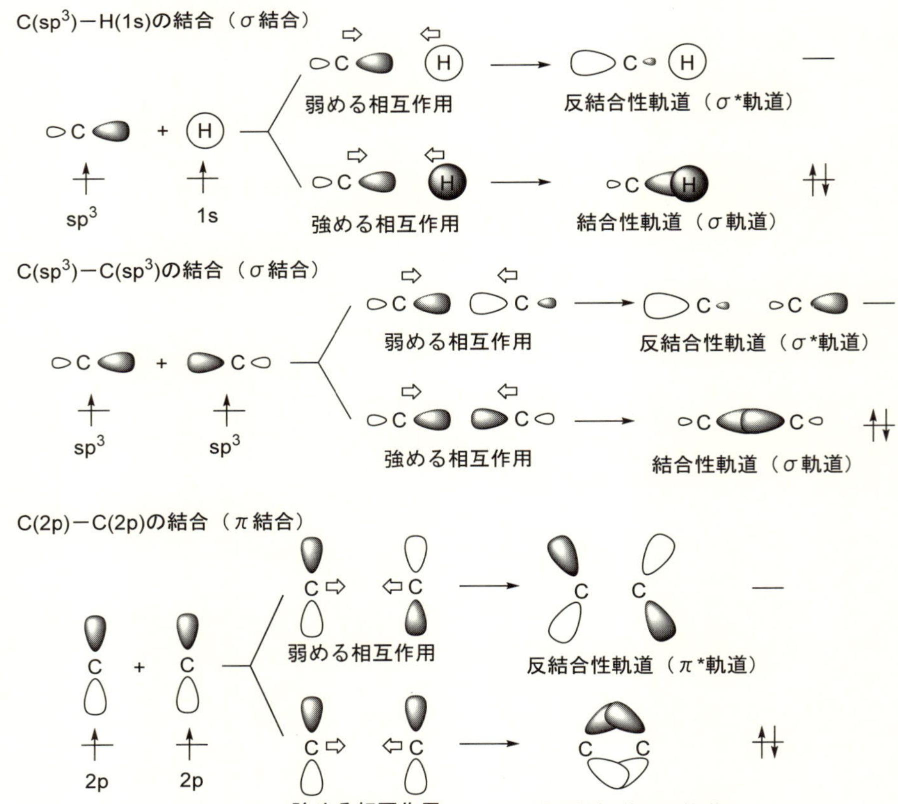

結合性軌道は原子間のつながりを強める軌道であるため，その軌道に電子が収納されることで結合が形成される．一方，反結合性軌道は原子間のつながりを弱める軌道であるため，その軌道に電子が収納されると結合が弱められて切断が起こる．

### a. $S_N2$ 反応における軌道相互作用

$S_N2$ 反応では，求核剤が中心炭素と脱離基との結合の背面から攻撃することで中心炭素の立体反転を伴って進行する（応用編 4.1.3 参照）．電荷の偏りだけでは背面からの攻撃を説明できないが，結合性軌道・反結合性軌道を考えると理解しやすい．

$S_N2$ 反応は，求核剤の非共有電子対の軌道にある電子が，炭素と脱離基の結合の反結合性軌道へ入ることで反応が起こる．反結合性軌道に電子が入ることによって不安定化されて炭素と脱離基との結合切断が起こるが，求核剤と炭素との共有結合形成による安定化で相殺される．つまり，求核剤は，背面に広がる反結合性軌道の大きな軌道と相互作用するために，脱離基の背面から攻撃して立体反転を起こすことになる．

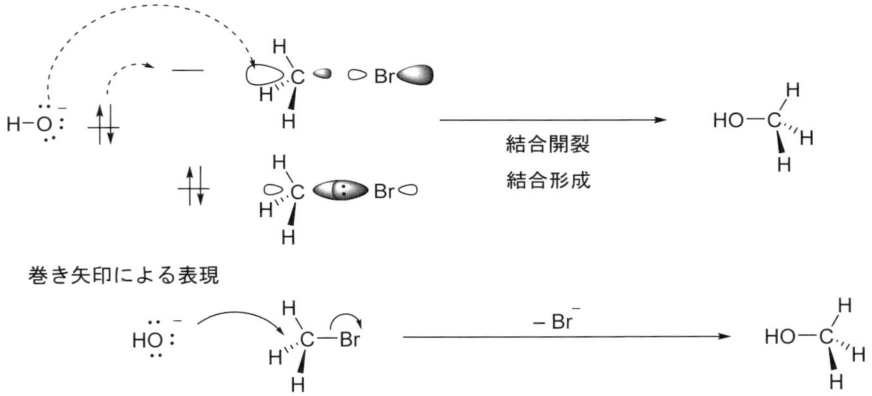

結合開裂
結合形成

巻き矢印による表現

– Br⁻

### b. アルケンの求電子付加反応における軌道相互作用

アルケンへのハロゲンの求電子付加反応（応用編 4.3.4a 参照）において，非共有電子対を多くもつハロゲン分子が求電子付加することは，奇妙に思えるかもしれない．

臭素原子は非共有電子対を 3 つ（6 電子）もち，臭素分子の σ 軌道は 2 電子を収納して共有結合を形成しているので，オクテット則を満たしている．臭素分子の σ 軌道には，それ以上入ることはできず反応しないように思える．ここで臭素分子の空の軌道である σ * 軌道を考える．アルケンの被占 π 軌道の π 電子がこの σ* 軌道に電子を供与することで C－Br 結合の形成と Br－Br 結合の切断が起こる．このようにアルケンの π 結合が求核部位であり，臭素分子が求電子剤となって反応が進行している．

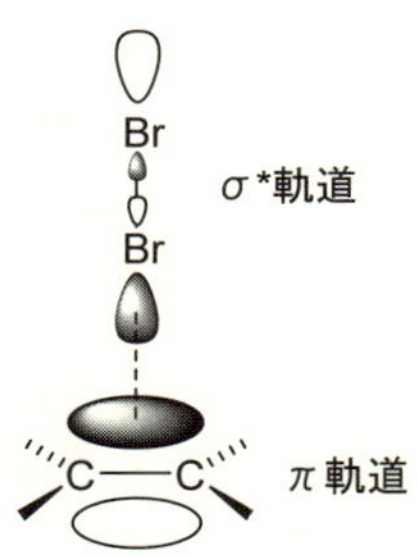


### c.　多置換アルケンの安定性と軌道相互作用

アルケンは多置換の方が安定であることを，水素化エネルギーの比較から実験事実として説明した（応用編 4.3.1b 参照）．ここでは，なぜそうなるかについて軌道で考える．カルボカチオンも多置換になるほうが安定になる超共役を思い出そう（基礎編 3.2.1 参照）．カルボカチオンは，アルキル基の C−H または C−C 結合の σ 軌道から空の p 軌道に電子が流れ込むことで安定化される．アルケンの熱力学的な安定性も，主に超共役によるものであり，置換基の数が増えるほど安定になる．超共役では，アルケンの C=C 結合の空の π* 軌道（反結合性軌道）へアルキル基の C−H または C−C 結合の σ 軌道から電子が供与される．結合する置換基が多いほど超共役の機会が増え，アルケンは安定化される．空の π* 軌道（反結合性軌道）への電子の流れ込みは，アルケンの π 結合を弱めることになる．したがって，水素化エネルギーも小さくなると理解できる．

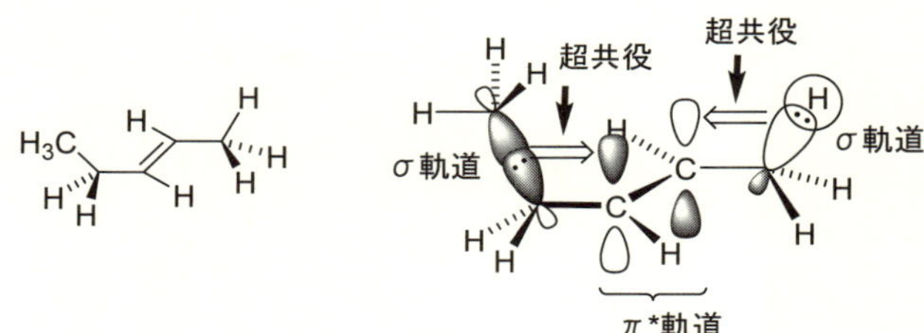


## 6.6　複雑な立体化学

### 6.6.1　アンチペリプラナーとシンペリプラナー

有機分子の立体配座を考える際，二面角に基づいて置換基 A と置換基 B の位置関係を表す．それぞれの位置関係には図 6.4 のように名称が定められている．A と B が同じ側，反対側に位置する場合をそれぞれシン，アンチという．また A と B のなす二面角が ±30° の範囲である場合，A と B は同一平面に近いことからペリプラナーといい，それより大きい角度の場合は『ねじれた』を意味するクリナルという．これらを組み合わせて，A と B が近い側からシンペリプラナー，シンクリナル，アンチクリナル，アンチペリプラナーとなる．一般に E2 反応は A と B がアンチペリプラナー配座の場合に進行する（応用編 4.1.5 参照）．また，シンペリプラナー配座の場合に進行する例にコープ脱離がある（5.9.1 参照）．

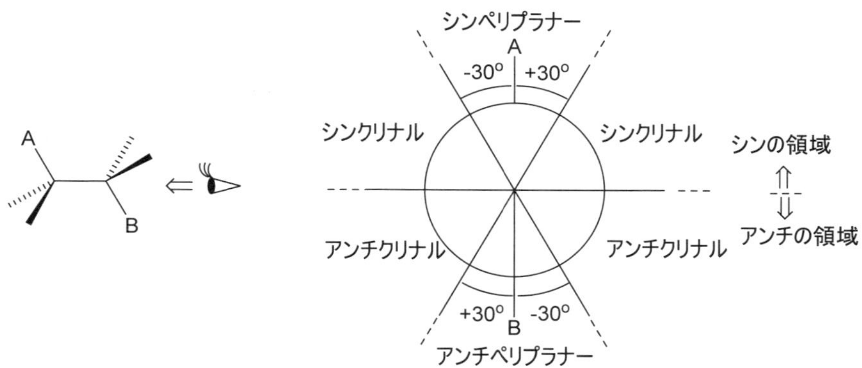


図 6.4　二面角による配座のとる領域のよび方

### 6.6.2　2つ以上の不斉炭素原子：ジアステレオ異性とメソ体

不斉炭素原子が1つの場合は鏡像異性体のみが存在するが，不斉炭素が2つ以上存在すると，さらに立体異性体が発生する．その関係をジアステレオ異性といい，ジアステレオ異性の関係にある化合物を互いに**ジアステレオマー**(diastereomer) という．

酒石酸の不斉炭素に由来する4つの立体異性体を下に示した．左に示した鏡面を挟んだ2つの化合物どうしはエナンチオマーである．しかし，右に示した2つの化合物は鏡像関係であるが同じ化合物である．こうした，2つ以上の不斉炭素をもちながら光学活性でない化合物を**メソ体** (meso compound) とよぶ．メソ体では分子内に鏡面が存在する．

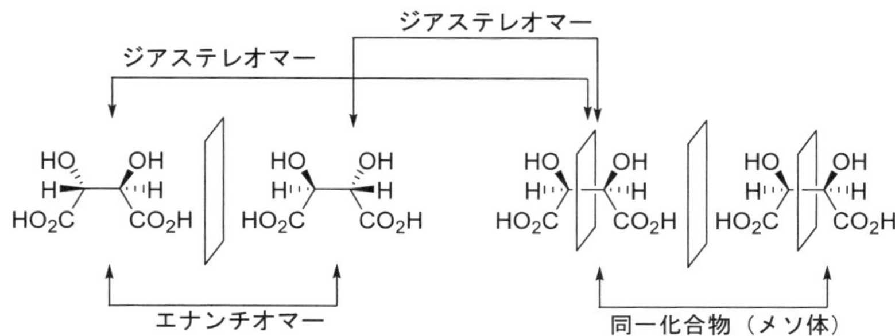


一般に不斉炭素が1つあると $R$ と $S$ の2通りの立体が可能となる．不斉炭素の数を $n$ とすると立体異性体の数は $2^n$ (2のべき乗) となる．しかしながら，メソ体が存在する場合，立体異性体の数は $2^n$ よりも少なくなる．

### 6.6.3　不斉炭素原子のないキラリティー

不斉炭素原子がなくても，分子構造によりキラリティーが生じる場合がある．このような不斉は**分子不斉** (molecular asymmetry) とよばれる．

#### a.　アレン（1,2-プロパジエン）

1,2-プロパジエンは，アレンともよばれる．アレンは紙面に書くと平面構造にみえるが，直線状の３つの炭素のうち，中心の炭素は sp 混成であり，両側の炭素は $sp^2$ 混成である．したがって，中心炭素の２つの p 軌道は直行しており，２つの π 結合は 90° ねじれている．２置換アレンを考えると，互いに重ね合わせることのできない鏡像異性体が存在する．

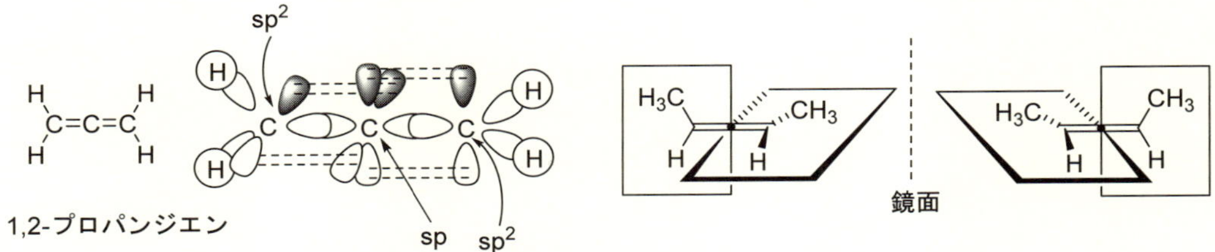


### b.　ビフェニル

ベンゼン環が２つ結合したビフェニルは中央の炭素–炭素結合軸まわりにほとんど自由に回転できるが，フェニル基の２つのオルト位（２および６位）に置換基があると回転できなくなる．置換基が異なる場合は，鏡像異性体が存在する．2001 年にノーベル化学賞を受賞した野依良治教授の開発した不斉水素化触媒の配位子である BINAP も分子不斉を利用したものである．

ほとんど自由回転可能　　自由回転不可能　　BINAP

# 章末問題の解答

## 【第 1 章】

**1.1**

(1)

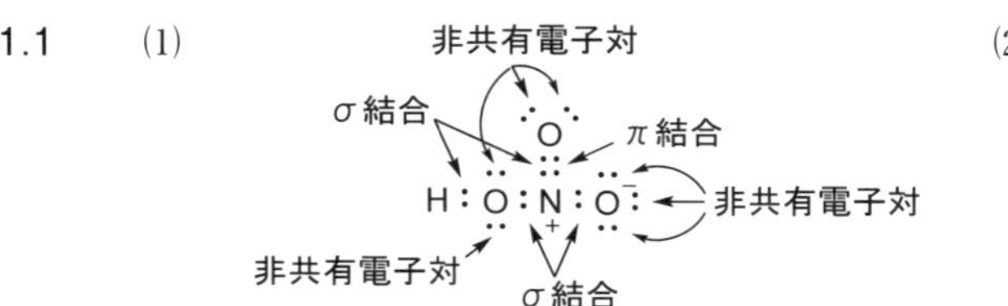


(2)

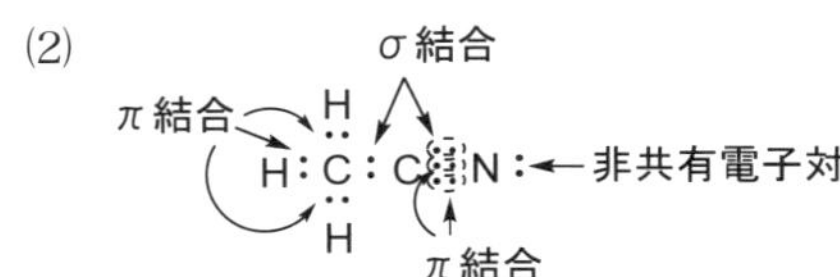


(3) σ結合　σ結合　π結合　σ結合

(4)

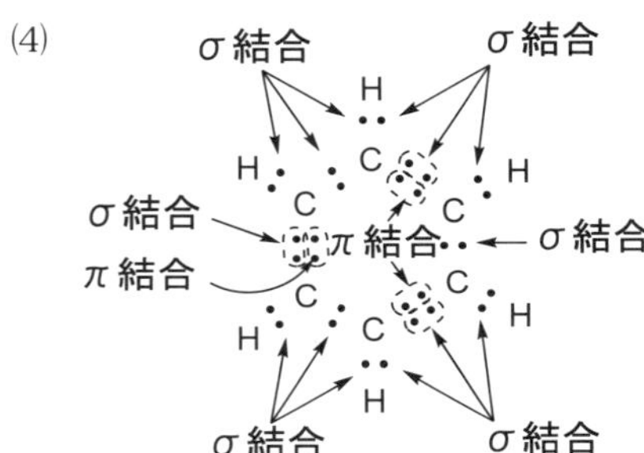


**1.2**

(1) $H_3C-\ddot{\underset{\cdot\cdot}{O}}-CH=CH-\overset{+}{C}H_2 \longleftrightarrow H_3C-\ddot{\underset{\cdot\cdot}{O}}-\overset{+}{C}H-CH=CH_2 \longleftrightarrow H_3C-\overset{+}{\underset{\cdot\cdot}{O}}=CH-CH=CH_2$

寄与　大（3 番目の構造）

(2) $H_3C-\ddot{N}(CH_3)-C(=\ddot{O})-H \longleftrightarrow H_3C-\overset{+}{N}(CH_3)=C(-\ddot{O}^{-})-H \longleftrightarrow H_3C-\ddot{N}(CH_3)-\overset{+}{C}(-\ddot{O}^{-})-H$

寄与　大（1 番目の構造）

(3) $C_6H_5-\ddot{N}H_2 \longleftrightarrow \overset{+}{=}NH_2$（オルト位負電荷） $\longleftrightarrow \overset{+}{=}NH_2$（パラ位負電荷） $\longleftrightarrow \overset{+}{=}NH_2$（オルト位負電荷）

寄与　大（1 番目の構造）

(4) $CH_2=\overset{+}{N}=\ddot{N}^{-} \longleftrightarrow \overset{+}{C}H_2-\ddot{N}=\ddot{N}^{-} \longleftrightarrow \overset{-}{C}H_2-\overset{+}{N}\equiv N:$

寄与　大（1 番目の構造）

**1.3**

(1)　(2)

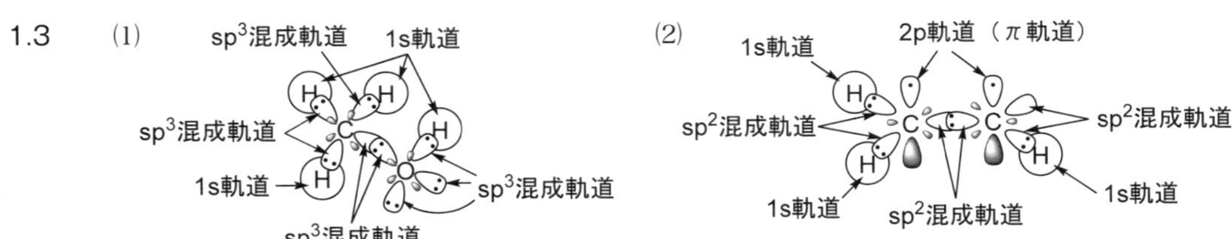

(3) (4)

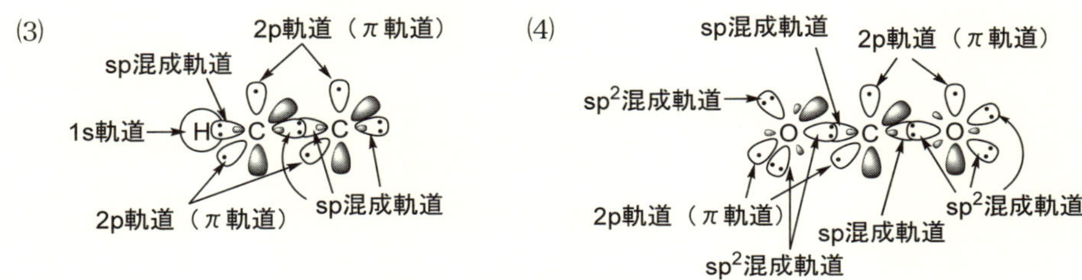


1.4 (1) *R* 体 (2) *S* 体 (3) *R* 体 (4) *R* 体

1.5 (1) (2)  (3)

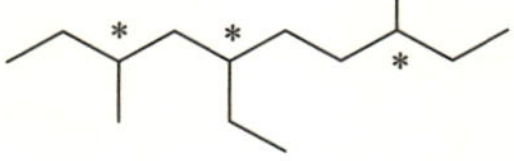

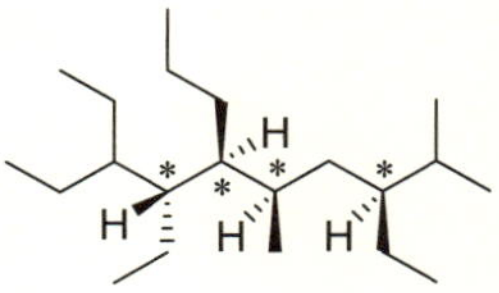

1.6 (1)

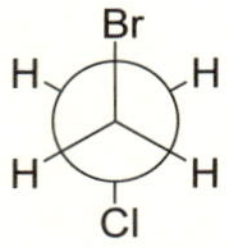

安定な配座 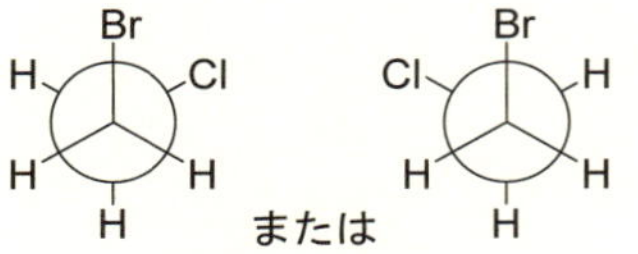 不安定な配座 または

(2)

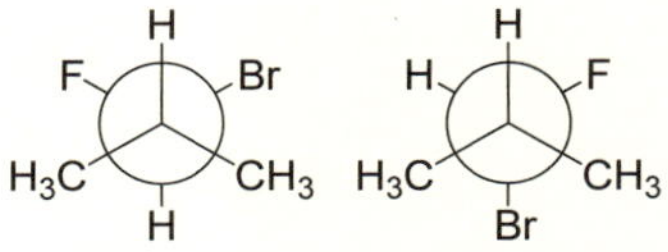

安定な配座 不安定な配座

1.7 簡略化して，メチル基のついている炭素上だけ水素も示す．1,4-ジメチルシクロヘキサンには，*cis* 体と *trans* 体がある．

*trans*-1,4-ジメチルシクロヘキサンの配座変換

一番安定 一番不安定

*cis*-1,4-ジメチルシクロヘキサンの配座変換

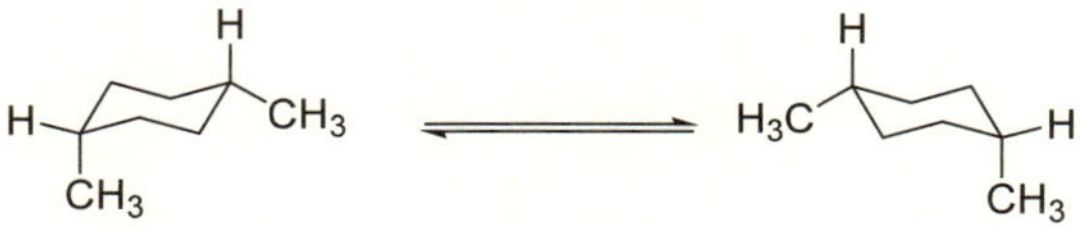

（同一）

【第２章】

2.1 p$K_a$ 小 → 大

(1) $CHF_2-O\underline{H}$ $CHFCl-O\underline{H}$ $CH_2Br-O\underline{H}$ $CH_3-O\underline{H}$

(2) $H_3C-C(=O)-C\underline{H_2}-C(=O)-OCH_3$ $\underline{H_3}C-C(=O)-CH_2-C(=O)-OCH_3$ $H_3C-C(=O)-CH_2-C(=O)-OC\underline{H_3}$

(3) $CH_2=N\underline{H}$ $C\underline{H_2}=O$ $C\underline{H_2}=NH$ $C\underline{H_2}=CH_2$

2.2 p$K_a$ はメタン（48），エテン（44），エチン（25）の順であり，p$K_a$ を考える上で，水素イオンを放出した（脱プロトン化した）状態について考える．

メタン，エテン，エチンの水素は，それぞれ炭素の $sp^3$，$sp^2$，sp 混成軌道と水素の 1s 軌道により結合を形成しており，プロトンが脱離したアニオン（非共有電子対）はそれぞれの混成軌道

に入っていることになる．混成軌道はs性が大きくなるほど原子核に近く，電子をひきつけるためアニオンを安定化する．したがって，混成軌道が異なるため，電子をひきつける性質が異なり，s性が大きくなるに従い p$K_a$ は小さくなっている．

2.3　p$K_a$ が小さいほうがプロトンを放出した状態が安定．

(1)　p$K_a$：$C_6H_5OH$（10），$H_2CO_3$（6.4）…左側

(2)　p$K_a$：$C_6H_5OH$（10），$HCO_3^-$（10.3）…右側

(3)　p$K_a$：$CH_3COCH_3$（20），$H_2O$（15.7）…左側

2.4　$CH_3COCH_3 + {}^-OH \rightleftharpoons CH_3CO\overset{-}{C}H_2 + H_2O$

p$K_a$：$CH_3COCH_3$（20），$H_2O$（15.7）

2.3.4を参考にすると，求める平衡定数 $K$ は，

$K = [CH_3COCH_2^-][H_2O]/[CH_3COCH_3][OH^-] = K(CH_3COCH_3)/K(H_2O)$

$= (K_a(CH_3COCH_3)/[H_2O])/(K_a\ (H_2O)/[H_2O]) = K_a(CH_3COCH_3)/K_a\ (H_2O)$

$= 10^{-20}/10^{-15.7} = 10^{-4.3}$

**【第3章】**

3.1　(1)　(a)

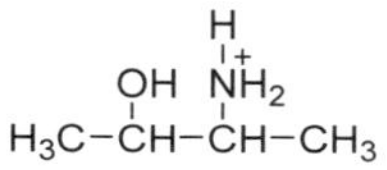

(b)

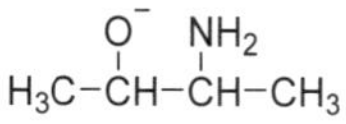

(2)　(a)

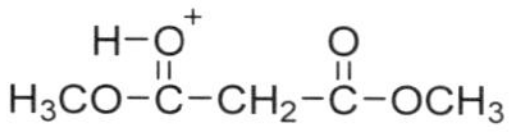

(b)

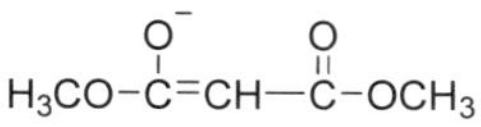

(3)　(a)

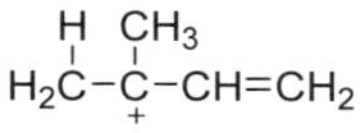

(c)

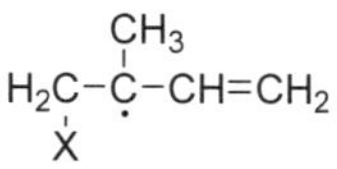

(4)　(b)

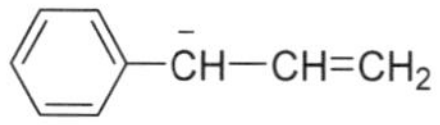

(c)

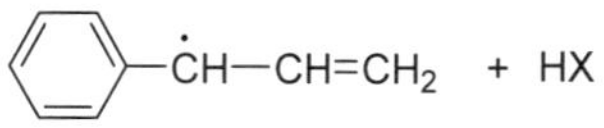

3.2　(1)

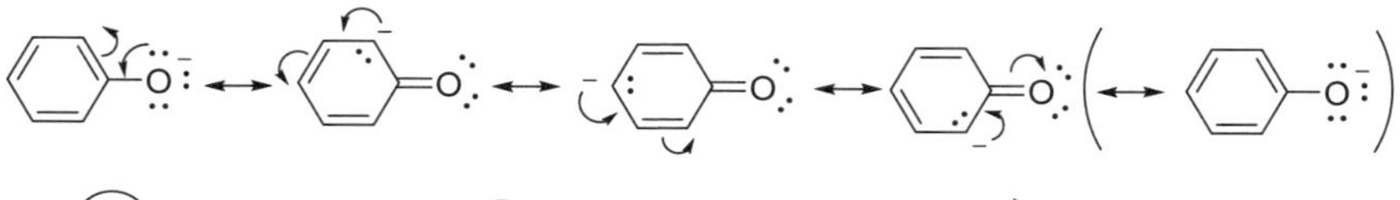

(2)

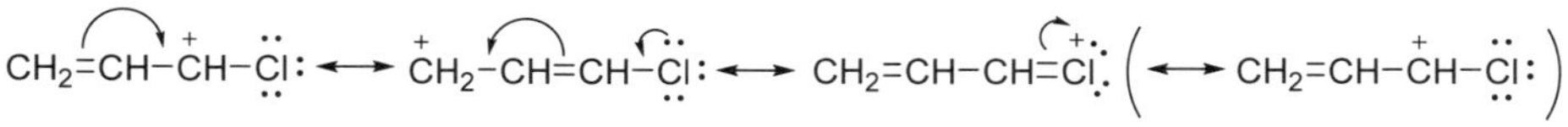

(3)

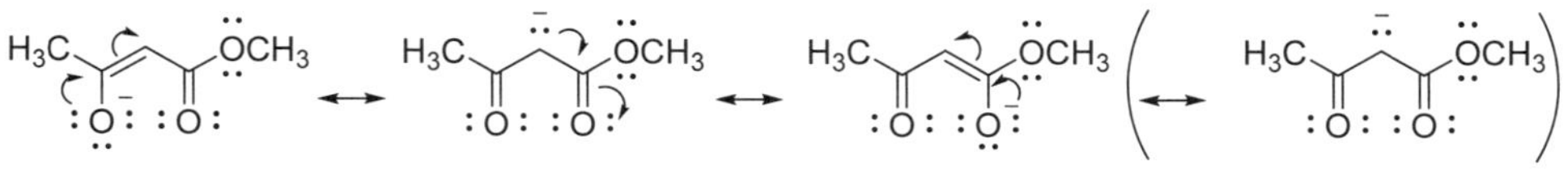

3.3　(1)

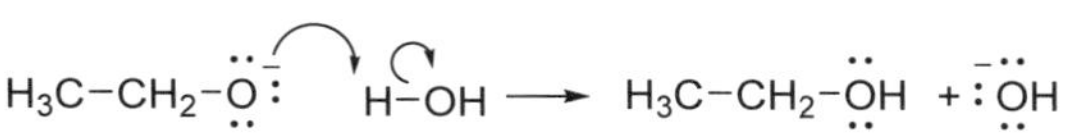

(2)

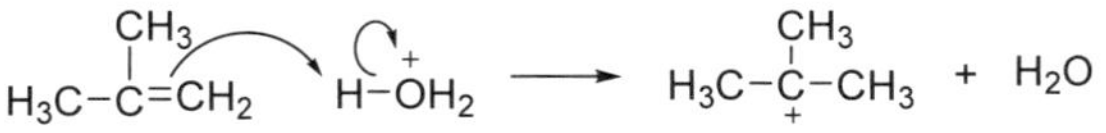

(3)

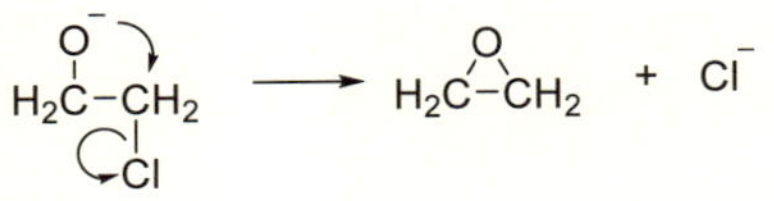

(4)

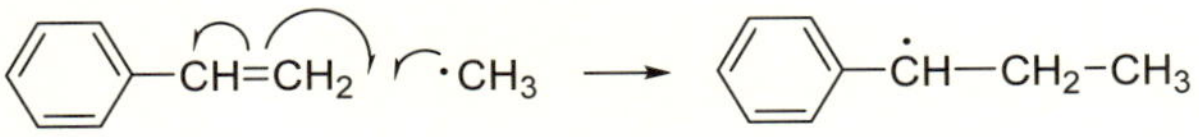

3.4　(1) 置換反応　(2) 脱離反応　(3) 付加反応　(4) 置換反応

**【第 4 章】**

4.1　$S_N2$ 反応に対する反応性は，ハロゲン化メチル＞第一級ハロゲン化アルキル＞第二級ハロゲン化アルキル＞第三級ハロゲン化アルキルの順になる．同じ級数の中では，脱離基の脱離能が高いほど，反応性は高くなる．したがって，次の順になる．

$CH_3Br > (CH_3)_2CHCl > (CH_3)_3CCl$

4.2　生成するカルボカチオン中間体が安定であるほど，$S_N1$ 反応に対する反応性は高くなる．カルボカチオンの安定性は次のようになる．第二級かつアリル型カルボカチオンがもっとも安定になる．

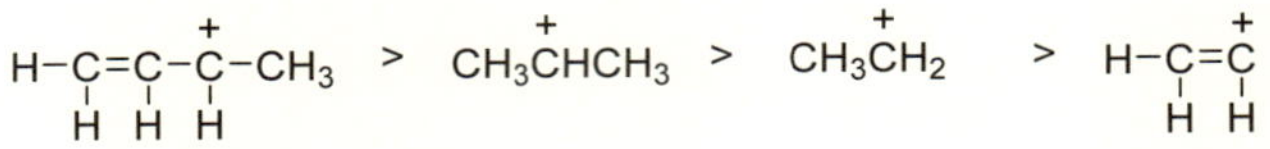

よって $S_N1$ 反応に対する反応性は次のようになる．

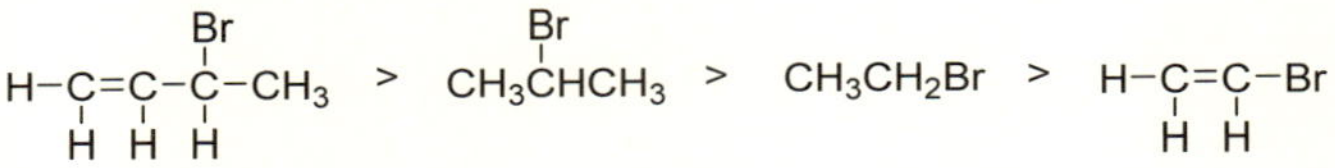

4.3　(1) E1 脱離反応が進行し，生成するアルケンはザイツェフ則に従う．

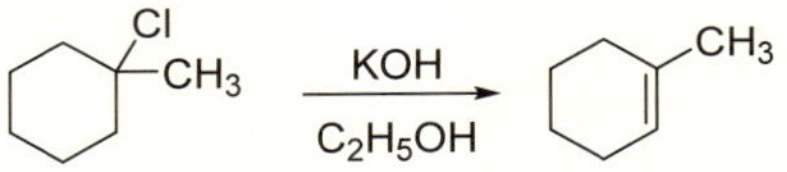

(2) E1 脱離反応が進行し，生成するアルケンはザイツェフ則に従う．

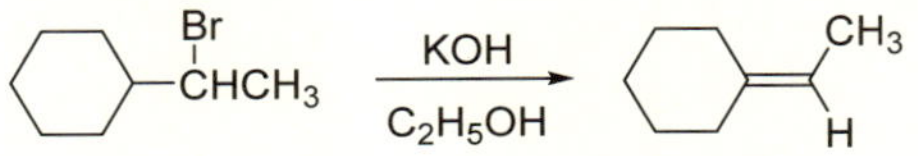

(3) E2 脱離反応が進行する．引き抜かれる H と脱離する Cl は，アンチペリプラナー配座をとる必要があるため，H と Cl はトランスジアキシアル配置をとらなければならない．このため，より多く置換されたアルケンを与える $H_a$ の引き抜きは起こらない．かわりに $H_b$ の引き抜きが起こり，より少なく置換されたアルケンが主生成物となる．

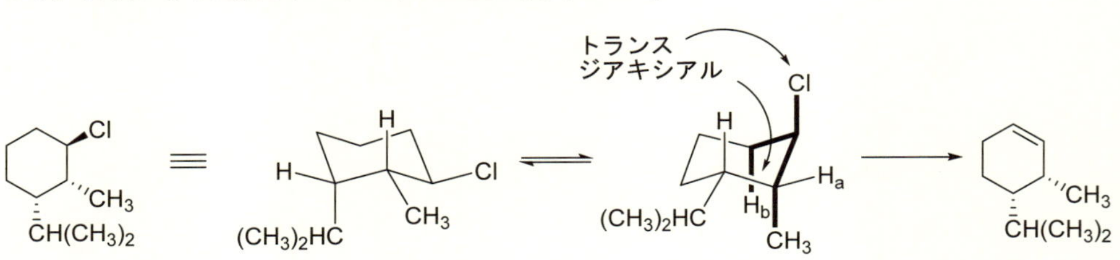

4.4 (1)

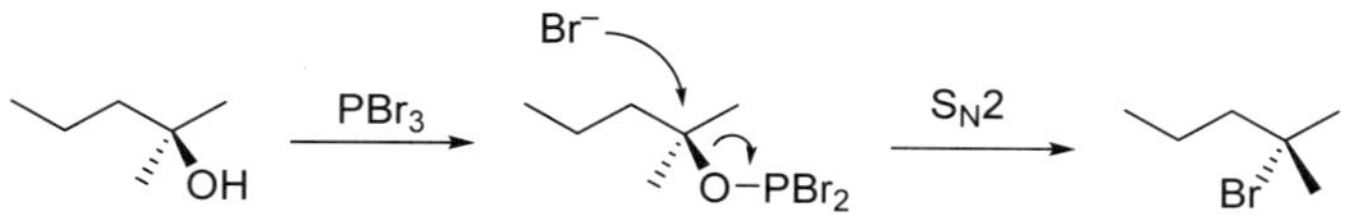

$PBr_3$ / $S_N2$

(2)

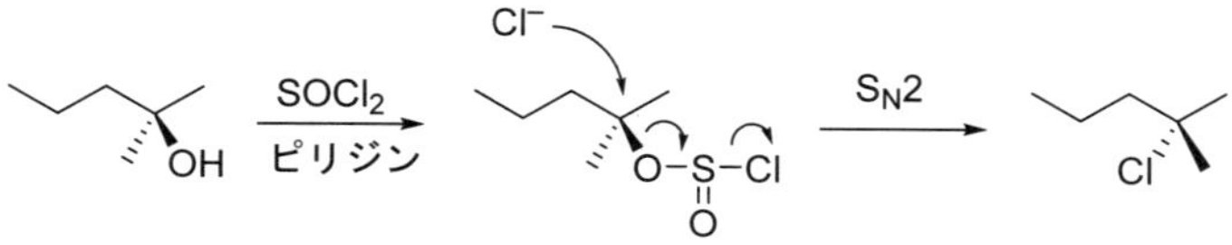

$SOCl_2$ ピリジン / $S_N2$

4.5 (1)

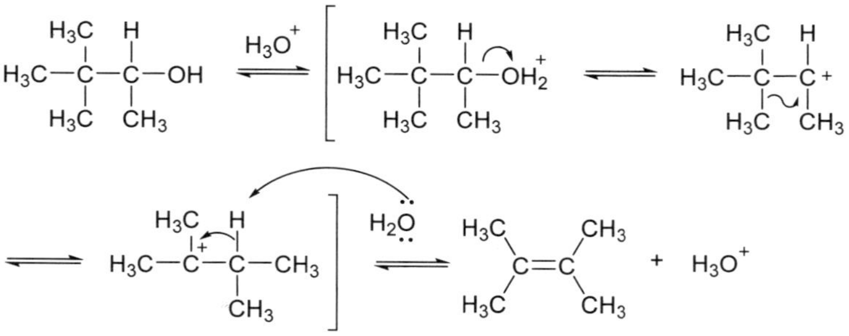

$H_3O^+$

$H_2O$ / + $H_3O^+$

(2)

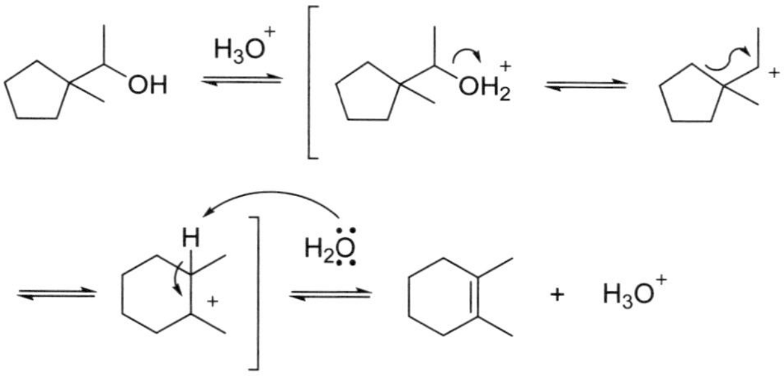

$H_3O^+$

$H_2O$ / + $H_3O^+$

4.6 (1)

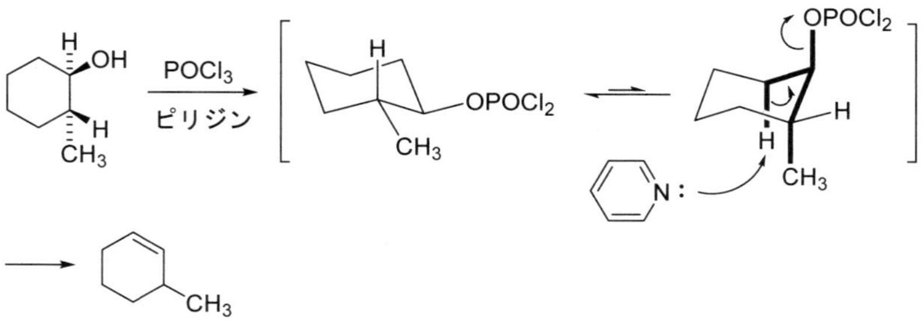

$POCl_3$ ピリジン

(2)

$POCl_3$ ピリジン

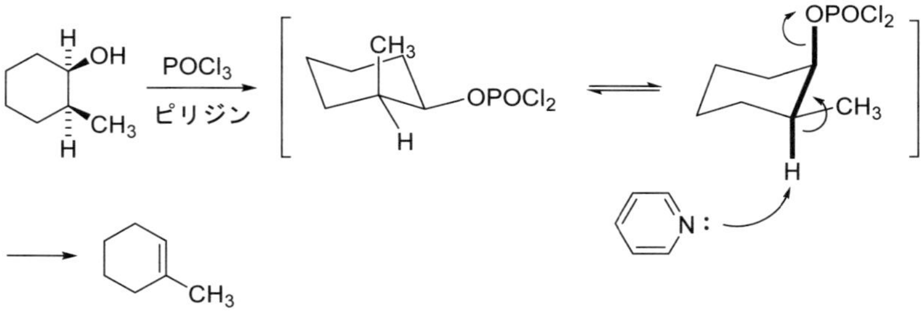

4.7　アルケンへのハロゲン化アルキルの付加はマルコウニコフ則に従う．

(1) $CH_3-C(CH_3)=CHCH_2CH_3$ → HBr → $CH_3-C(CH_3)(Br)-CH(H)CH_2CH_3$

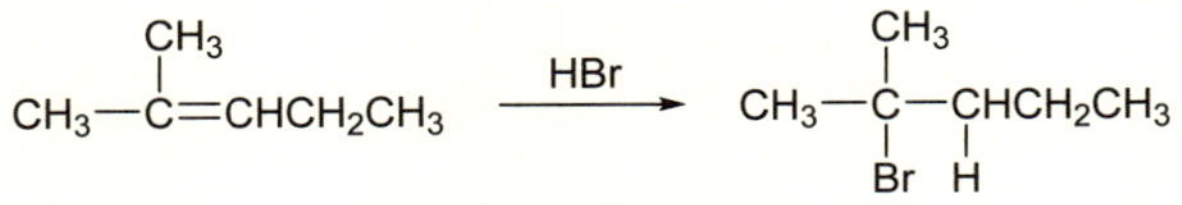

(2) HBr

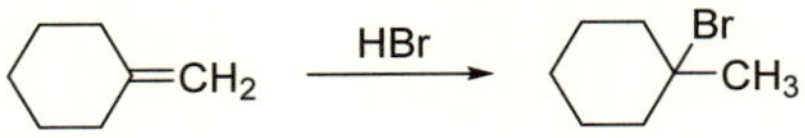

4.8 (1) H−Cl　H　H　H　H　$Cl^-$　Cl

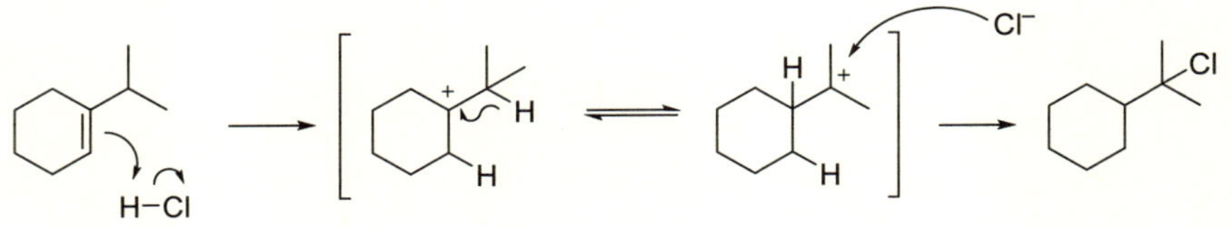

(2) $CH_3$　H−Cl　$CH_3$　$CH_3$　$CH_3$　$CH_3$　$CH_3$　$CH_3$　$Cl^-$　$CH_3$　$CH_3$　$CH_3$　Cl

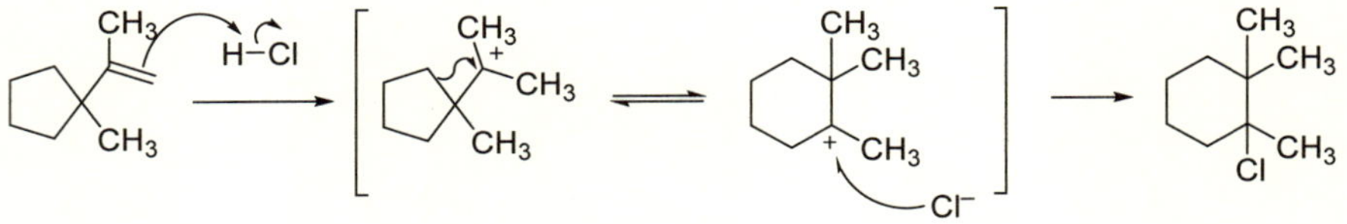

4.9 (1) $Br_2$　Br　Br　(2) $Br_2$, $H_2O$　OH　Br

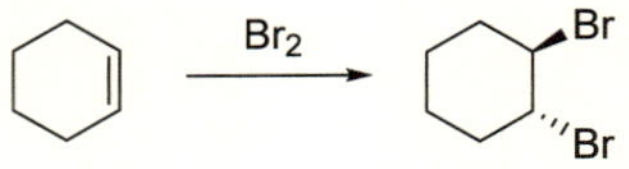

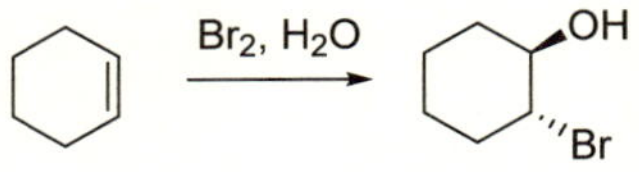

(3) $CH_3$　1) $BH_3$　2) $H_2O_2$, KOH　$CH_3$　H　OH　H　(4) $CH_3$　1) $Hg(OAc)_2$, $H_2O$　2) $NaBH_4$　$CH_3$　OH　H　H

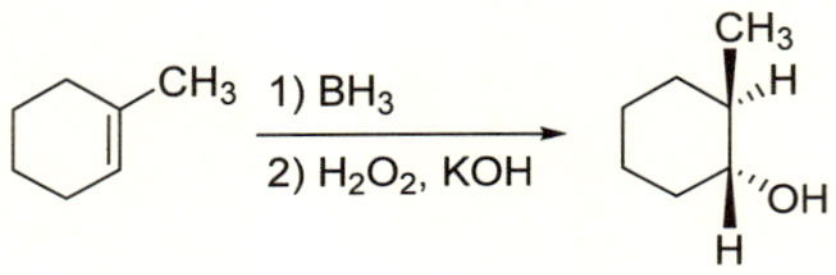

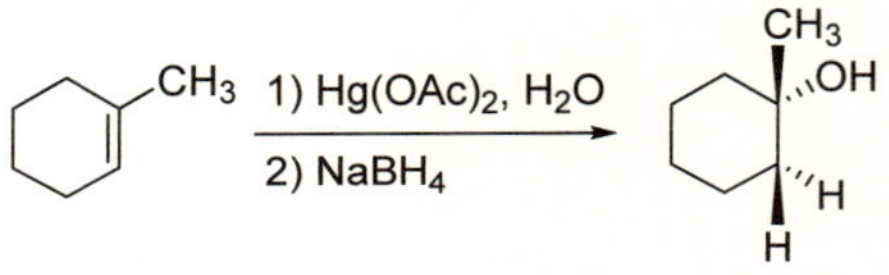

4.10　ウィリアムソンエーテル合成は，$S_N2$ 機構で進行する．

(1) *tert*-ブチルアルコールから合成したアルコキシドとハロゲン化シクロヘキシルから合成できる．逆の組み合わせは，第三級ハロゲン化アルキルの $S_N2$ 置換反応になるので，進行しない．

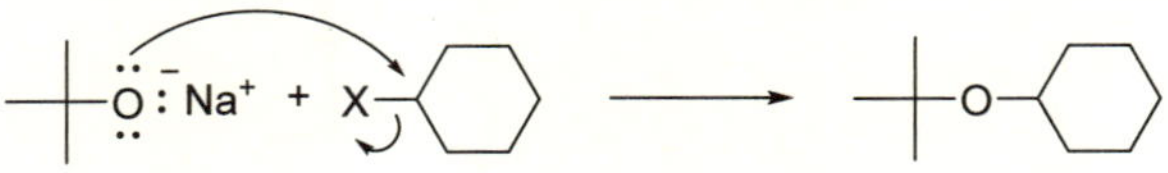

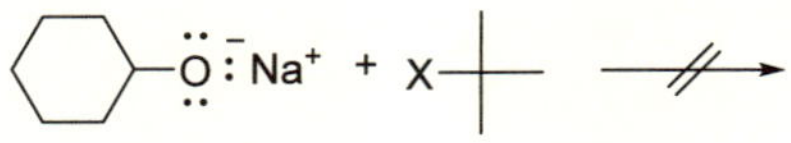

$O^-$ $Na^+$ + X

$O^-$ $Na^+$ + X

(2) 合成できない．いずれの組み合わせでも，$S_N2$ 反応は起こらない．

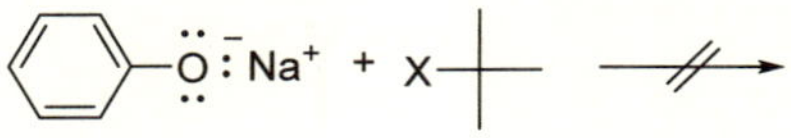

$O^-$ $Na^+$ + X

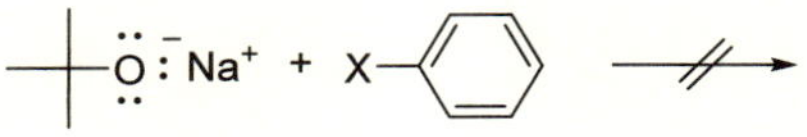

$O^-$ $Na^+$ + X

**4.11** (1)

1) $(CF_3CO_2)_2Hg$

2) t-BuOH (構造式) → シクロヘキシル t-ブチルエーテル (構造式)

1) $(CF_3CO_2)_2Hg$

2) シクロヘキサノール (構造式) → シクロヘキシル t-ブチルエーテル (構造式)

(2)

1) $(CF_3CO_2)_2Hg$

2) フェノール (構造式) → フェニル t-ブチルエーテル (構造式)

**4.12** (1) 反応は $S_N2$ 機構で進行する.

H—I; $C_6H_{11}$–Ö–$CH_2CH_3$ ⇌ [$C_6H_{11}$–$\overset{+}{O}$(H)–$CH_2CH_3$, $I^-$] → $C_6H_{11}$–OH + I—$CH_2CH_3$

(2) 反応は E1 機構で進行する.

H—OC(O)$CF_3$; $C_6H_5$–Ö–$C(CH_3)_3$ ⇌ [$C_6H_5$–$\overset{+}{O}$(H)–$C(CH_3)_3$] ⇌ $C_6H_5$–OH + $^+C(CH_3)_2$–$CH_2$–H; $CF_3$–C(=O)–$O^-$

⇌ $C_6H_5$–OH + $(CH_3)_2C{=}CH_2$ + $CF_3$–C(=O)–OH

(3) 反応は $S_N2$ 機構で進行する.

$H_3C$–C(H)–C(H)–H (エポキシド) ⇌ (HCl) [プロトン化エポキシド, $Cl^-$] → $H_3C$–CH(OH)–$CH_2$Cl

(4) 反応は，より安定な第三級カルボカチオンが含まれる $S_N1$ 反応的に進行する.

H—Cl; $(H_3C)_2C$–$CH_2$ (エポキシド) ⇌ [$\delta+$ プロトン化エポキシド, $Cl^-$] → $(H_3C)_2C(Cl)$–$CH_2$–OH

4.13 (2), (4), (6)

4.14 (1) 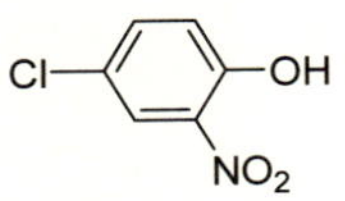 (2) 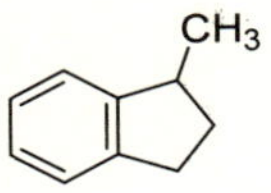 (3) 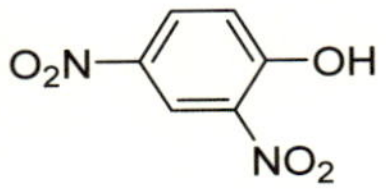

4.15 (1)

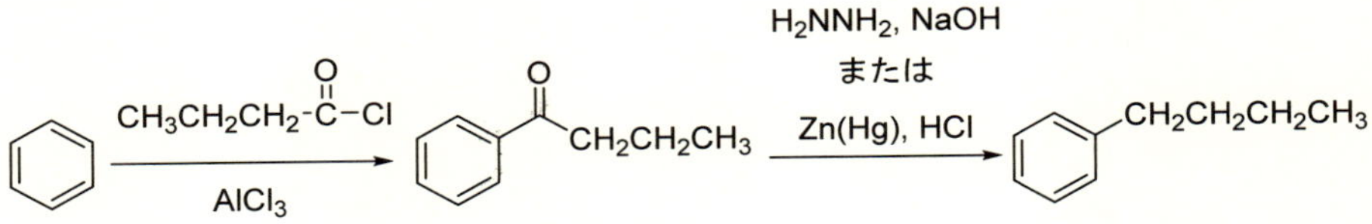

(2)

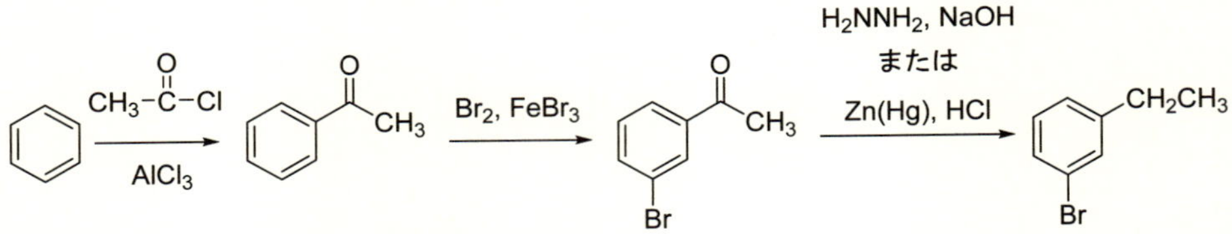

4.16 (1) 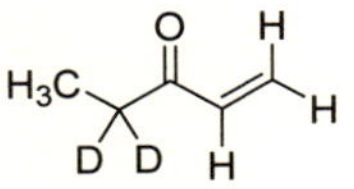 (2) 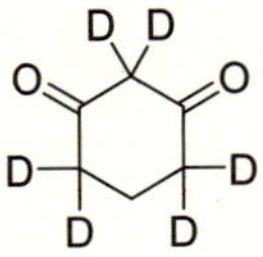

4.17 (1) 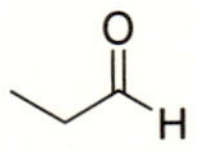 (2) 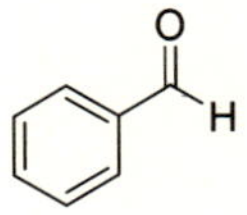 と 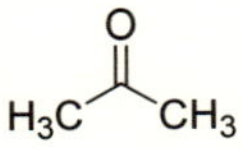 (3) 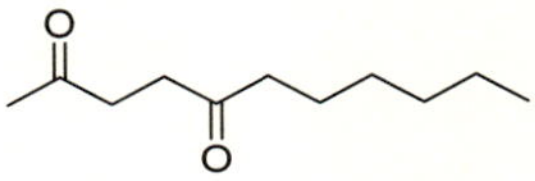

4.18 (1) 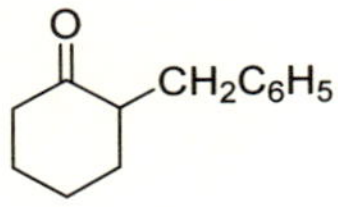 (2) 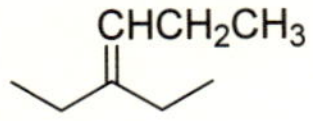

4.19 (A) 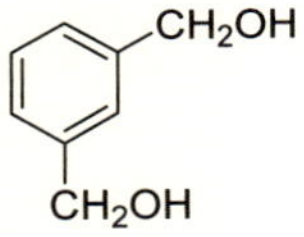 (B) 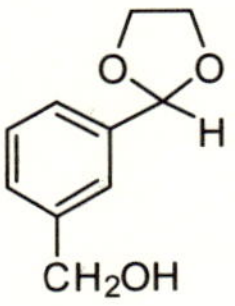 (C) 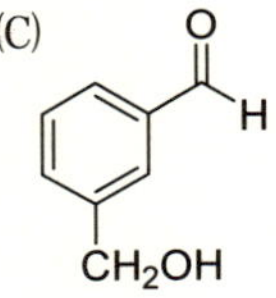

4.20 (1) 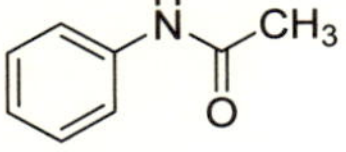 (2) 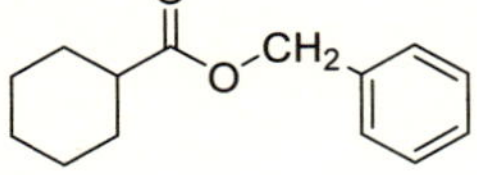 (3) 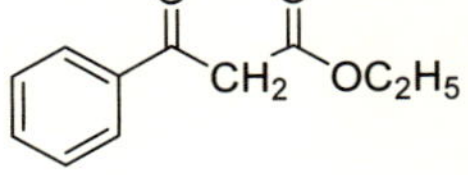

4.21 (A) 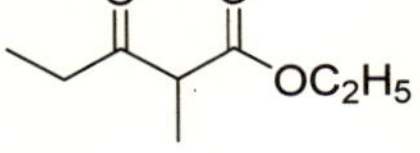 (B) 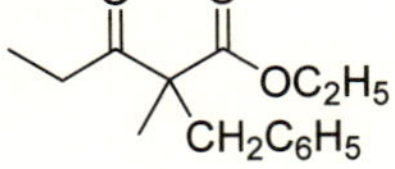 (3) 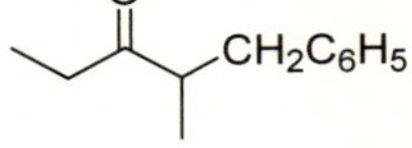

**4.22** $C_2H_5O$ ─ C(=O) ─ $CH_2CH_2CH$(H) ─ C(=O) ─ $OC_2H_5$ ＋ $^{-}OC_2H_5$ ⟶ $C_2H_5O$ ─ C(=O) ─ $CH_2CH_2CH$=C($O^-$) ─ $OC_2H_5$

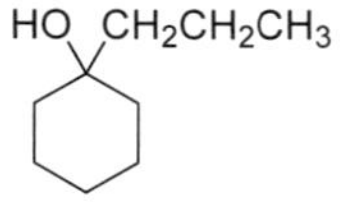

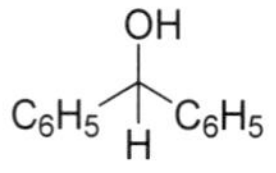

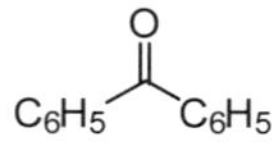

⟶ (cyclopentane: C($OC_2H_5$)($O^-$) ─ CH ─ C(=O) ─ $OC_2H_5$) $\xrightarrow{H^+}$ (cyclopentanone: C(=O) ─ CH(H) ─ C(=O) ─ $OC_2H_5$) ＋ $C_2H_5OH$

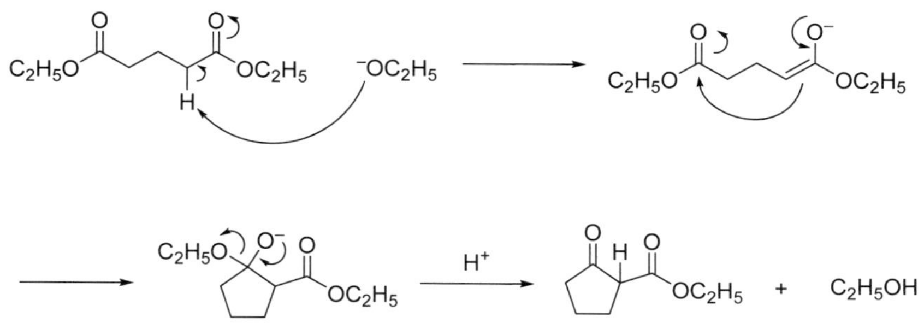

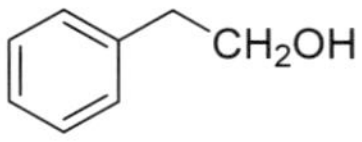

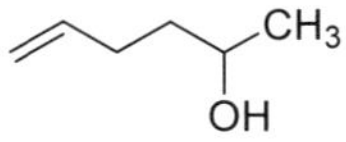

**4.23** (1) HO, $CH_2CH_2CH_3$ (cyclohexane) (2) OH, $C_6H_5$, H, $C_6H_5$ (3) O, $C_6H_5$, $C_6H_5$ (4) OH, $C_6H_5$, $C_6H_5$, $C_6H_5$

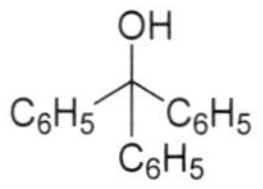

**4.24** (1) (benzene) $CH_2OH$ (2) $CH_3$, OH (3) OH, $H_3C$, $OC_2H_5$, O

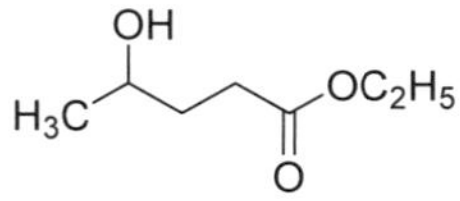

**4.25** (1) $CH_3CH_2NH_2 > CH_3CH_2CONH_2$ (2) $CH_3NHCH_3 > CH_3NHC_6H_5$

**4.26** (1) $C_6H_5CH_2NH_2$ (2) $C_6H_5$, NH, N, H (benzene) (3) $NH_2$, $CH_2CH_3$ (benzene) (4) $H_3C$, H, $CH_3$, H─C─C─C, $H_3C$, H, $CH_2$

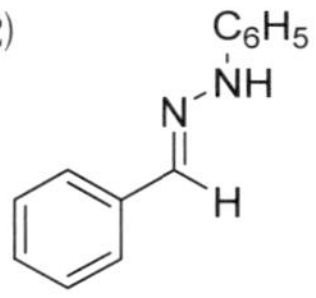

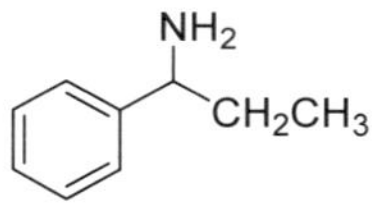

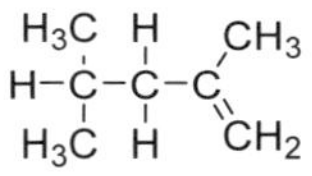

# 索　　引

## 和文索引

### あ



### い



### う



### え



### お



### か

## ち



## つ



## て



## と



## な



## に



## ね



## は



## ひ



## ふ



## へ

**ほ**



**ま**



**む**



**め**



**ゆ**



**よ**



**ら**



**り**



**る**



**れ**



**ろ**



**わ**

# 欧文索引

## A



## B



## C



## D



## E



## F



## G



## H

## I



## K



## L



## M



## N



## O



## P



## R



## S



## T



## U



## V



## W



## Z

≪著者略歴≫

**赤染　元浩**（あかぞめ・もとひろ）
1993 年　京都大学大学院修了
現　在　千葉大学大学院工学研究科
共生応用化学専攻
教授，博士（工学）

**河内　敦**（かわち・あつし）
1992 年　京都大学大学院修了
現　在　法政大学生命科学部
環境応用化学科
教授，博士（工学）

**松本　祥治**（まつもと・しょうじ）
1998 年　東京工業大学大学院修了
現　在　千葉大学大学院工学研究科
共生応用化学専攻
准教授，博士（工学）

**三野　孝**（みの・たかし）
1998 年　同志社大学大学院修了
現　在　千葉大学大学院工学研究科
共生応用化学専攻
准教授，博士（工学）

スパイラル有機化学
――基礎から応用，発展へ！――
◉
発行　平成 28 年 4 月 11 日　初版第 1 刷発行

著者　赤染 元浩・河内　敦・松本 祥治・三野　孝
発行人　花山　亘
発行所　株式会社 筑波出版会
〒305-0821　茨城県つくば市春日 2-18-8
電話　029-852-6531
FAX　029-852-4522
発売所　丸善出版 株式会社
〒101-0051　東京都千代田区神田神保町 2-17
電話　03-3512-3256
FAX　03-3512-3270
装丁　安孫子 正浩
印刷・製本　株式会社 シナノ パブリッシング プレス
◉

ISBN 978-4-924753-61-7　C3043
・落丁・乱丁本は本社にてお取替えいたします（送料小社負担）

・追加情報は下記に掲載いたします
URL＝http://www.t-press.co.jp/